彩图1　石膏晶体

彩图2　方解石单晶体

彩图3　不规则外形的方解石（隐晶质等分体）

彩图4　琥　珀

彩图5　SiO_2的非晶态（天然玻璃）

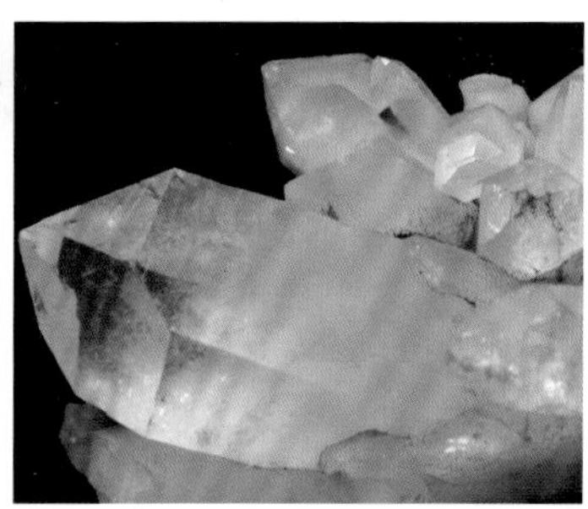

彩图6　SiO_2的结晶态（石英）

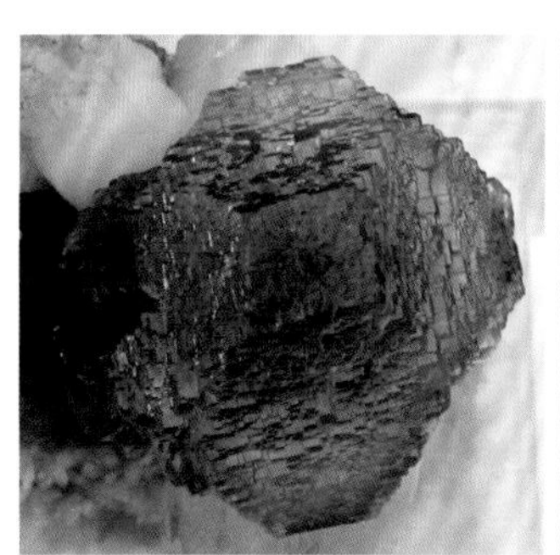

彩图7　萤石的平行连生

彩图8　石膏的燕尾双晶

彩图9　萤石的贯穿双晶

彩图10　锡石的轮状三连晶

彩图11　祖母绿（文山）

彩图12　电气石(巴西)

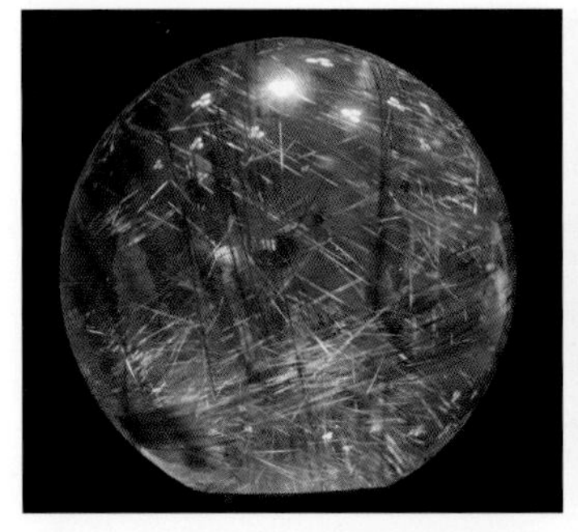
彩图13　针状金红石（长在水晶中）

彩图14　板状重晶石

彩图15　片状白云母（印度）

彩图16　石榴子石（四角三八面体）

彩图17　尖晶石（八面体）

彩图18　黄铁矿（立方体）

彩图19　柱面纵纹（电气石）

彩图20　柱面横纹（石英）

彩图21　晶面条纹（黄铁矿）

彩图22　钻石表面的三角形凹坑

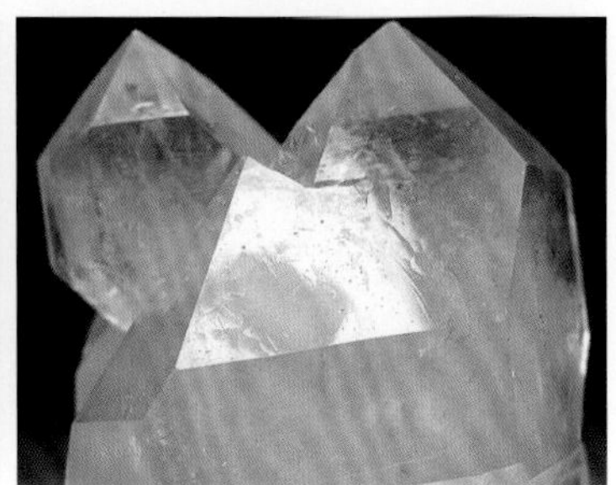
彩图23　石英$\{10\bar{1}1\}$晶面的生长丘

彩图24　放射状集合体（阳起石）

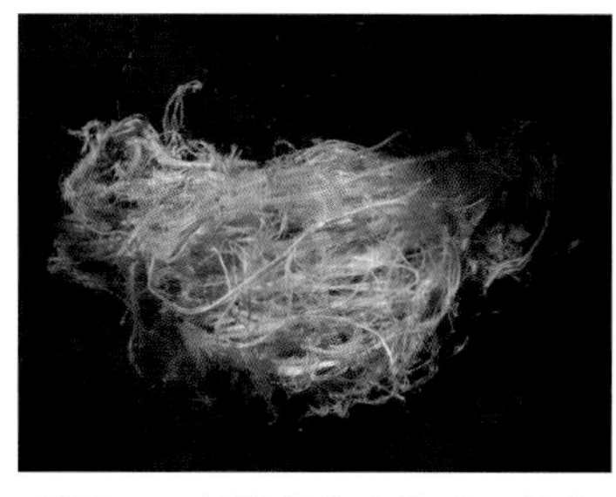

彩图25　纤维状集合体（石棉）

彩图26　片状集合体（镜铁矿）

彩图27　板状集合体（重晶石）

彩图28　粒状集合体（橄榄石）

彩图29　粒状集合体（石榴石）

彩图30　方解石晶簇

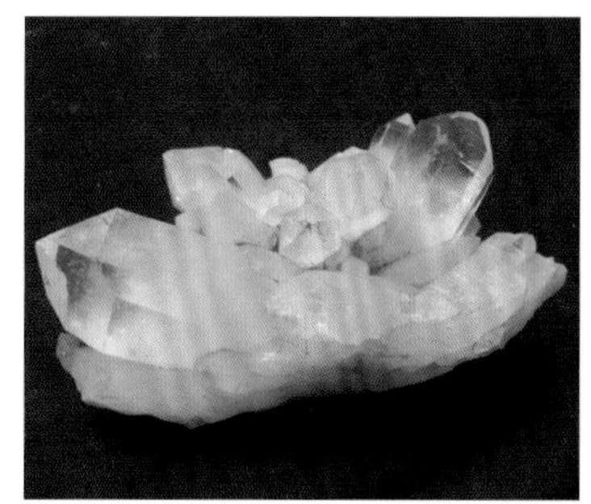

彩图31　石英晶簇

彩图32　辉锑矿晶簇

彩图33　结核状集合体（黄铁矿）

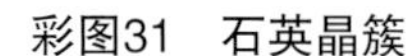

彩图34　鲕状集合体（赤铁矿）

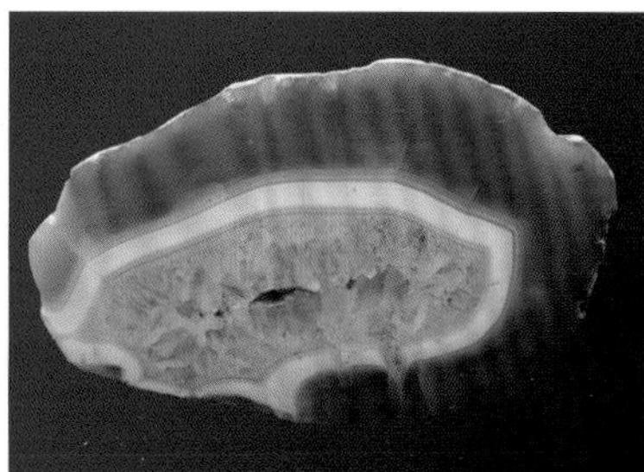

彩图35　分泌体（玛瑙）

彩图36　葡萄状集合体（异极矿）

彩图37　肾状集合体（孔雀石）

彩图38　钟乳状集合体（方解石）

彩图39　土状集合体（高岭石）

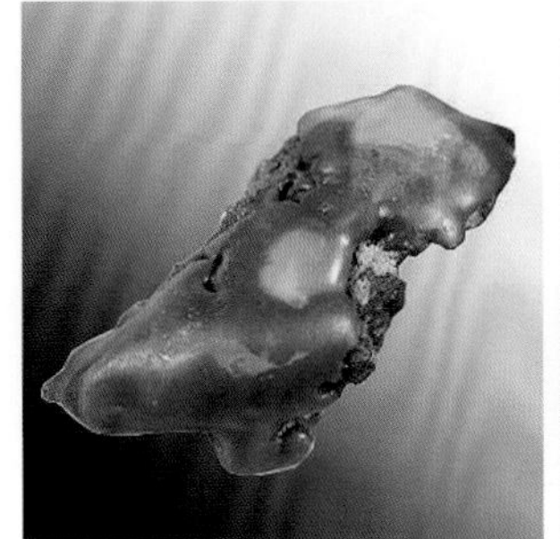
彩图40　皮壳状集合体（孔雀石）

彩图41　树枝状集合体（自然铜）

彩图42　块状集合体（黄铜矿）

彩图43　极完全解理（云母）

彩图44　完全解理（方铅矿）

彩图45　中等解理（白钨矿）

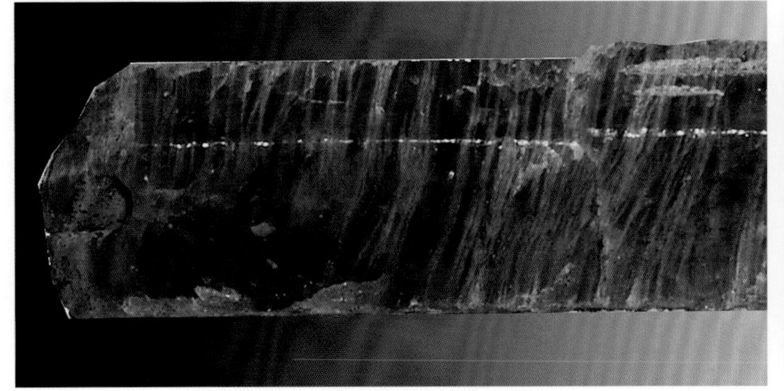
彩图46　不完全解理（磷灰石）

彩图47　无解理（石英）

彩图48　磁铁矿{111}的裂理

彩图49　贝壳状断口（水晶）

彩图50　锯齿状断口（自然铜）

彩图51　自然金（粒状集合体）

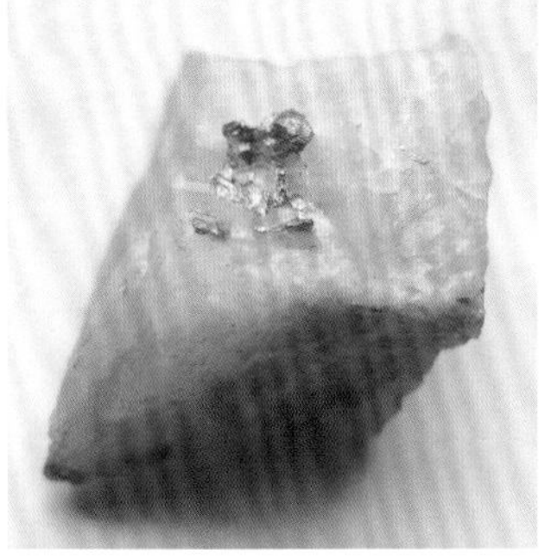
彩图52　石英脉中的自然金

彩图53　自然铜（不规则树枝状）

彩图54　自然铜（致密块状）

彩图55　自然铂（扁平粒状）

彩图56　自然铋（致密块状）

彩图57　自然硫（粒状）

彩图58　金刚石（浑圆八面体）

彩图59　不同晶形、颜色的金刚石

彩图60　石墨（块状）

彩图61　方铅矿（立方体）

彩图62　方铅矿

彩图63　闪锌矿

彩图64　黄铜矿（假四面体晶形）

彩图65　黄铜矿（块状集合体）

彩图66　黄铁矿晶体（五角十二面体）

彩图67　黄铁矿（块状集合体）

彩图68　刚玉单晶体（短柱状）

彩图69　刚玉单晶体（桶状）

彩图70　刚玉单晶体（腰鼓状）

彩图71　刚玉的裂理纹

彩图72　赤铁矿（致密块状）

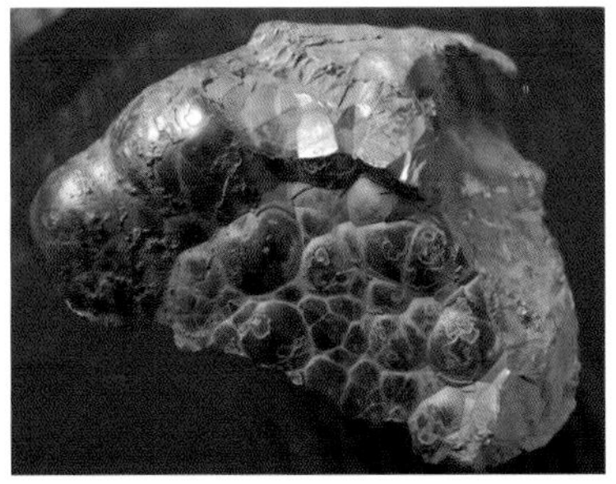
彩图73　赤铁矿（肾状）

彩图74　镜铁矿（铁玫瑰）

彩图75　铁赭石

彩图76　金红石（短柱状）

彩图77　金红石（纤维状集合体）

彩图78　金红石（膝状双晶）

彩图79　锡石（柱状晶体）

彩图80　锡石（膝状双晶）

彩图81　锡石（粒状集合体）

彩图82　透明锡石

彩图83　软锰矿（针状集合体）

彩图84　乳石英（显晶质石英变种）

彩图85　紫水晶（显晶质石英变种）

彩图86　墨晶（显晶质石英变种）

彩图87　蔷薇石英（芙蓉石）

彩图88　虎睛石（隐晶质石英变种）

彩图89　碧　玉（隐晶质石英变种）

彩图90　血玉髓（隐晶质石英变种）

彩图91　贵蛋白石（肉冻状）

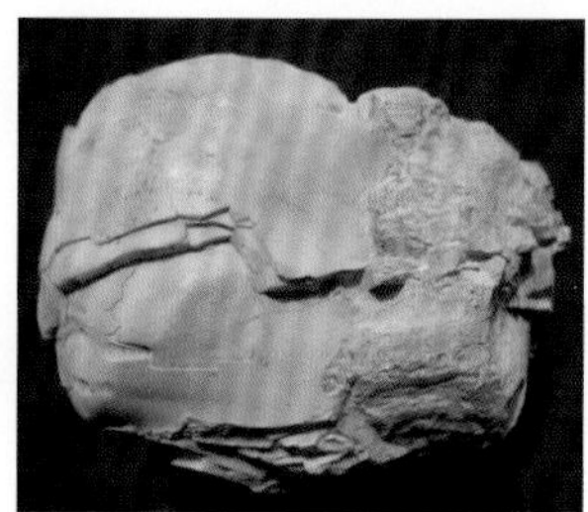
彩图92　普通蛋白石（皮壳状）

彩图93　贵蛋白石

彩图94　尖晶石（八面体单晶体）

彩图95　尖晶石（锌铁尖晶石）

彩图96　磁铁矿（八面体单晶）

彩图97　磁铁矿（粒状集合体）

彩图98　铬铁矿（粒状集合体）

彩图99　黑钨矿（板状）

彩图100　黑钨矿（板状集合体）

彩图101　水镁石

彩图102　三水铝石★

彩图103　锆　石

彩图104　橄榄石（板状单晶体）★

彩图105　橄榄石（他形粒状集合体）

彩图106　钙铝榴石

彩图107　铁铝榴石

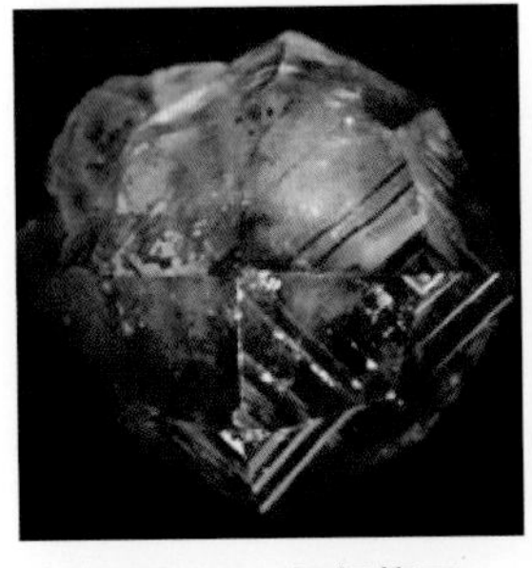
彩图108　锰铝榴石

彩图109　红柱石（柱状晶体）

彩图110　空晶石（含碳质的红柱石）

彩图111　菊花石
（放射状红柱石）

彩图112　蓝晶石(柱状晶体)

彩图113　蓝晶石（柱状集合体）

彩图114　托帕石

彩图115　榍　石

彩图116　绿帘石（柱状晶形）

彩图117　绿帘石（柱状集合体）

彩图118　异极矿

彩图119　绿柱石
（柱状集合体）

彩图120　海蓝宝石
（含铁绿柱石）

彩图121　黑电气石
（单晶体）

彩图122　不同颜色的电气石
（碧玺）

彩图123　普通辉石

彩图124　透辉石

彩图125　蔷薇辉石

彩图126　硬　玉

彩图127　锂辉石单晶体和双晶

彩图128　普通角闪石

彩图129　透闪石
（放射状集合体）

彩图130　阳起石
（放射状集合体）

彩图131　矽线石
（纤维状集合体）

彩图132　滑石（致密块状）

彩图133　滑石（片状集合体）

彩图134　叶腊石

彩图135　白云母（假六方板状）

彩图136　白云母（片状集合体）

彩图137　黑云母（片状）

彩图138　锂云母

彩图139　温石棉（纤蛇纹石）

彩图140　蛇纹石（块状集合体）

彩图141　蛇纹石质玉石

彩图142　绿泥石（假六方片状）

彩图143　葡萄石（葡萄状集合体）

彩图144　正长石（单晶体）

彩图145　天河石（微斜长石）

彩图146　条纹长石（微斜长石）

彩图147　斜长石的聚片双晶纹

彩图148　斜长石（板状集合体）

彩图149　方钠石

彩图150　方柱石

彩图151　白榴石（假等轴）

彩图152　丝光沸石

彩图153　方沸石

彩图154　菱沸石
（与针钠钙石共生）

彩图155　方解石
（复三方偏三角面体）

彩图156　方解石（板状集合体）

彩图157　大理岩（粒状方解石）

彩图158　白垩（土状方解石）

彩图159　鲕状灰岩（鲕状方解石）

彩图160　菱镁矿

彩图161　菱铁矿
（罗马尼亚）

彩图162　菱锰矿（菱面体）

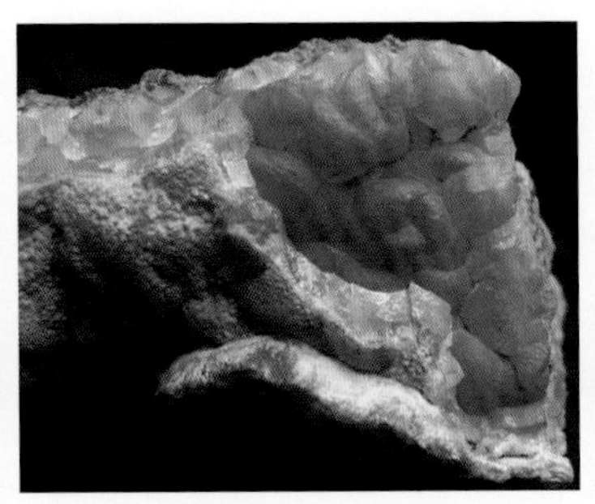
彩图163　菱锌矿（皮壳状集合体）

彩图164　白云石（晶面弯曲）

彩图165　文石晶簇

彩图166　文石（皮壳状集合体）

彩图167　文石晶体

彩图168　文　石
（珊瑚状集合体）

彩图169　孔雀石
（纤维状集合体）

彩图170　孔雀石
（肾状集合体）

彩图171　孔雀石
（同心层状构造）

彩图172　蓝铜矿

彩图173　磷灰石
（柱状晶体）

彩图174　绿松石

彩图175　磷氯铅矿

彩图176　重晶石
（板状集合体）

彩图177　天青石

彩图178　石膏的燕尾双晶

彩图179　沙漠玫瑰
（板状石膏）

彩图180　透石膏

彩图181　硬石膏

彩图182　白钨矿

彩图183　钼铅矿

彩图184　铬铅矿

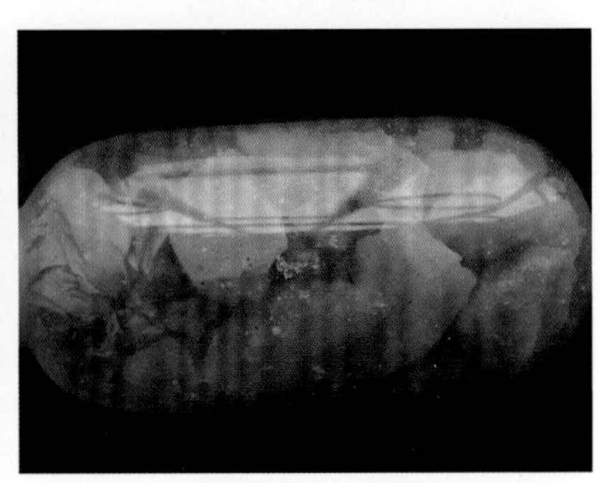
彩图185　钠硝石

彩图186　萤石（立方体）

彩图187　萤石（八面体）

彩图188　萤石的穿插双晶

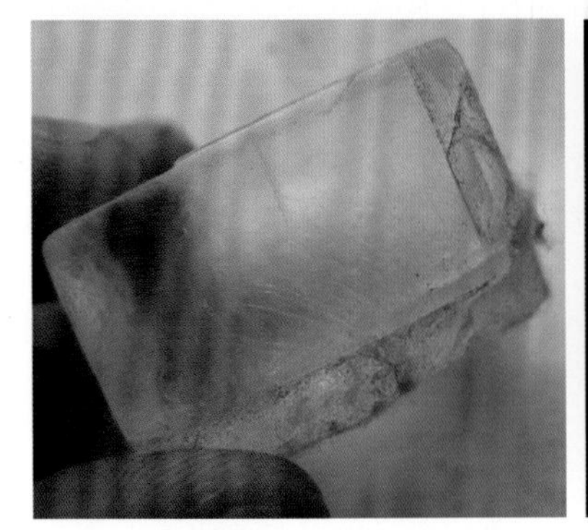
彩图189　石　盐

彩图190　蜜蜡石★

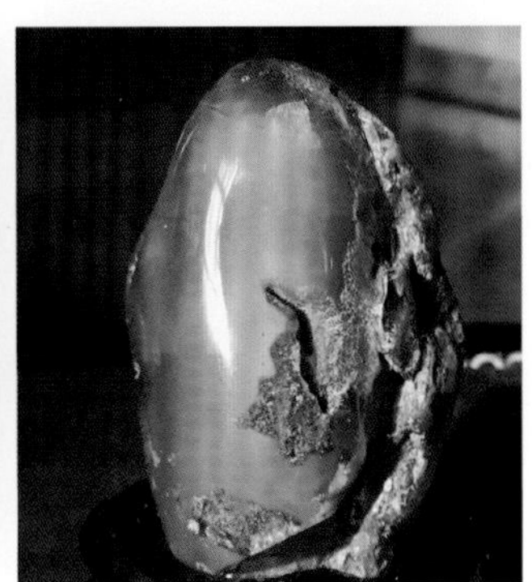
彩图191　琥　珀

珠宝专业

高职高专教材

ZHUBAO ZHUANYE GAOZHI GAOZHUAN JIAOCAI

BAOYUSHI JIEJINGXUE YU KUANGWUXUE

宝玉石结晶学与矿物学

唐雪莲　周　梅　主编

云南出版集团公司
云南科技出版社
·昆　明·

图书在版编目（CIP）数据

宝玉石结晶学与矿物学基础 / 唐雪莲, 周梅主编
. -- 昆明 : 云南科技出版社, 2012.6（2016.1重印）
高职高专教材
ISBN 978-7-5416-6128-0

Ⅰ. ①宝… Ⅱ. ①唐… ②周… Ⅲ. ①宝石 – 晶体学 – 高等职业教育 – 教材②玉石 – 晶体学 – 高等职业教育 – 教材③宝石 – 矿物学 – 高等职业教育 – 教材④玉石 – 矿物学 – 高等职业教育 – 教材 Ⅳ. ①P578

中国版本图书馆CIP数据核字（2012）第117737号

责任编辑： 唐坤红
李凌雁
洪丽春
封面设计： 晓　晴
责任校对： 叶水金
责任印刷： 翟　苑

云南出版集团公司
云南科技出版社出版发行
（昆明市环城西路609号云南新闻出版大楼　邮政编码：650034）
云南灵彩印务包装有限公司印刷　全国新华书店经销
开本：787mm × 1092mm　1/16　印张：13.75　字数：320千字
2012年6月第1版　2019年3月第4次印刷
定价：58.00元

云南省珠宝高职高专专业教材

编 委 会

专家委员会：（以姓氏笔画为序）

邓 昆 刘 涛 肖永福 李贞昆 吴云海 吴锡贵

张化忠 张代明 张竹邦 张位及 张家志 杨德立

施加辛 胡鹤麟 戴铸明

执行主编：张代明

编委会主任：袁文武 范德华

主任委员：（以姓氏笔画为序）

刘建平 朱维华 李泽华 张建雄

参编人员：（以姓氏笔画为序）

王娟鹃 吕 静 张一兵 余少波 祁建明 祖恩东

黄绍勇

序

云南科技出版社牵头组织了云南省珠宝玉石界的专家学者，与云南省大中专院校珠宝专业的教师们一起，结合云南珠宝产业，计划编写一套适合大中专珠宝职业教育的系列教材，有三十多本，包括了珠宝鉴定、首饰设计、首饰制作、珠宝首饰营销、玉雕工艺等各个方面。

云南是我国珠宝资源相对丰富的地域，发现有红宝石、祖母绿、碧玺、海蓝宝石、黄龙玉等宝石矿产，又毗邻缅甸接近世界最大的翡翠、红宝石的矿产资源，不可不谓之得天独厚。改革开放以来，云南也成为我国珠宝产业高速发展的省份。近年云南省又提出发展石产业，把以宝玉石、观赏石、建筑石材料为主的石产业打造成继烟草、旅游、生物等产业之后的又一支柱产业和优势特色产业。

产业的发展需要大量的人才，尤其珠宝产业的各个领域和层次都需要懂得珠宝知识、具有珠宝文化、掌握专业技术的专业人才，目前，我国的珠宝行业还比较缺乏这样的人才。这套教材的编写出版，为云南培养适用性珠宝专业人才提供了必要的条件，才能缩小在这方面与国内外的差距。

由于经常到云南作学术交流、教学和科研合作，与云南大专院校的教师接触多，与云南的珠宝企业也接触较多，再加自己也长期从事珠宝专业教学，了解珠宝产业对适用型人才的渴求，故对这套教材的出版也抱有很大期望，期望这套教材图文并茂、易学易懂、针对性好、适用性强，成为培养珠宝鉴定营销师、首饰设计加工工艺师、玉雕工艺师等专业人才的系统教材，达到适应云南珠宝产业发展的初衷。

在这样一个历史的大背景下，看到这套教材的出版，作为一个从事珠宝教育与研究的工作者甚感欣慰。

中国地质大学（武汉）珠宝学院前院长
博士研究生导师 袁心强

前 言

高等职业教育作为高等教育发展中的一个类型，完整体系包括高职专科、高职本科、专业硕士等。高等职业教育的人才培养模式具有独有的特征：为生产、建设、管理、服务第一线培养应用型人才；按社会需求和技术应用能力设计教学体系和培养方案；以“应用”为主旨，构建课程和教学内容体系；实践教学占较大比例；实施“双师型”师资队伍建设等。这种人才培养模式具有针对性强、紧跟市场需求、培养目标明确等特点，故肩负着培养面向生产、建设、服务和管理第一线需要的高素质技术应用型和职业技能型专业人才的使命，在我国国民经济建设中具有不可替代的作用。

随着科学技术不断发展，企业对高层次人才的需求日益凸显，部分省市在现有的高职高专蓬勃发展的基础上，开始进行高等职业本科层次教育，昆明理工大学是经云南省政府批准首家招收高等职业本科生的高等院校，2010年开始招生，其中就设立了宝石及材料工艺学专业的高职本科教育。

《结晶学与矿物学》是地质类、宝石类专业必修的一门专业基础课程，但其理论性和抽象性也是公认的。如何突出高等职业教材的应用性和直观性？我们在多年地质类专业和宝石专业的一线教学经验的基础上，编写了本教材——《宝玉石结晶学与矿物学》。

在编写过程中，继承和发扬了潘兆橹主编的《结晶学与矿物学》中的优良传统，也针对宝玉石专业的职教的专业特性，在保证基本理论体系相对完整的基础上对一些基础理论做了删减和调整，特别是收集整理了各种矿物标本的彩色图片190余张，使得教学过程更为直观生动。为了加强实践能力，还配套了实验指导书。本书既可作为高等职业教育院校地质类专业、宝玉石类专业本科、专科层次的教材使用，也非常适合地质学爱好者和珠宝爱好者阅读自学。

编写工作具体分工为：绪论、第一篇结晶学基础（第一章至第八章）、第二篇宝石矿物通论（第九章至第十二章）、彩图版由昆明理工大学唐雪莲编写；第三篇宝石矿物各论（第十三章至第二十章）由周梅编写。矿物标本的摄影由周梅完成，文中所有插图的绘制、照片的处理以及全书的整理由唐雪莲完成。目录中打星号（*）者，可视为扩宽知识面的内容，不作为专科的基本学习要求。

《宝玉石结晶学与矿物学》中拍摄的矿物标本主要为昆明理工大学地学博物馆藏品，部分由昆明云宝斋王跃生先生、石雅珠宝店吴世泽先生、台湾陆永庆先生提供，还有部分为昆明东盟奇石展、泛亚奇石展、第二届中国观赏石·矿物晶体国际论坛暨精品展上的精品。极少部分（图版中标注为★）使用了http://www.mindat.org/网的图片，在此一并致谢。

本书编写中得到了昆明理工大学材料学院宝石系同仁的帮助，由于时间仓促，编者水平有限，错误之处在所难免，诚请各位读者批评指正。在此表示衷心的感谢。

编　者

目 录

第二篇 宝石矿物通论

第三篇 宝玉石矿物各论

绪 论

第一节 结晶学与矿物学的发展

一、结晶学与矿物学的概念

结晶学又称晶体学，以晶体为研究对象，是研究晶体的外部形貌、化学组成、内部结构、物理性质、生成和变化以及它们相互间关系的一门科学。研究的是晶体的共性规律，不涉及具体的晶体种类。具有空间性、抽象性、逻辑性。

什么叫矿物？矿物指在各种地质作用中形成的天然单质或化合物。它们具有一定的化学成分和内部结构，从而有一定的形态、物理性质和化学性质，矿物大多数是固体，少部分也可以是液态（Hg、H_2O）和气态（CO_2、H_2S）。它们在一定的地质和物理化学条件下稳定，是组成岩石和矿石的基本单位。

矿物学是研究矿物的化学成分、晶体结构、形态、性质、时空分布规律、成因和用途的一门科学。具有经验性、具体性。

二、结晶学与矿物学的发展

结晶学诞生于17世纪下半叶，早期只是作为矿物学的一个分支而存在，其研究对象亦局限于天然的矿物晶体。直到19世纪中叶，随着其研究范围逐步扩大到矿物以外的各种晶体，结晶学在几何结晶学方面获得了很大的成就，逐渐脱离矿物学成为一门独立的学科。矿物学是一门很古老的基础学科，它萌芽于石器时代，一直发展到今天，主要分为三个阶段。

第一阶段 古代矿物萌芽阶段（旧石器时代～15世纪中叶）

生活在50多万年前的北京猿人因生活需要打制石器，这类石器大部分是从河床中捡来的砾石，是一些质地坚硬的矿物或岩石，如石英、燧石、砂岩等，所以旧石器时代主要是利用矿物的硬度制作生产工具。到了新石器时代，人们对于矿物的认识逐步扩大到装饰品，如玛瑙、碧玉等相继被利用。1929年秋在河南安阳殷墟出土了大量青铜器和一块18.8kg的孔雀石，标志着矿冶的成熟以及对矿物的利用程度的深入。从青铜器时代到铁器时代到对于铅、锡、金及宝石的需求，人类在寻求地球的矿产资源过程中对于矿物的知识日臻丰富。但是直到中国西汉中期，还停留在个别矿物的记述，没有系统的描述、分类。这一阶段的特点是：人们对矿物肉眼鉴定以外表特征为主，矿物、岩石和矿石不分。

第二阶段　矿物学形成阶段（15世纪中叶～20世纪初）

16世纪中叶，G·阿格里科拉较详细地描述了矿物的形态、颜色、光泽、透明度、硬度、解理、味、嗅等特征，并把矿物与岩石区别开来。李时珍在1578年的《本草纲目》中描述了38种药用矿物，说明了它们的形态、性质、鉴定特征和用途。18、19世纪逐步建立起理论基础，丰富了研究内容和研究方法，到19世纪中叶，矿物学形成独立的学科。1857年，H.C.索比创制成功的偏光显微镜对研究双折射物质的细微结构和光学性质有不可替代的优势，偏光显微镜推进了矿物的鉴定和研究，并一直沿用至今。这期间的代表作是美国丹纳的《描述矿物学》，这一阶段的特点是：能对矿物进行宏观几何形态特征及其物理、化学性质的描述和鉴定。

第三阶段　现代矿物学阶段

1912年，德国学者劳埃发现了晶体对X射线的衍射现象，获得了实验方法研究晶体内部结构的重要手段，导致矿物学研究从宏观进入微观的新阶段。大量矿物晶体结构被揭示，建立了以成分、结构为依据的矿物晶体化学分类。同时，20世纪30年代的物理化学理论和热力学相平衡论被引入矿物学，促进了对矿物成因的研究。20世纪60年代，固体物理理论以及一系列现代分析测试技术被引入到矿物学，开展了矿物的人工合成、天然成矿作用的模拟、矿物新材料的制备等，使矿物学研究掀起了一次新的变革。

第二节　宝石结晶学与矿物学的研究内容

近代结晶学主要研究内容包括几何结晶学（外部形态的几何性质）、晶体结构学（内部结构）、晶体化学（化学组成）和晶体物理学（物理性质）等。

（1）几何结晶学：是结晶学的一个分支。是早期结晶学的主要内容，也是矿物学的基本内容之一。研究晶体的几何形貌、几何要素（晶面、晶棱等）以及对称性和各种几何关系。它对晶体的描述、分类和矿物的鉴定均具有重要意义。

（2）晶体结构学：又称结构晶体学。研究晶体内部结构中质点排布的规律、晶体结构的测定以及实际晶体结构的不完善性。它能从根本上阐明晶体的一系列现象和性质。

（3）晶体物理学：是结晶学与固体物理学之间的边缘科学。主要研究晶体的各项物理性及其形成机理（如致色机理、特殊光学效应成因）。它在指导对晶体的利用及鉴定方面均具有重要意义。

（4）晶体化学：主要研究晶体在原子水平上的结构理论。揭示晶体的化学组成、结构和性能三者之间的内在联系。

矿物学主要研究内容包括如下几方面：

（1）形貌矿物学：研究矿物晶体形态和表面微形貌及其生长机制。

（2）结构矿物学：研究矿物晶体结构、矿物化学成分与晶体结构的关系。

（3）成因矿物学：研究矿物个体和群体的形成，结合热力学条件，研究矿物成因。成因矿物学已应用于地质找矿，并逐渐形成找矿矿物学。

（4）矿物物理学：是固体物理学及谱学实验方法引入矿物学所产生的边缘学科。研究矿物化学键的本质与物理性能。这一学科的发展使矿物学的研究尺度更加细化。

（5）实验矿物学：通过矿物的人工合成，模拟和探索矿物形成的条件及规律。实验矿物学对于宝石的人工合成有重要的指导意义。

（6）应用矿物学：研究矿物的物理、化学性能或工艺特性在科学技术和生产生活中的开发应用。如宝玉石矿物学、材料矿物学、生物矿物学等。

从上文对矿物学的研究内容分类中，我们可以看出宝玉石矿物学只是矿物学中的一个分支，截止2008年，全世界已发现且命名的矿物有4365种，而作为宝玉石利用的大概230多种。所以本书立足于宝石专业，在内容上突出专业特点，涉及的主要是宝玉石的结晶矿物学。结晶学重点阐述宏观的几何结晶学、简单介绍晶体结构和晶体化学，在矿物学部分主要描述了和宝石有关的矿物种，有些宝石品种的准矿物也将在本书中出现。

第一篇　结晶学基础

第一章　晶体、非晶体和准晶体

本章概要

1. 本章主要介绍了一系列基本概念：晶体、准晶体、非晶体；空间格子、相当点、行列、面网、平行六面体等。

2. 从质点在晶体结构中的排列的周期性和有序性的角度对晶体、非晶质和准晶体进行了区分，阐述了晶体的基本性质。

3. 介绍了建立空间格子的方法以及十四种空间格子（布拉维格子）的特点。

第一节　晶体的定义

晶体的英文单词crystal源自水晶，古人认为具有规则几何多面体的水晶叫晶体，后来人们发现不仅仅是水晶具有规则几何多面体，自然界很多矿物，如石膏（彩图1）、方解石（彩图2）也表现为天然规则的几何多面体形态，所以对于晶体的概念提升为：能自发长成规则几何多面体外形的固体。然而，这种定义也不够严谨，有些晶体并不发育成几何多面体形态，例如大理岩中的方解石晶体小颗粒（彩图3）。晶体能够发育成几何多面体仅仅是晶体内部本质的一种外在表现形式。

（a）石膏晶体

（b）方解石单晶体

图1-1　自然界中的几何多面体（彩图1）

图1–2 大理岩中的方解石（不规则颗粒）（彩图3）

所以，仅仅从外观来界定晶体显然是片面的。我们必须从本质上对晶体做一个科学的定义。

关于晶体本质的探讨持续了好几个世纪，1912年，德国物理学家劳埃首次利用X射线在实验上发现在一切的晶体中，不管外观形状如何，但是内部原子或原子团总是有规律的排列。这个规律就是周期性，即不论沿晶体的哪个方向看去，总是相隔一定距离就出现相同的原子或者原子团，这个距离就叫周期。故现代对于晶体的定义为：晶体是内部质点（原子、离子或原子团）在三维空间周期性重复排列的固体物质。质点在三维空间呈周期性重复排列又称为格子构造，简而言之，晶体是具有格子构造的固体。

第二节 晶体的空间构造

具体的晶体结构非常复杂，含有种类不同的原子、离子或原子团，我们很难清晰地看出它们的重复规律。为了简化研究，不考虑具体晶体结构中原子的种类和形状，抽象成一个个几何点（结点），用点和直线表示周期，这就是我们本节要讲的内容。

一、空间格子的概念

空间格子又称空间点阵，是表示晶体内部结构中质点周期性重复排列规律的几何图形。如图1–3所示的三维空间格子（空间点阵）。

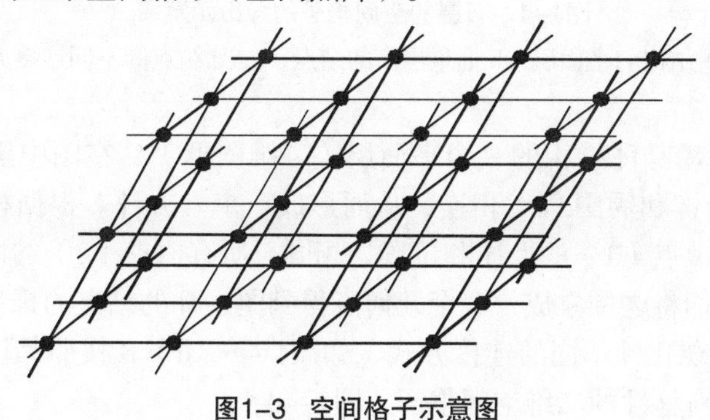

图1–3 空间格子示意图

格子构造是晶体内部存在的质点实际的排列形式，质点之间并不存在实际的棍子或线条来连接，而空间格子是将晶体中各种不同种类、性质的质点（原子、分子、离子等）不考虑种类，不考虑形状，抽象成一个几何点（结点），用直线相连而成的一种几何图形。所以，空间格子可以反映格子构造，但是不能等同格子构造。

二、空间格子的导出

既然空间格子是描述晶体中的格子构造的，是从晶体结构中抽象出来的，那么下面讲述一下具体的导出过程。

首先在晶体结构中找出相当点，再将相当点按照一定的规律连接起来就形成了空间格子。什么是相当点？实际晶体结构中的相当点要满足两个条件：（1）性质相同，（2）周围环境相同。

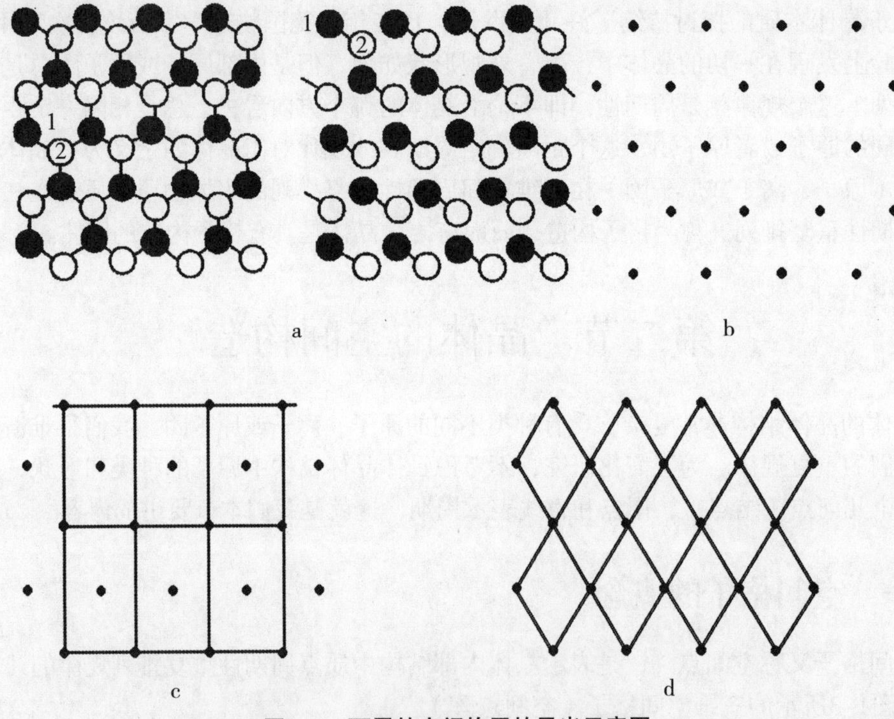

图1-4　石墨的空间格子的导出示意图

a.石墨结构的平面层；b.抽象出来的结点；c、d.结点的不同连接方式

如图1-4a为石墨晶体结构的一个平面层（二维图形），在图中黑点和白点均表示C，每个C均以共价键和周围3个C相连，从而形成一个六方环。根据相当点的条件，我们发现图中的所有黑点（1）的性质和位置均相同，所有白点（2）的性质和位置相同。是两套相当点。我们将之抽象成一个个几何点得到图1-4b的结点的排列。设想用直线将结点连接，此时出现几种不同的连接方式（如图1-4c、d），按照晶体本身的特点最后能够导出符合石墨对称性的二维空间格子（图1-4d）。

三、空间格子（空间点阵）的组成要素

由于空间格子能够简明直观地表明晶体结构中各种质点的排列规律，因此了解空间格子的组成和特点是非常有必要的。空间格子由结点（相当点）、行列、面网、平行六面体构成。

1. 结　点

又称格点，是空间格子中的点，它们代表晶体结构中的等同点，就其本身而言，它们并不代表任何质点，只具有几何意义，为几何点（参见图1-3中的小黑点）。

2. 行　列

结点在直线上的排列称为行列（图1-5）。显然，空间格子中任意两个结点就能决定一条行列。行列中相邻结点间的距离称为该行列的结点间距（图1-5中的a）。在空间格子中，同一行列以及平行的行列中结点间距是相等的，不同方向的行列结点间距一般不等。

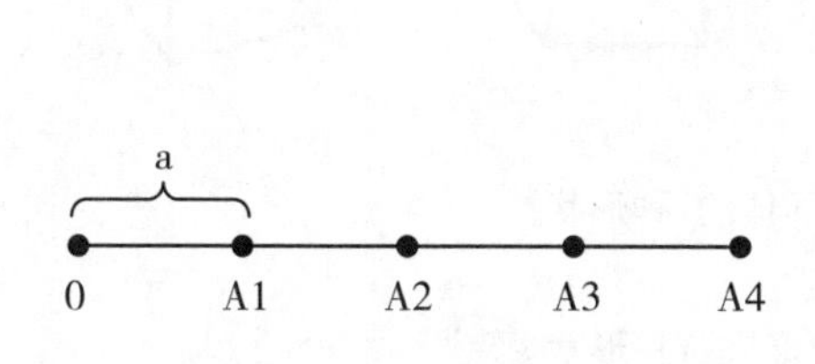

图1-5　空间格子的行列

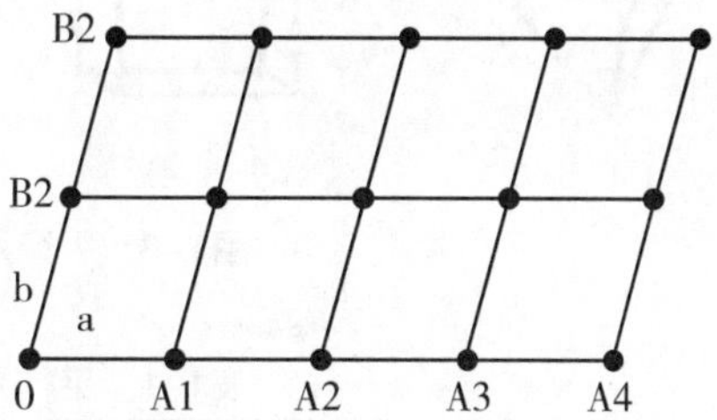

图1-6　空间格子的面网

3. 面　网

结点在平面上的分布称为面网（图1-6）。空间格子中不在同一行列上的任意3个结点可以决定一个面网。面网中单位面积内的结点数称为面网密度。任意两个相邻面网之间的垂直距离称为面网间距。相互平行的面网密度相等，面网间距也必定相等；互不平行的面网，其面网密度和面网间距一般不等。面网密度越大的面网之间，面网间距越大，反之，面网密度小的，其面网间距也小。

4. 平行六面体

空间格子中最小的重复单位称为平行六面体。它是连接空间格子中不在同一平面的四个紧邻结点构成的。这样，整个空间格子可以看做是由一系列平行六面体在三维空间平行无间隙叠置而成（参见图1-3）。

在结晶学中，平行六面体的选择有一定原则，首先所选取的平行六面体应能反映结点分布整体所固有的对称性；其次棱与棱之间的直角关系力求最多；在满足前两个条件的基础上，平行六面体的体积力求最小。在实际晶体中，这个最小单位称为晶胞。晶胞的三条棱的长度a、b、c和α、β、γ称为晶胞参数（如图1-7）。

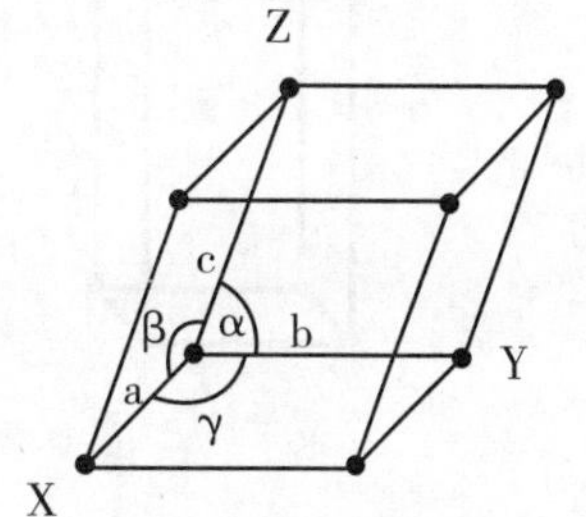

图1-7　晶胞和晶胞参数

四、14种空间格子

如果不考虑空间格子的结点分布，按照空间格子的对称性和形状特点，可以推出7种形状（图1–8），其晶胞参数特点各不相同，如表1–1所示。

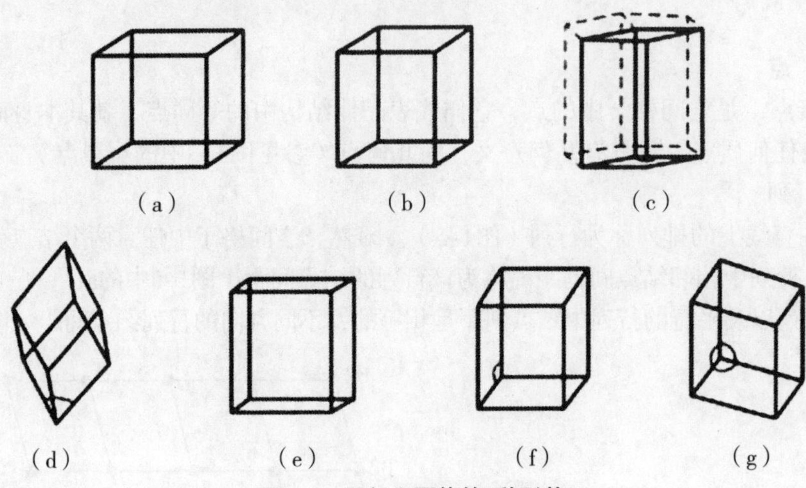

图1–8　平行六面体的7种形状

表1–1　平行六面体的7种形状

图中对应序号	晶系	晶体常数特点
（a）	立方格子	a=b=c，α = β = γ =90°
（b）	四方格子	a=b≠c，α = β = γ =90°
（c）	六方格子	a=b≠c，α = β =90° ，γ =120°
（d）	三方菱面体格子	a=b=c，α = β = γ ≠90° ，60° ，109° 28′ 16″
（e）	斜方（正交）格子	a ≠b ≠ c，α = β = γ =90°
（f）	单斜格子	a ≠b ≠ c，α = γ =90° ；　β >90°
（g）	三斜格子	a ≠b ≠ c，α ≠ β ≠ γ ≠ 90°

依前文所述的平行六面体选择原则选择出的每个平行六面体其结点（相当点）的分布只能有4种可能的情况，对应4种格子类型，如图1–9所示，分别为原始格子（简单格子）、底心格子、体心格子和面心格子。

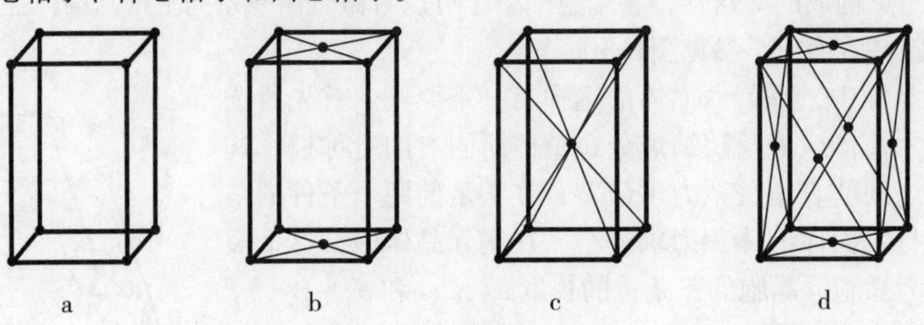

图1–9　4种格子类型

（a）原始格子（简单格子）P；（b）底心格子C；（c）体心格子I；（d）面心格子F

平行六面体有前述的7种形状和4种结点分布类型，最多可以有28种空间格子，但是某些类型的格子彼此重复并可以转换，还有一些不符合某晶系的对称特点而无法在该晶系中存在。除去这些，最终在晶体结构中只可能出现14种不同形式的空间格子，这是由法国布拉维最先推导出来的，故称为14种布拉维格子（图1–10）。

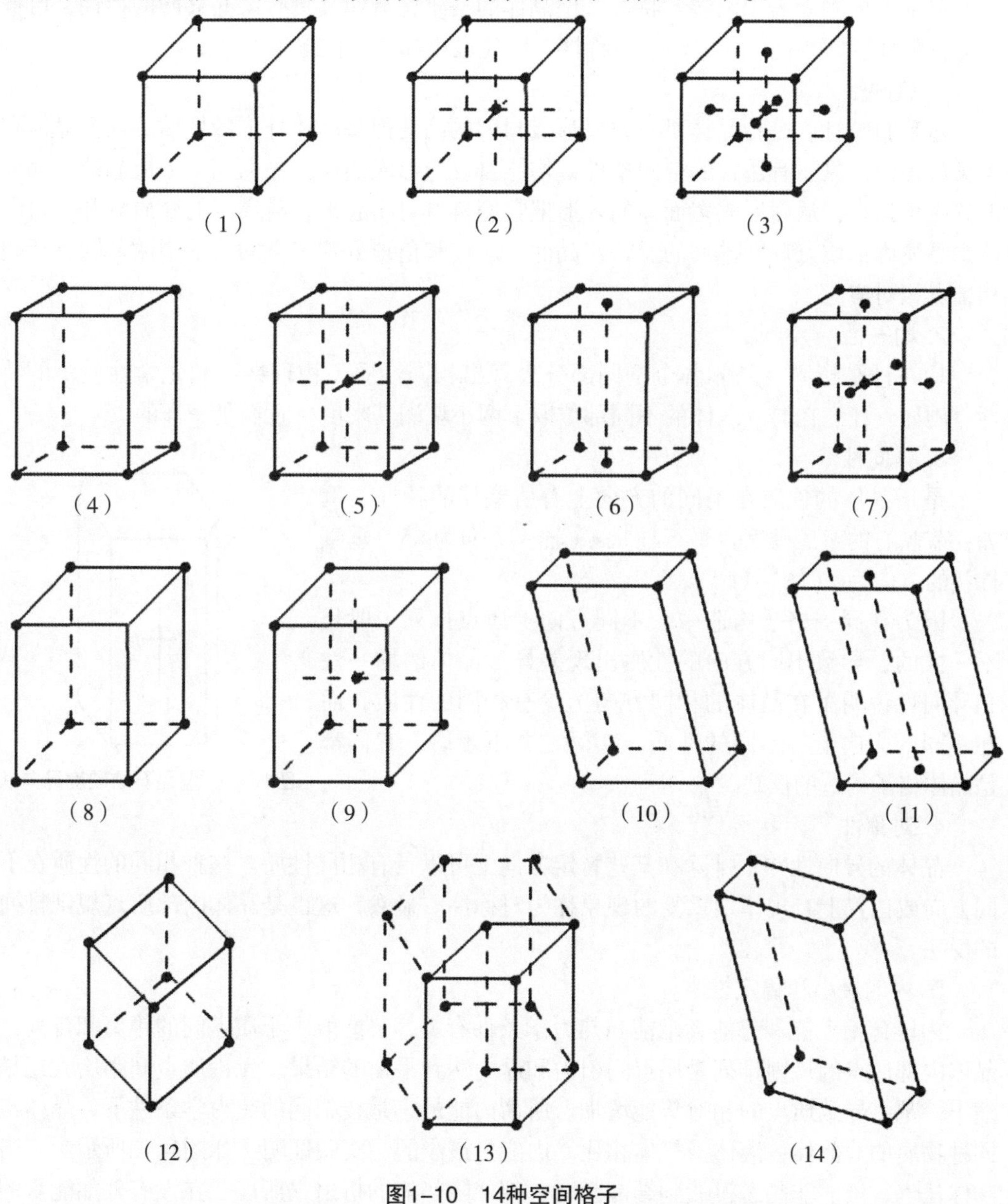

图1–10 14种空间格子

（1）简单立方格子（立方原始格子）；（2）体心立方格子；（3）面心立方格子；（4）简单斜方格子；（5）体心斜方格子；（6）底心斜方格子；（7）面心斜方格子；（8）简单四方格子（简单正方格子）；（9）体心四方格子（体心正方格子）；（10）简单单斜格子；（11）底心单斜格子；（12）三方菱面体格子（菱方格子）；（13）简单六方格子（六方原始格子）；（14）简单三斜格子

第三节　晶体的基本性质

晶体在宏观上表现出各种特性。但晶体的格子构造使其具有某些共同的特性，可概括为自限性、均一性、异向性、对称性、内能最小和稳定性。

1. 自限性

也称自范性，是指晶体具有自发形成封闭的凸几何多面体外形的性质。任何晶体在生长过程中，只要有适宜的空间条件，均能自发地形成晶面，晶面相交形成晶棱，晶棱汇聚成角顶点，从而形成多面体的外形把它们自身封闭起来，与周围的介质分开。自限性是晶体内部质点规则排列的反映，晶面、晶棱和角顶分别与空间格子中的面网、行列和结点相对应。

2. 均一性

均一性是指同一晶体各个不同部分表现出相同性质（物理性质和化学性质）的特性。例如，任意在同一晶体的不同部位取下两小块测其密度，它们是一样的。

3. 异向性

是指晶体的性质在不同的方向上有所差异的特性。例如：蓝晶石的摩氏硬度在平行柱状（C轴）方向为4.5，垂直柱状的方向为6（图1–11）。

因为在同一格子构造中，不同方向上质点排列一般是不一样的，导致不同方向的性质出现差异。晶体的均一性和异向性说明了在晶体的相同方向上具有相同的性质，而在不同的方向上有不同的性质，实际上并不矛盾，它们都是晶体格子构造的反映。

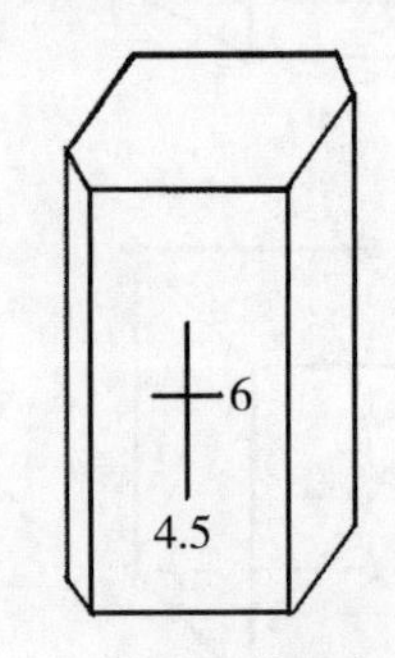

图1–11　蓝晶石的硬度异向性

4. 对称性

晶体的异向性并不排除在某些特定方向上可以具有相同性质。这种相同的性质在不同方向或位置上有规律地重复的现象称为对称性。显然，这也是晶体内部质点规则排列的反映。

5. 内能最小和稳定性

内能包括动能和势能，动能与热力学条件有关，势能取决于质点间的距离和排列，晶体内部质点的规则排列是质点间引力和斥力达到平衡的结果，无论质点间距增大还是缩小，都将导致质点的相对势能增加。所谓内能最小是指相同的热力学条件下，晶体与同种物质的非晶体、液体、气体相比，内能是最小的，实验证明（如图1–12所示），当物体从气、液、非晶态过渡到结晶态时，都伴随热能的析出，所以，在没有外加能量的情况下，晶体不会自发向非晶体态转变，这就是晶体的稳定性。晶体具有固定的熔点也是其稳定性的一种表现。

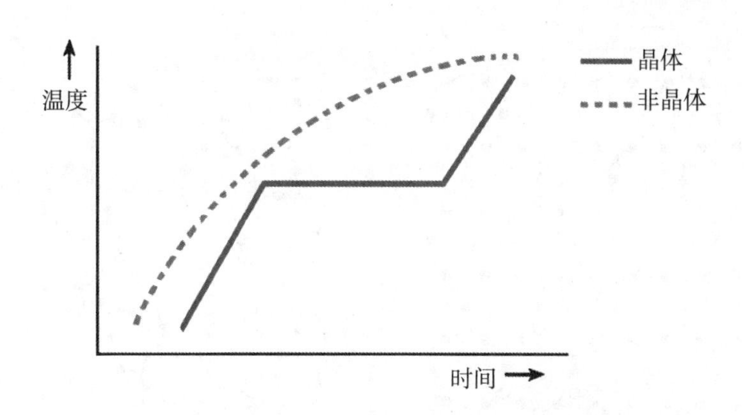

图1-12 晶体和非晶体的加热曲线对比图

以上讨论的对象是单晶体。实际上，常见的很多晶体是以多晶质体的形态出现的，多晶质体包含有大量取向不同的晶粒，晶体的异向性有时会被掩盖。但研究多晶质体性质的基础仍然是全面了解单晶体的性质。

第四节　非晶体和准晶体

一、非晶体

与晶体相对应的是非晶体。非晶体（non-crystal）是不具格子构造的物质，也就是内部质点不呈周期性重复排列的固体，他们往往不具有规则的几何多面体形态，比如琥珀、玻璃等（彩图4、彩图5）。

化学成分同为SiO_2，为何有的形成晶莹剔透的石英晶体，有的变成不定形的石英玻璃（参见彩图5和彩图6）。这是由于内部结构的不同导致的。从图1-15石英晶体和玻璃的内部结构示意图中可以看出，在非晶体的内部结构中，小范围也具有某些有序性（如一个O原子周围分布着3个Si原子），我们将这种局部的有序称为短程有序，而整个结构范围的有序称为长程有序。

图1-13 非晶体（彩图4、彩图5）

图1-14 SiO_2的结晶态（石英）（彩图6）

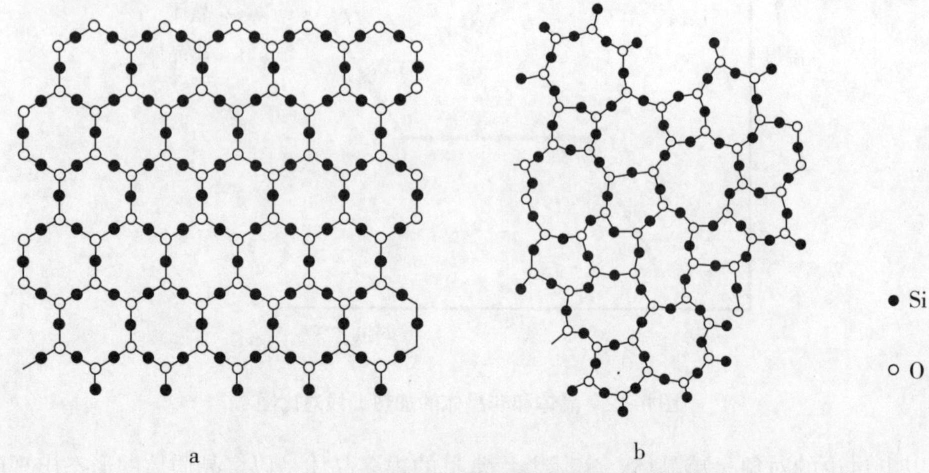

图 1-15　石英晶体a和石英玻璃b的内部结构

晶体和非晶体在一定条件下是可以相互转化的，如岩浆在喷发过程中迅速冷凝形成火山玻璃，火山玻璃在漫长的地质时期，内部质点扩散、调整、会趋于规则排列，形成晶质SiO_2。

二、准晶体

1984年以色列科学家谢切曼（shechtman）等人在AlMn合金的透射电子显微镜的研究中首次发现了五次对称轴（图1-16）。其结构中配位多面体是定向长程有序的，但没有平移周期。这类物质被认为是介于非晶质和晶质之间的一种新物态——准晶体（quasi-crystal）。

图1-16　具有5次对称的AlMn合金

五次对称的准晶为非生物和生物结构的研究搭起了一座桥梁，准晶体的发现和研究使晶体学的内容更加扩展而丰富。

思考题

1. 举例说明晶体、非晶体和准晶体的区别。
2. 简述晶体的基本性质。
3. 试区别晶体的均一性和异向性。
4. 异向性与自限性有什么联系？
5. 在右图中，指出A点的相当点。

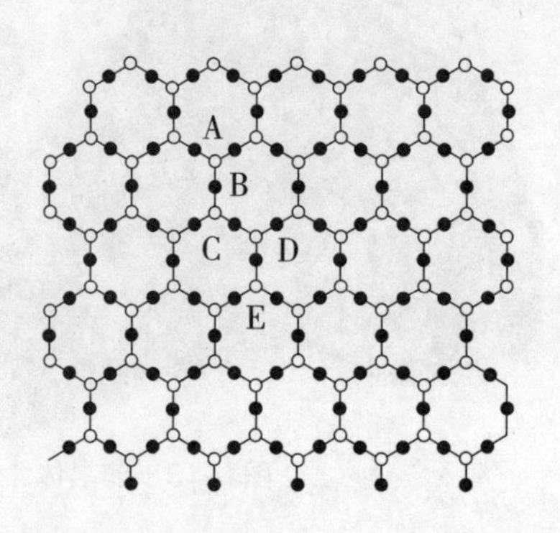

第二章* 晶体的极射赤平投影

本章概要

本章简要介绍了晶体的极射赤平投影的意义、原理和方法，总结了晶体不同方位的晶面及各种对称要素的极射赤平投影特点。

第一节 晶体的投影

所谓晶体投影就是按一定规则表示各晶面和晶向分布的图形，投影图可以更直观地研究晶面在晶体上的分布规律。按不同的规则，可以得到不同的投影，在结晶学中最常用的是极射赤平投影。

晶体投影的意义如下：

（1）晶体投影图可明确显示晶体的对称性和晶面的分布规律；

（2）简便地进行可能晶面和实际晶面的推导；

（3）可利用这种图解方法代替复杂的数学运算而求得晶体常数和晶面符号等结晶学上所需要的数据。

第二节 极射赤平投影

一、原 理

极射赤平投影原理如图2-1所示：取一点O作中心（投影中心），以一定的半径做一个球，称为投影球；通过球心做一个水平面Q，称为投影面；投影面与投影球相交为一个大圆，它相当于球的赤道，称为基圆；基圆面称为赤平面；垂直赤平面的直径NS，称为投影轴，投影轴与投影球的两个交点N和S，即投影球的北极和南极，也称为上目测点和下目测点。

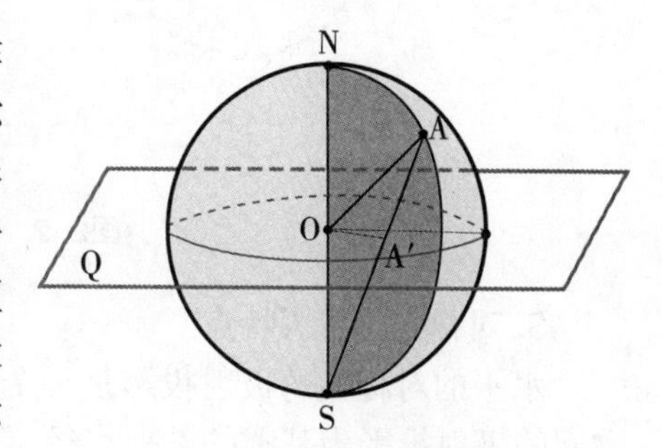

图2-1 极射赤平投影原理

极射赤平投影就是：以赤道平面为投影面，以南极（或北极）为目测点，将球面上的点、线进行投影，简称极射投影。 如图2-1中球面上的一点A与南极S连线，得到点A的极射赤平投影点A′ 。

二、投影方法

1. 晶体上各种晶面的投影

设想将晶体置于投影中心，然后从球心出发，引每一晶面的法线，延长后交球面于一点（球面投影点）与目测点（南极或北极）连线，每条连线相交于投影面上的点即为各晶面的极射赤平投影点。

2. 晶体上各种直线（晶向）的投影

晶体中存在晶棱、结晶轴、对称轴、双晶轴等，他们的投影和晶面法线的投影方法相同，但是首先需要将直线平移，使之通过投影球球心。

3. 晶体上的对称面、双晶面、双晶结合面的投影

习惯上将这些平面直接进行极射赤平投影。首先将平面平移至通过投影球球心，然后延长，使其与球面相交，再投射到投影面上，形成一些圆弧或者圆，就是其投影。

三、晶体要素在极射赤平投影中的特点

1. 晶面的投影特点

水平晶面的极射投影点位于基圆中心；直立晶面的极射投影点位于基圆上；倾斜晶面的赤平投影点位于基圆内，倾角越大，其投影点距基圆中心愈远。

2. 晶向的投影特点

平行于投影面的晶向（对称轴、双晶轴等）其极射投影必在基圆上，且两点位于基圆的某一直径的两端（图2-2a）；垂直于投影面的晶向的极射投影点是基圆中心，如图2-2b；倾斜晶向的极射投影是位于基圆内的点，一般只取上半球的点，如图2-2c。

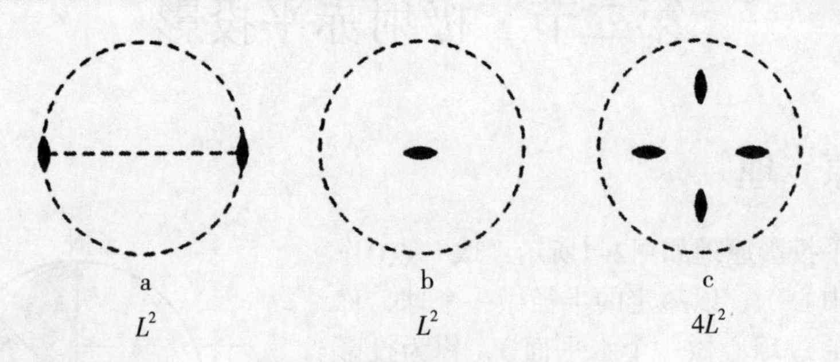

图2-2　对称轴的极射赤平投影

3. 对称面的投影特点

水平的对称面的极射投影是一个圆，和基圆重合，如图2-3b中的a圆弧；直立的对称面的极射投影为基圆的某一直径，如图2-3b中的b；倾斜的对称面的极射投影为一段

以基圆直径为弦的大圆弧，如图2-3b中的c。

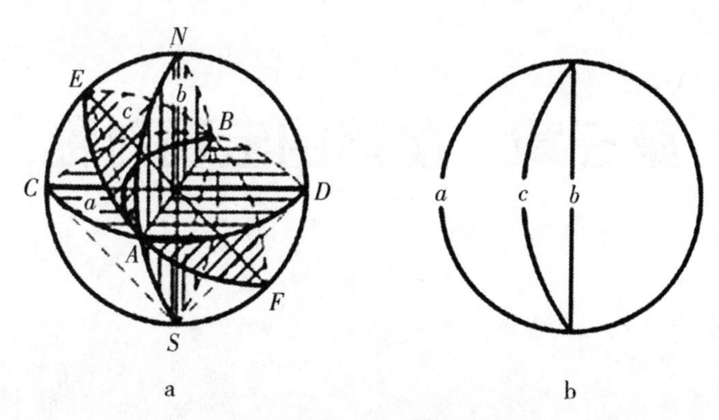

图2-3 对称面的极射赤平投影

思考题

1. 讨论一个晶面在赤道平面平行、斜交或者垂直时，投影点与投影基圆之间的距离关系。

2. 做四方柱和立方体（图2-4）的各晶面投影，讨论四方柱和立方体各晶面在极射赤平投影中的关系。

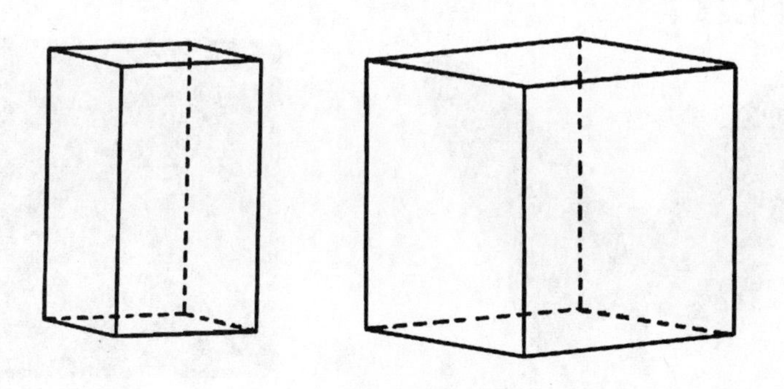

图2-4 四方柱和立方体

第三章　晶体的宏观对称

本章概要

1. 讲述了晶体的对称特点，对称面、对称轴、对称中心和旋转反伸轴的特点和对称操作；介绍了晶体按对称分类体系的依据与特点。

2. 要求能熟记32种对称型的全面符号（对称符号），能正确地在晶体模型中找出全部对称要素。

第一节　对称的概念

对称的现象在自然界和我们日常生活中都很常见，如蝴蝶、某些建筑物、图案等（图3–1）。对称是宇宙间的普遍现象，是自然科学最基本的概念，是建造大自然的密码，是永恒的审美要素。

a. 蝴　蝶

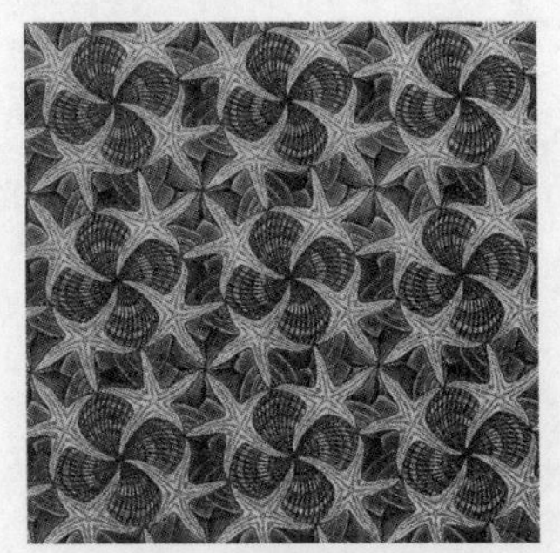

b. 对称图案

图3–1　生活中的对称

从上图可以看出，对称的物体或者图形必须符合两个条件：（1）具有两个或者两个以上相同的部分；（2）这些相同的部分通过某些操作（反映、旋转、反伸、平移），彼此能完全重合。例如：我们常说蝴蝶是左右对称的，即左右两部分可以通过身体中央的垂直镜面彼此反映重合。又如图3–1（b）的图案是由扇贝和海星构成，每个扇贝沿着通过中心的直线旋转，旋转90度都会重复原来的图案。同样海星也显示规律性的重合。

因此，对称就是物体相同部分有规律的重复。

第二节 晶体的对称

对称是物体相同部分有规律的重复，对于晶体来说，就是相同的晶面、晶棱和角顶的规律重复。而且晶体较之其他物体的对称还存在特殊性，因为从前面的章节我们知道晶体的基本性质之一就是对称性，这种对称性取决于它的格子构造。因此，晶体对称有如下几个特点。

（1）晶体的质点在三维空间是有规律的重复排列，任何一个质点都可以通过平移一定的距离（周期）找到相同的点，使之重合，所以从微观角度看晶体都是对称的。

（2）晶体的对称受格子构造的限制，只有符合格子构造规律的对称才能在晶体的宏观特征上体现，所以晶体的对称是“有限”的。

（3）晶体的对称不仅体现在外形上，也体现在物理性质上（力学、光学、电学）。

所以，晶体的对称性可以作为晶体分类最好的依据。

第三节 晶体的对称操作和对称要素

欲使晶体相等部分（晶面、晶棱、角顶）有规律地重复（重合），必须通过一定的操作，这种操作就称为对称操作（symmetry operation）。在进行对称操作时所凭借的辅助几何要素（点、线、面）称为对称要素。

研究晶体外形对称时运用的对称要素以及相应的对称操作主要有以下几种。

1. 对称面（P）

对称面是物体或图形中的一个假想平面，对应的对称操作为：对此平面的反映。对称面能将晶体平分为互为镜像反映的两个相等部分。这两个部分分别相当于一个物体和此物体在镜子中的映像，而对称面就相当于一面镜子。

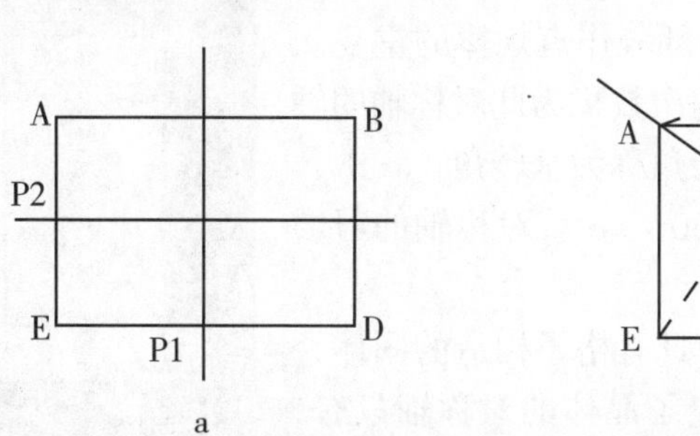

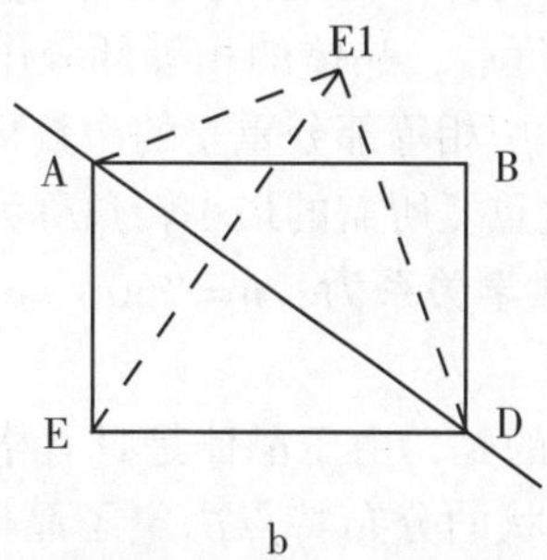

图3-2 对称面和非对称面的区别

a. P1和P2为对称面 b. AD为非对称面

要成为对称面，必须同时达到两个条件：（1）将晶体（形状）分成两个相等的部分；（2）这两个部分互为镜像，即两部分的各对应点的连线与对称面垂直等距。如图3-2所示，ABDE为一个矩形，能将该矩形平分为相等部分的有4个面，P1、P2、AD和EB。其中P1和P2均能同时满足上述条件，所以P1和P2代表的是两个垂直纸面的对称面，而图3-2b中如果沿着AD做一个垂直纸面的平面，虽然将ABDE平分为△ADE和△ADB两个相等图形，但是其对应点B和E的连线与对称面不垂直，无法满足第二个条件。所以，AD不是对称面，同理，EB也不是对称面。

对称面的习惯符号为P。晶体中可以没有对称面，也可能存在一个或者多个对称面，但是最多不超过9个。晶体对称面的表示：数目＋符号（P），如四方柱有5个对称面，表示为5P（参见图3-3）。

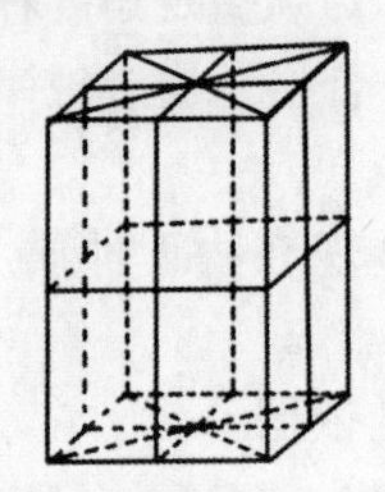

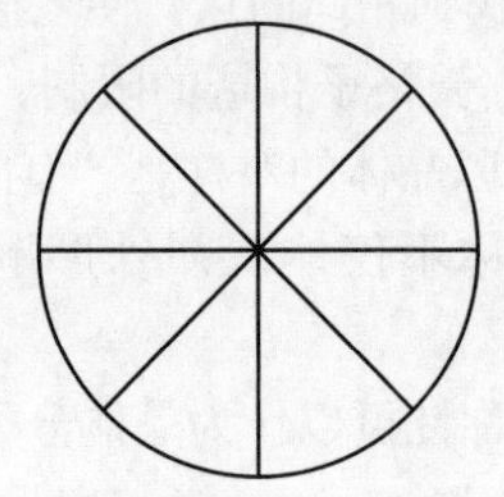

图3-3　四方柱的5个对称面以及对称面的极射赤平投影图

在实际的晶体当中，怎么快速准确的找出对称面呢？对称面其实和晶面、晶棱有着如下的关系：

（1）垂直平分晶面；

（2）垂直晶棱并通过它的中心；

（3）包含晶棱。

我们在上述这些地方寻找，就能准确判断对称面的存在与数目了，但是要注意去除重复的对称面。

2. 对称轴（L^n）

对称轴是一条假想的通过晶体几何中心的直线（图3-4）。对应的对称操作是：绕此线的旋转。晶体绕此直线旋转一定角度后，晶体的相等部分作有规律的重复。旋转360° 过程中相等部分重复的次数称为此对称轴的轴次（n）。使之重复所需的最小转角称为基转角（α），n和α之间的数学关系为：n＝360° /α。对称轴的习惯符号为L^n。

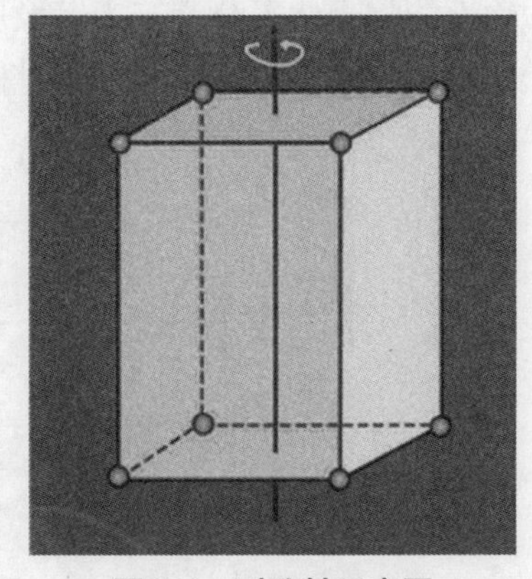

图3-4　对称轴示意图

值得一提的是，由于晶体是具有格子构造的固体，这种质点格子状的分布特点决定了晶体的对称轴只有5种，即：晶体中可能出现的对称轴是一次轴、二次轴、三次轴、四次轴、六次轴，不可能出现五次或高于六次的对称轴，这就是所谓晶体对称定律（证明从略）。

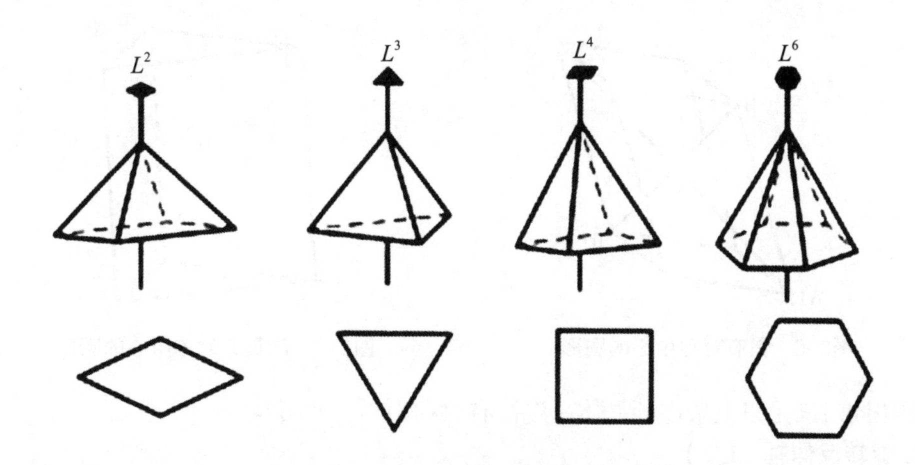

图3-5 晶体的对称轴和横切面示意图

在5种对称轴中，因为任何物体都可以绕自身旋转360° 而重合，所以一次对称轴（L^1）在所有晶体中都存在，且有无数个，一般无实际意义，通常我们不予考虑。除了L^1以外，晶体中可能没有，也可能有一种或几种对称轴，每一种对称轴可以有一个或同时存在多个。所以晶体中各种对称轴的表示方法为：数目+符号（L^n），对于一个晶体中出现多种对称轴的，一般先写高次轴，后写低次轴，同一种对称轴的数目写在对称轴符号前面。例如：六方柱有一个L^6，6个L^2，就表示为$L^6 6L^2$。

在实际晶体中，如何快速准确找出对称轴呢？对称轴在晶体上可能的出露位置如下：

（1）两个相对晶面中心的连线；

（2）柱、立方体对应晶棱中点的连线；

（3）立方体、四面体对应角顶连线；

（4）双锥、偏方面体角顶连线；

（5）单锥角顶与对应晶面中心的连线。

在这些可能的位置，我们用两个手指拿住轴的两端，使晶体模型旋转360° ，看相同的晶面、晶棱和角顶重复出现的次数。

3. 对称中心（C）

对称中心是一个假想的点，相应的对称操作是对此点的反伸。通过该点作任意直线，在此直线上距中心等距的位置必有对应点。例如图3-6是一个具有对称中心的图形，C点位于对称中心，在通过C点做直线，距C等距的两端均可找到对应点，如AA_1，BB_1。由于对称中心存在于晶体的最中心，我们看不到、摸不着，那么在实际操作时候怎么寻找对称中心呢？因为一个晶体中，如果有对称中心，那么只可能有一个，所以我们的问题就变成判定一个晶体是否存在对称中心。一个理想晶体（晶体模型）如果有对称中心，那么它们的晶面会出现如下的特征：

（1）晶面个数为偶数，并成对分布；

（2）每对晶面两两平行且同形等大；

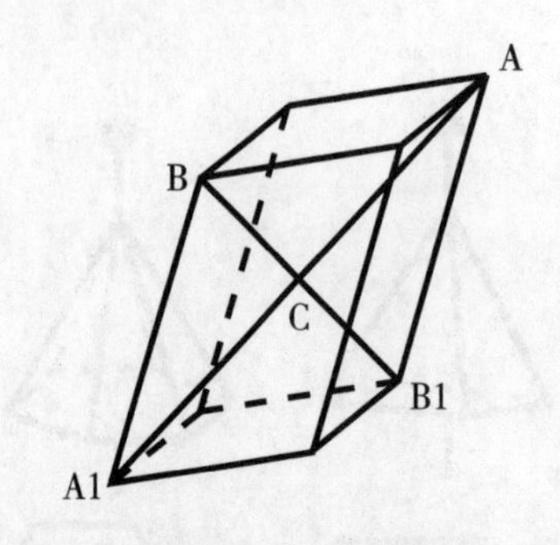

图3-6　具有对称中心的图形

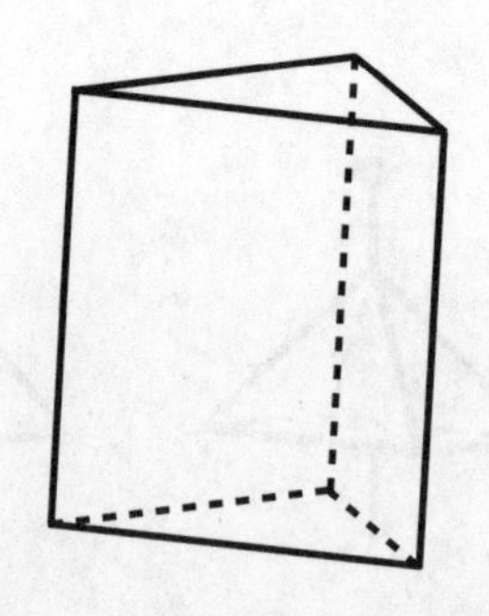

图3-7　不具有对称中心的图形

无法同时满足以上条件的晶体一定没有对称中心，如图3-7。

4. 旋转反伸轴（L_i^n）

旋转反伸轴又称倒转轴，是一根假想的直线和其上一点所构成的一种复合对称要素。对称操作为：旋转+反伸。当晶体或图形绕此直线旋转一定的角度后，再借助线上一点的反伸，可使各相等部分发生重复。

旋转反伸轴以L_i^n表示，下标i表示反伸，n表示轴次，类似于对称轴，旋转反伸轴也有一定的轴次和基转角，n为1、2、3、4、6。相应的基转角为360°、180°、120°、90°、60°。且同样不能存在5次和高于6次的旋转反伸轴。

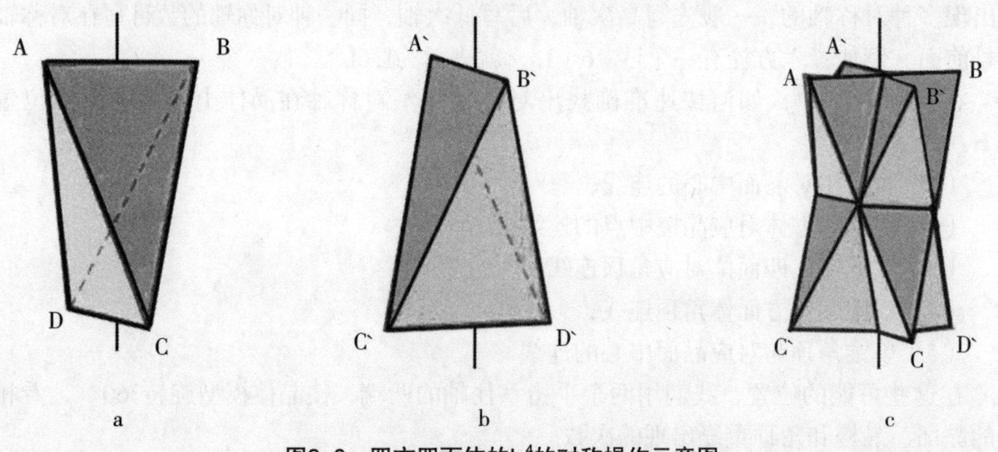

图3-8　四方四面体的L_i^4的对称操作示意图

下面以L_i^4为例说明，图3-8a所示的多面体ABCD称为四方四面体，其中AB和CD两条棱中点的连线是一条通过晶体中心的直线。将四方四面体绕此直线旋转90°后，得到四方四面体A\`B\`C\`D\`（图3-8b）。将A\`B\`C\`D\`以晶体中心进行反伸操作，能与晶体旋转之前的ABCD重合（如图3-8c），所以这条直线和直线上的中心点就称为四次旋转反伸轴。另外，在实际操作中，晶体模型上有L_i^4的位置往往表现出L^2的特点，导致很多同学误认为是L^2，如何区分呢？当发现有L^2特点的时候，仔细观察一下对应的出露点的线条或者图形形状，如果对应的线条或图形相互不垂直，就说明这根轴的确是L^2，如果是相互垂直，说明这根轴是L_i^4。如图3-8a中的四方四面体，AB、CD对应的中点连线和AC、BD中点的连线均符合L^2的特征，但是AB垂直CD，所以它是L_i^4，而AC不垂直BD，所以它只是一个L^2。

L_i^1、L_i^2、L_i^3、L_i^4、L_i^6的对称操作图解如图3-9所示。

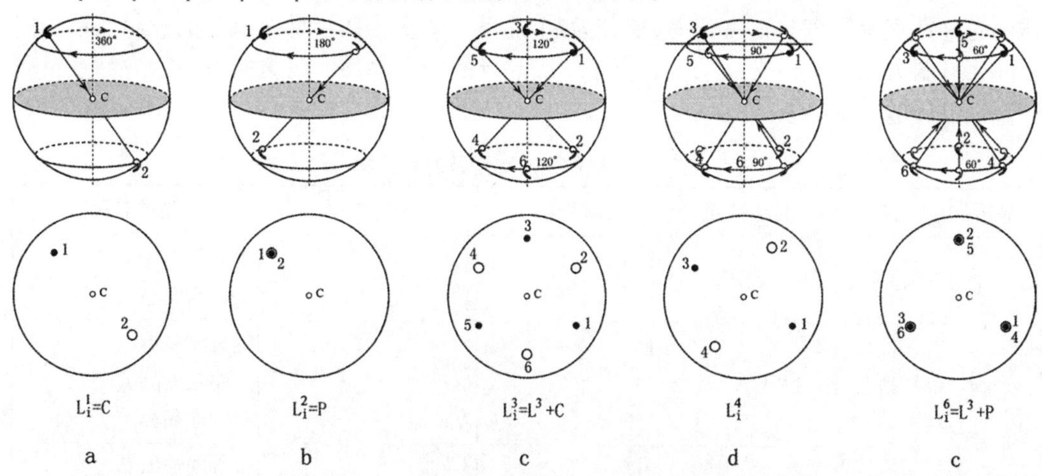

图3-9 旋转反伸轴与简单对称要素的关系

值得一提的是，除了L_i^4以外，其他各种旋转反伸轴都可以用简单的对称要素或它们的组合来代替，例如，一个6次旋转反伸轴的对称操作实际与一个3次对称轴和一个与之垂直的对称面的复合操作是等效的。其他几个旋转反伸轴亦然，关系如下（参见图3-9）：

L_i^1=C；L_i^2=P；L_i^3=L^3+C；L_i^6=L^3+$P_\perp$

鉴于以上的等效关系，对旋转反伸轴只保留L_i^4和L_i^6，其他旋转反伸轴都用简单对称要素来代替。保留L_i^4是因为它无法用其他简单对称要素代替，保留L_i^6是因为它在晶体的对称分类中具有特殊意义。

第四节 晶体的对称型及分类

各种晶体的对称程度相差很大，具体表现在它们具有的对称要素的种类和数目上，在结晶学中，将晶体的全部对称要素的组合称为该晶体形态的对称型，也称点群。例如：四方柱有1个4次对称轴（L^4），4个2次对称轴（L^2），5个对称面（P），一个对称中心（C），那么上述所有对称要素组合起来，按照先写对称轴（从高到低），再写对称面、最后写对称中心的原则，该四方柱的对称型表示为：L^44L^25PC。

晶体外形上体现出来的对称要素是有限的，经过数学推导证明，晶体中可能出现的对称型（点群）只有32种。

根据晶体的对称型中对称要素的特点，可以对晶体进行合理的科学分类，分类依据及分类体系见表3-1。

首先将属于同一对称型的所有晶体归为一类，称为晶类。晶类与对称型相对应，晶类的数目为32个。

然后，根据是否有高次轴以及有一个或多个高次轴把32个晶类（对称型）分为低级晶族（无高次轴）、中级晶族（只有一个高次轴）和高级晶族（有多个高次轴）三大晶族。

在各晶族中，根据对称轴或旋转反伸轴次的高低以及它们数目的多少划分晶系（具体的对称特点参见表3-1），一共划分为7个晶系，依次为属于低级晶族的三斜晶系、单斜晶系、斜方晶系（正交晶系）；属于中级晶族的四方晶系、三方晶系、六方晶系；属于高级晶族的等轴晶系。

表3—1　晶体的对称型及对称分类

晶族	晶系	对称特点	对称型	国际符号	晶类名称
低级晶族（无高次轴）	三斜晶系	无L^2，无P	L^1	1	单面晶类
			C	$\bar{1}$	平行双面晶类
	单斜晶系	L^2或P不多于1个	L^2	2	轴双面晶类
			P	m	反映双面晶类
			L^2PC	2/m	斜方柱晶类
	斜方晶系	L^2或P多于1个	$3L^2$	222	斜方四面体晶类
			$L^2 2P$	mm（mm2）	斜方单锥晶类
			$3L^2 3PC$	mmm（$\frac{2}{m}\frac{2}{m}\frac{2}{m}$）	斜方双锥晶类
中级晶族（只有一个高次轴）	四方晶系	有1个L^4或L_i^4	L^4	4	四方单锥晶类
			$L^4 4L^2$	42（422）	四方偏方面体晶类
			$L^4 PC$	4/m	四方双锥晶类
			$L^4 4P$	4mm	复四方单锥晶类
			$L^4 4L^2 5PC$	4/mmm（$\frac{4}{m}\frac{2}{m}\frac{2}{m}$）	复四方双锥晶类
			L_i^4	$\bar{4}$	四方四面体晶类
			$L_i^4 2L^2 2P$	$\bar{4}2m$	复四方偏三角面体晶类
	三方晶系	有1个L^3或L_i^3	L^3	3	三方单锥晶类
			$L^3 3L^2$	32	三方偏方面体晶类
			$L^3 3P$	3m	复三方单锥晶类
			$L^3 C$	$\bar{3}$	菱面体晶类
			$L^3 3L^2 3PC$	$\bar{3}m$（$\bar{3}\frac{2}{m}$）	复三方偏三角面体晶类
	六方晶系	有1个L^6或L_i^6	$L_i^6=L^3P$	$\bar{6}$	三方双锥晶类
			$L_i^6 3L^2 3P=L^3 3L^2 4P$	$\bar{6}2m$	复三方双锥晶类
			L^6	6	六方单锥晶类
			$L^6 6L^2$	62（622）	六方偏方面体晶类
			$L^6 PC$	6/m	六方双锥晶类
			$L^6 6P$	6mm	复六方单锥晶类
			$L^6 6L^2 7PC$	6/mmm	复六方双锥晶类
高级晶族（有多个高次轴）	等轴晶系	有4个L^3	$3L^2 4L^3$	23	五角三四面体晶类
			$3L^2 4L^3 3PC$	m3（$\frac{2}{m}\bar{3}$）	偏方复十二面体晶类
			$3L_i^4 4L^3 6P$	$\bar{4}3m$	六四面体晶类
			$3L^4 4L^3 6L^2$	43（432）	五角三八面体晶类
			$3L^4 4L^3 6L^2 9PC$	m3m（$\frac{4}{m}\bar{3}\frac{2}{m}$）	六八面体晶类

思考题

1. $L^3 3L^2 4P$属于什么晶系？为什么？

2. 怎么判断晶体模型中是否存在对称中心？

3. 为什么没有5次对称轴？

4. 根据对称型，晶体是如何分类的？什么叫做晶体、晶族、晶系？它们的对称要素有哪些特点？

第四章　晶体定向与结晶符号

本章概要

1. 本章介绍晶体定向的原则、各晶系晶体定向方法以及晶体常数特点；在晶体定向基础上，介绍晶面符号中的米氏符号以及特点。

2. 通过整数定律理解为什么晶面指数为简单整数，要求能在具体的晶体模型上、各种晶体的宏观形态上确定各晶面的晶面符号。

第一节　晶体的定向

为什么要进行晶体定向？先给大家举个例子。

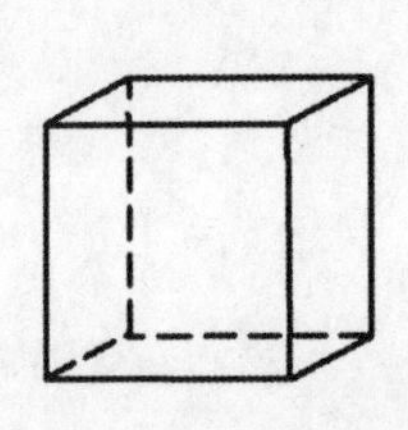
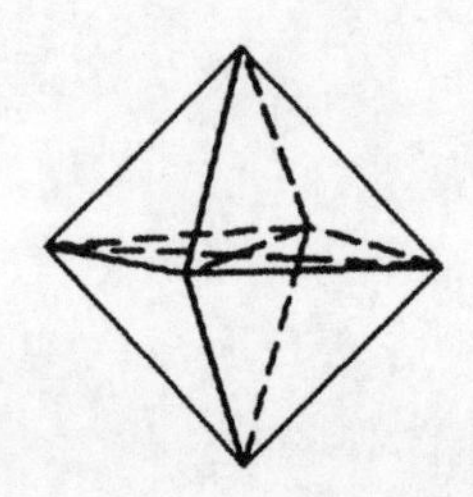
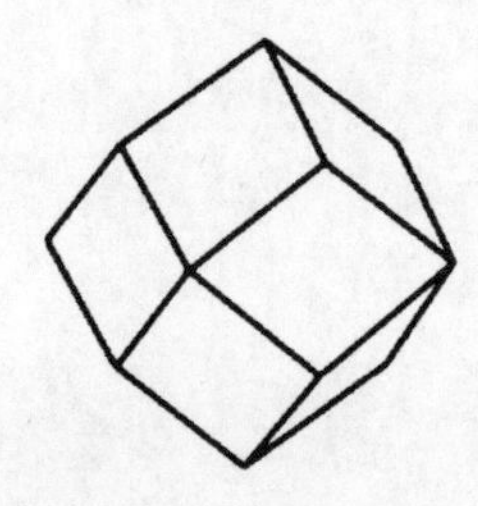

图4-1　对称型$3L^4 4L^3 6L^2 9PC$的不同形态举例

如图4-1所示的3个晶体模型的对称型均为$3L^4 4L^3 6L^2 9PC$，但是外部形态却完全不同。其实要了解晶体的具体形态，光知道对称型是不够的，因为晶体的具体形态取决于晶体的晶面在空间中的方位，换言之，就是晶面与对称要素之间的关系。所以，为了准确地描述晶体的形态、确定晶体的空间分布特点，就必须进行晶体定向。

其实不论在晶体形态、物性、内部结构的研究中或是进行矿物晶体的鉴定工作，晶体定向都是必需的。晶体定向后，晶体上的各个晶面和晶棱的空间方位即可以用一定的指数（晶面或晶棱符号）予以表征。

一、晶体定向的含义

简单地说，晶体定向就是在晶体上建立坐标系统，选择合适的坐标轴（晶轴），确定各晶轴上轴单位的比值（轴率）。坐标轴一般由X，Y，Z三轴组成，也可以由四根轴X，Y，U，Z组成（如图4–2）。

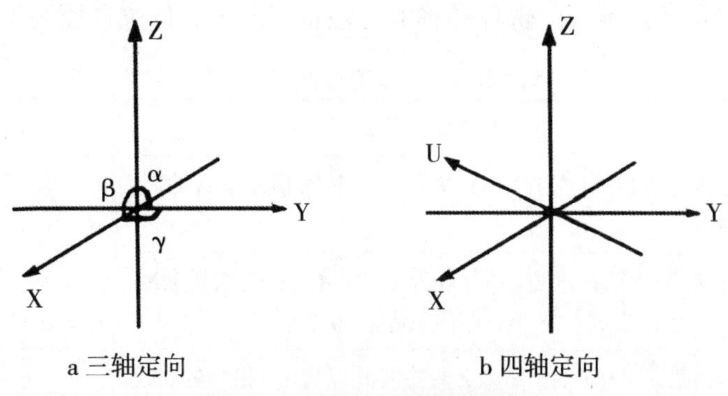

图4–2 三轴定向和四轴定向

二、相关概念

下面先介绍一下在晶体定向中涉及到的几个概念。

（1）晶轴：用来描述坐标系统的假想的相交于晶体中心的三条（或四条）直线，分别表示为X，Y，Z或X，Y，U，Z（图4–2）。晶轴相当于格子构造中的行列，一般应与对称轴或对称面的法线重合。

（2）轴角：晶轴正端之间的夹角称为轴角。它们分别以α（Y∧Z），β（Z∧X），γ（X∧Y）表示（图4–3）。

（3）轴长：晶轴上的单位长度称为轴长（图4–3）。相当于格子构造行列的结点间距。用a_0（X轴）、b_0（Y轴）、c_0（Z轴）表示。由于结点间距极小，根据晶体外形的宏观研究无法定出轴长。

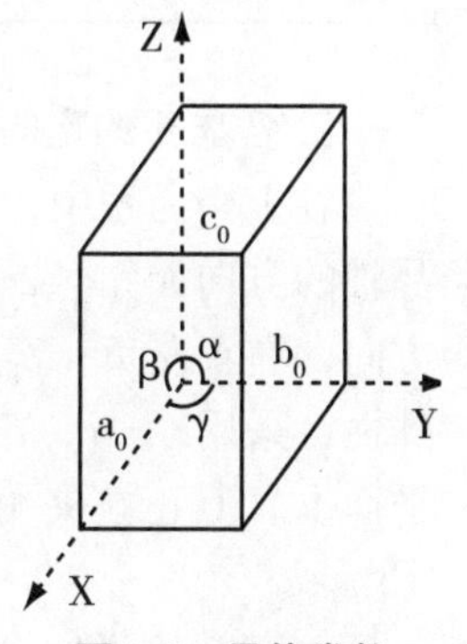

图4–3 晶体常数

（4）轴率：用几何结晶学方法求得的轴长比率，用a∶b∶c表示。三大晶族的轴率往往体现如下的特点：高级晶族的轴率a＝b＝c，中级晶族（三、四、六方晶系）：a＝b≠c，而低级晶族（三斜、单斜、斜方晶系）的a ≠ b≠c。

（5）晶体常数：晶体的轴率（a∶b∶c）和轴角α、β、γ合称晶体常数。它是表征晶体坐标系统的一组基本常数。与内部结构研究中表征晶胞的晶胞参数（a_0、b_0、c_0，α、β、γ）一致。（参见表4–1）

三、晶体定向的方法

1. 选择晶轴的原则

晶体定向第一步就是要选择合适的晶轴，那么怎么选晶轴才合适呢？选择的原则有两点：（1）符合晶体的对称特点。一般来说，我们优先考虑对称轴的方向，其次是对称面的法线方向，再次是平行主要晶棱的方向。（2）遵循上述原则的基础上，尽量使晶轴相互垂直或近于垂直，轴单位近于相等。

各晶系的对称特点不同，选择晶轴的方法也不同，具体选择原则见表4–1。

表4–1 各晶系选择晶轴的具体方法及晶体常数特点

晶　系	选择晶轴的原则	晶体常数特点
等轴晶系	相互垂直的L^4或L_i^4为晶轴；无L^4或L_i^4时以相互垂直的L^2为晶轴	a=b=c， α＝β＝γ＝90°
四方晶系	以L^4或L_i^4为Z轴；垂直Z轴并相互垂直的L^2或P的法线为X、Y轴。无L^2或P时，X、Y轴平行晶棱选取	a=b ≠ c α＝β＝γ＝90°
三方晶系、六方晶系	以L^3、L^6、L_i^6为Z轴。垂直Z轴并彼此以120° 相交的L^2或P的法线为X、Y、U轴，无L^2或P时，X、Y、U轴平行晶棱选取	a=b ≠ c α＝β＝90° ；γ＝120°
斜方晶系	相互垂直的L^2为X、Y、Z轴；在$L^2$2P中以L^2为Z轴，两个P的法线为X、Y轴	a ≠ b ≠ c； α＝β＝γ＝90°
单斜晶系	以L^2或P的法线为Y轴，垂直Y轴的主要晶棱方向为X、Z轴	a ≠ b ≠ c； α＝γ＝90° ；β >90°
三斜晶系	以不在同一平面内的三个主要晶棱的方向为X、Y、Z轴	a ≠ b ≠ c； α ≠ β ≠ γ ≠ 90°

2. 各晶系的定向方法

在七个晶系中，等轴、四方、斜方、单斜和三斜晶系采用X、Y、Z三轴定向，三根晶轴的方向如图4–2a所示，X轴为前后方向，前端对着观察者，前正后负；Y轴为左右方向，右正左负；Z轴为直立方向，上正下负。三方、六方晶系的晶体由于对称上的特殊性，采用X，Y，U，Z四轴定向，四根晶轴的方向如图4–2b所示，X、Y、U在同一水平面上，其正端夹角为120° ，z轴为直立方向，上正下负。

下面举例说明对一个晶体模型（晶体）定向的实际操作。

首先，拿到一个晶体模型，找出所有对称要素，写出对称型，根据对称特点将之归类到七个晶系。例如：图4–4的晶体模型的对称型为$L^4 4L^2 5PC$，具有一个L^4，所以是四方晶系。

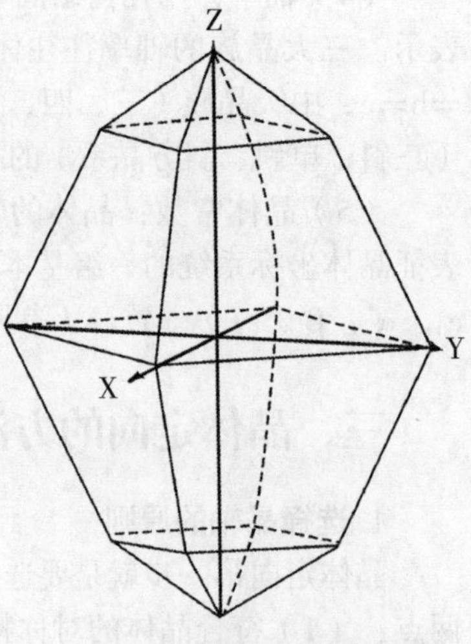

然后根据各晶系的具体选轴原则，再结合实际晶体模型的对称要素进行正确的选轴。例如：四方晶系的选轴原则（以L^4为Z轴，垂直Z轴并相互垂直的L^2或P的法线为X、Y轴。无L^2或P时，X、Y轴平行晶棱选取）。对于$L^4 4L^2 5PC$的晶体模型来说，L^4为Z轴（直立

图4–4 晶体定向举例

方向，上正下负），由于对称型中出现4个L^2，所以用其中任意两个相互垂直的L^2为X（X轴正端对着观察者，前正后负）、Y轴（左右方向，右正左负）即可。

最后检验晶体常数是否符合该晶系的特点。图4-4晶体模型定向后，晶体常数为$a=b\neq c$，$\alpha=\beta=\gamma=90°$，符合四方晶系的特点。

需要指出的是，七个晶系中只有单斜晶系是优先确定Y轴，其他6个晶系均是优先确定Z轴。

第二节 国际符号

我们在寻找对称要素的时候，书写的都是一般符号，也称为对称型的全面符号。全面符号能体现对称型中的所有对称要素，直观易掌握，但是没有体现晶体对称的方向性，而且书写烦琐。所以下面我们将介绍对称型的其他更简单的符号——国际符号。

对称型的国际符号是一种比较简明的符号，它由Hermann与Mauguin创立，也成为HM符号。国际符号按一定顺序将一定方向上的对称要素列出，可以表示对称要素的方向性，但是它省略了所有派生和等同的对称要素，所以国际符号不容易看懂。

国际符号用1、2、3、4、6表示对称轴L^1、L^2、L^3、L^4、L^6；用$\bar{1}$、$\bar{2}$、$\bar{3}$、$\bar{4}$、$\bar{6}$表示旋转反伸轴L_i^1、L_i^2、L_i^3、L_i^4、L_i^6；用m表示对称面P。若对称面与对称轴垂直，则两者之间以斜线或横线隔开，如：L^2PC以2/m 表示。

具体的写法为：设置三个序号位（最多只有三个），每个序号位中规定了写什么方向上的对称要素（序号位与方向对应，这是国际符号的最主要的特色），对称意义完全相同的方向上的对称要素，不管有多少，只写一个就行了（简化，这是国际符号的另一特色）。

不同晶系中，这三个序号位所代表的方向完全不同，所以，不同晶系的国际符号的写法也就完全不同，一定不要弄混淆。

各晶系的国际符号写法见表4-2。

表4-2 各晶系对称型的国际符号中各序位代表的方向

晶系	国际符号中的序位			举例
	1	2	3	
等轴晶系	晶轴（X、Y、Z）方向	L^3方向	晶轴角分线	m3m
三方及六方晶系	Z轴方向	X或Y或U方向	垂直Z轴，并与位2方向成30°	6m2
四方晶系	Z轴方向	X或Y轴方向	X、Y轴的角平分线上	4/mmm
斜方晶系	X轴方向	Y轴方向	Z轴方向	mmm
单斜晶系	Y轴方向			2/m
三斜晶系	任意方向			1

第三节　晶面符号

一、晶面符号

1. 晶面符号的定义

晶体定向后，晶面在空间的相对位置可根据它与晶轴的关系来确定。这种相对位置可以用一定的符号表征。这就是晶面符号——表征晶面空间方位的符号。晶面符号有多种形式，目前国际通用的是米氏符号。米氏符号是用晶面在三个（或四个）晶轴上的截距系数的倒数比来表示的。

2. 晶面符号的确定

在晶体中如何得到一个晶面的晶面符号呢？下面举例说明。

如图4-5中，某晶面HKL在X，Y，Z轴上的截距为2a，3b，6c，轴长为a、b、c。那么截距与轴长的比值（截距系数）为2、3、6，其倒数为1/2，1/3，1/6，化简以后的倒数比为3：2：1，去掉比例符号，写做（321），这就是该晶面的米氏符号.

小括号里的数字按照X、Y、Z轴顺序排列的，一般用（hkl）表示。h、k、l 称为晶面指数。对于四轴定向的三方、六方晶系，其晶面指数按X、Y、U、Z轴顺序排列，一般式写为（$hk\bar{i}l$）。

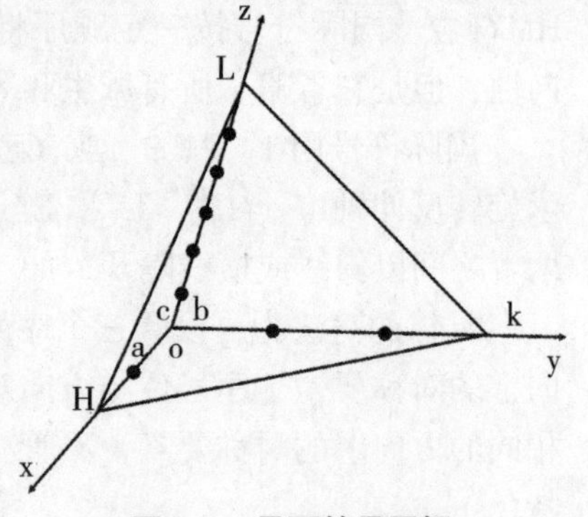

图4-5　晶面符号图解

具体的晶体模型中，我们无法知道晶面截晶轴的具体截距系数，但是可以知道其相对大小，从而写出晶面符号。

3. 晶面符号的特点

晶面符号有如下的特点：

（1）h、k、l三个数为互质的简单整数；

（2）当晶面与某晶轴的负端相交时，其对应晶面指数的负号写在上面，如$\bar{k}$；

（3）晶面的截距系数越大，相应的晶面指数越小。当晶面平行某一晶轴时，晶面指数为0；

（4）在三、六方晶体的晶面指数中，前3个指数的代数和一定为零，即$h+k+\bar{i}=0$（具体证明从略），例如（$11\bar{2}0$）或者（$10\bar{1}1$）。

二、晶棱符号

晶棱符号是表征晶棱（直线）方向的符号。它不涉及晶棱的具体位置，即所有平行棱具有同一个晶棱符号。将晶棱（或其他直线）移至经过晶体中心（即坐标原点），然后在直线上任取一点，该点在三根晶轴上的坐标系数简单比值写进方括号即可。晶棱符号表示为：［uvw］。u、v、w为互质的数。

三、整数定律（有理指数定律）

整数定律也称为有理数定律，它的实质是晶体上晶面指数为简单整数。整数定律是继面角守恒定律后的又一个在远古年代根据晶体形态特点发现的规律。

为什么晶面指数为简单整数？首先，因为晶轴是行列，晶面截晶轴于结点，或者晶面平移后截晶轴于结点，所以晶面在晶轴上的截距系数之比必为整数比。加之指数越简单的晶面对应到内部结构是面网密度大的面网，而面网密度大的面网容易形成晶面，所以实际晶体上的晶面就是晶面指数简单的晶面。

思考题

1. 试述对称型的国际符号的表示方法。
2. 区别下列对称型的国际符号：
23与32　3m与m3　6/mmm与6mm　3m与mm　4/mmm与mmm　m3m与mmm
3. 解释晶体常数的定义，并说明7大晶系晶体常数的特点。
4. 怎么确定具体的晶体模型的晶面符号？
5. 国际符号中第一个序位为Z轴的有哪几个晶系？

第五章　单形和聚形

本章概要

1. 重点讲述单形的概念及推导方法、单形的分类和特点、聚形的定义以及如何进行聚形分析。

2. 要求掌握20种左右常见单形；学会从聚形中分析单形的步骤和方法。

我们在前面的章节中讨论了晶体的对称和定向，已经涉及到晶体的形态。但是只知道晶体的对称型和定向规则还不能确定晶体的形态，要讨论晶体的具体形态还必须确定晶面在晶体上的空间分布。本章将讨论晶体的具体形态，这些讨论仅限于晶体的理想形态。

第一节　单　形

一、单形的概念

单形是晶体中彼此能对称重复的一组晶面的组合。也就是能借助对称型的全部对称要素的作用而相互联系的一组晶面的组合。它们是由同形等大的晶面所组成。每个晶面都具有相同的物理性质、晶面花纹等。如图5-1中的立方体、八面体和菱形十二面体的各个晶面均能通过m3m（$3L^4 4L^3 6L^2 9PC$）的对称型中各对称要素的对称操作而相互重合。

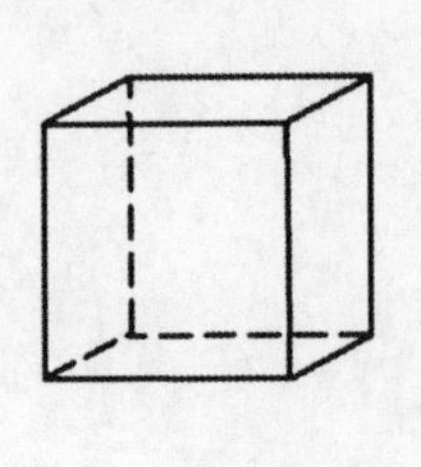
（a）立方体

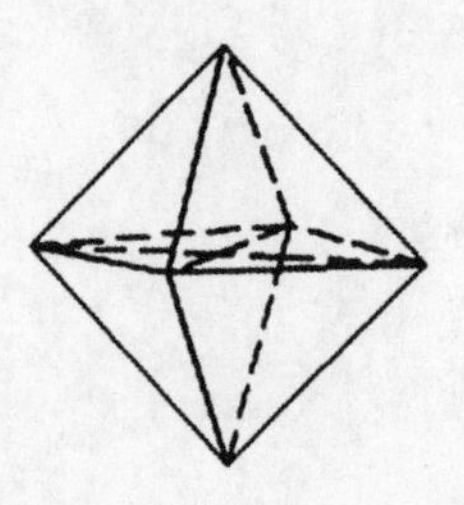
（b）八面体

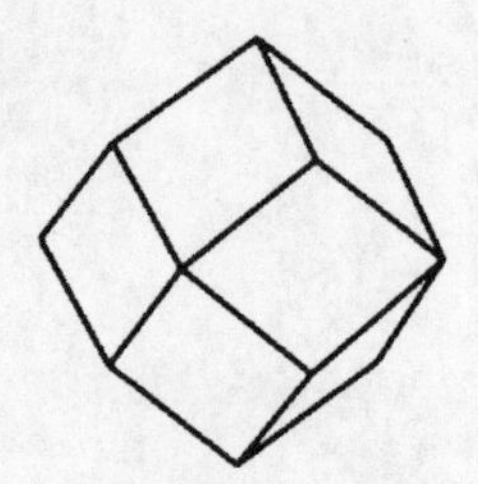
（c）菱形十二面体

图5-1　m3m的各种单形

从单形的概念中，我们可以看出：

（1）以单形中任意一个晶面作为原始晶面，通过对称型中的全部对称要素的作用，一定能导出该单形的全部晶面。

（2）在同一对称型中，由于晶面与对称要素之间的位置不同，可以导出不同的单形，如图5-1中的3个单形从对称的角度，其对称型均为$3L^4 4L^3 6L^2 9PC$（m3m），若晶面和4次对称轴垂直时，通过对称要素的作用（反映、旋转等），最后得到一个由6个正方形面封闭而成的单形，称为立方体；当晶面与3次轴垂直的时候，最后得出的是由八个晶面组成的单形，称为八面体；当晶面与2次轴垂直时，导出的是由12个晶面组成的单形，称为菱形十二面体。

二、单形符号

如果是几个晶面共同组成一个单形，则这几个晶面的晶面符号具有某种相似性，如立方体的六个晶面的符号为（100）（$\bar{1}$00）（010）（0$\bar{1}$0）（001）（00$\bar{1}$），它们在各轴上的指数除了正负号以及相对顺序的差别以外，绝对值是一样的。这样，我们可以选择同一单形内的某一个晶面作为代表，用其晶面符号表示该单形的符号，从而在书写过程中简单化。为了与选择的晶面的晶面符号区分开，规定将该晶面的晶面指数用“{}”括起来表示单形符号，例如{hkl}，简称形号。形号就是用以表征组成该单形的一组晶面的结晶学取向的符号。

代表晶面的选择原则是：一般选择单形中正指数最多的晶面。代表晶面应选择单形中正指数为最多的晶面，也就是选择第一象限内的晶面，在此前提下，要求尽可能使$|h| \geq |k| \geq |l|$，即尽可能靠近前面，其次靠近右边，再次靠近上边。即遵循“先前、次右、后上”的原则。

三、单形的推导和分类*

单形的各个晶面既然可以通过对称型中对称要素的作用相互重复，那么将一个原始晶面置于对称型中，通过对称型中全部对称要素的作用，必可以导出一个单形的全部晶面。在对称型中假设一个原始晶面，通过对称操作的作用而得到其它晶面，这些晶面共同组成一个单形，这就是单形的推导。不同对称型可以推导出不同单形，而同一对称型中，由于原始晶面与对称要素相对位置不同（一般都有7个位置）也能推导出不同单形，除去一些重复的，最后得出47种几何单形，146种结晶单形。

现以斜方晶系中的对称型mmm（$3L^2 3PC$）为例说明单形的推导。对称型mmm的对称要素在空间中的分布见图5-2a，其对称要素的极射赤平投影图如图5-2b。

我们看到mmm的对称要素将空间划分成4个部分，每一部分都可以借助对称要素的作用与另一部分重复。由于这4部分是等价的，我们只需要研究其中的一个部分，如图5-2b的阴影部分，即投影的最小重复单位。从图中我们可以看出，原始晶面与对称要素之间的相对位置只有7种（参见图5-2b）。即晶面分别垂直x、y、z轴（1、2、3号晶面）、晶面平行x、y、z轴（4、5、6号晶面）、晶面与x、y、z轴均相交（7号晶面）。

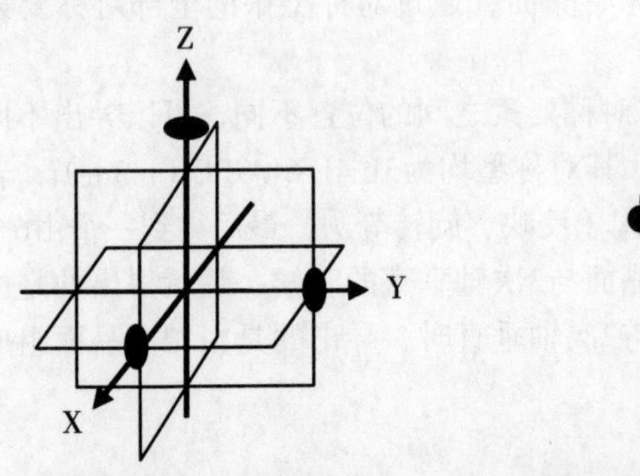

a. 对称要素在空间的分布

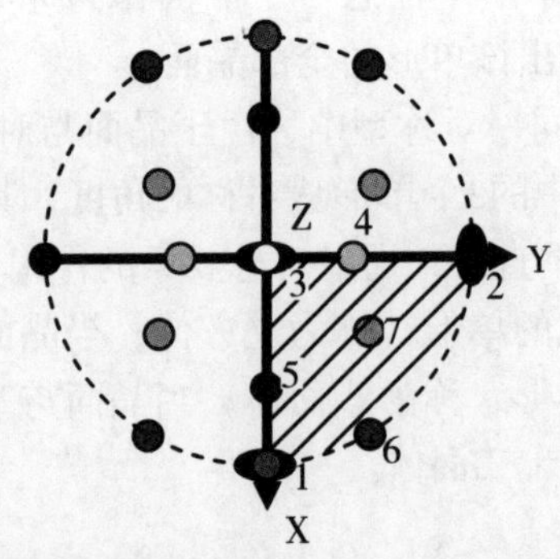

b. 晶面和对称要素的相对位置（极射赤平投影）

图5-2　对称型$3L^2 3PC$（mmm）的单形推导

下面我们讨论原始晶面位于这7个位置所导出的单形。

位置1：在该位置上，我们看到原始晶面（100）根据平行于y轴的L^2或者对称面m旋转180°或者做镜面反映操作，可以得到晶面（$\bar{1}00$），而根据其他对称要素的操作均不能产生新的晶面，最终得到由两个晶面构成的单形｛100｝。

同理，位置2、位置3的原始晶面依次推导出平行双面｛010｝和｛001｝。位置4、5、6的原始晶面推导出具有4个晶面的单形斜方柱｛0kl｝、｛h0l｝和｛hk0｝。位置 7的原始晶面则推导出具有八个晶面的斜方双锥｛hkl｝。

在上述7个单形中，第1、2、3号单形完全一样，第4、5、6号单形也完全一样，这样就可分别将之视为一个单形。因此，mmm对称型一共可以推导出3个单形。

四、结晶单形与几何单形

从前面对于单形的推导中，我们可以看出对于每一种对称型，原始晶面与对称要素之间的相对位置最多只能有7种。因此，一个对称型最多导出7种单形。自然界存在32种对称型，理论上最多可以推导出224种单形。但是对称性较低的对称型，对称要素也较少，晶面和这些对称要素之间的相对位置也相应减少。所以对称性低的对称型所推导出的单形类型相应也要少一些，例如上述mmm的7个原始晶面只推导出3个单形。如果对32个对称型（点群）逐一进行单形的推导，并去掉凡是属于同一对称型且形态相同的单形，最终推导出晶体中所有可能存在的146种单形（表5-1至表5-7），称为结晶单形。

表5-1 三斜晶系的结晶单形

<table>
<tr><th>对称型
单形符号</th><th>1（L^1）</th><th>$\bar{1}$（C）</th></tr>
<tr><td>{hkl}</td><td rowspan="7">1.单面（1）</td><td rowspan="7">2.平行双面（2）</td></tr>
<tr><td>{0kl}</td></tr>
<tr><td>{hk0}</td></tr>
<tr><td>{h0l}</td></tr>
<tr><td>{100}</td></tr>
<tr><td>{001}</td></tr>
<tr><td>{010}</td></tr>
</table>

表5-2 单斜晶系的结晶单形

<table>
<tr><th>对称型
单形符号</th><th>2（L^2）</th><th>m（P）</th><th>2/m（L^2PC）</th></tr>
<tr><td>{hkl}</td><td rowspan="3">3.（轴）双面（2）</td><td rowspan="3">6.反映双面（2）</td><td rowspan="3">9.斜方柱（4）</td></tr>
<tr><td>{0kl}</td></tr>
<tr><td>{hk0}</td></tr>
<tr><td>{h0l}</td><td rowspan="3">4.平行双面（2）</td><td rowspan="3">7.单面（1）</td><td rowspan="3">10.平行双面（2）</td></tr>
<tr><td>{100}</td></tr>
<tr><td>{001}</td></tr>
<tr><td>{010}</td><td>5.单面（1）</td><td>8.平行双面（2）</td><td>11. 平行双面（2）</td></tr>
</table>

表5-3 斜方晶系的结晶单形

<table>
<tr><th>对称型
单形符号</th><th>mm（L^22P）</th><th>222（$3L^2$）</th><th>mmm（$3L^23PC$）</th></tr>
<tr><td>{hkl}</td><td>12.斜方单锥（4）</td><td>17.斜方四面体（4）</td><td>20.斜方双锥（8）</td></tr>
<tr><td>{0kl}</td><td rowspan="2">13.反映双面（2）</td><td rowspan="3">18.斜方柱（4）</td><td rowspan="3">21.斜方柱（4）</td></tr>
<tr><td>{h0l}</td></tr>
<tr><td>{hk0}</td><td>14.斜方柱（4）</td></tr>
<tr><td>{100}</td><td rowspan="2">15.平行双面（2）</td><td rowspan="3">19.平行双面（2）</td><td rowspan="3">22.平行双面（2）</td></tr>
<tr><td>{010}</td></tr>
<tr><td>{001}</td><td>16.单面（1）</td></tr>
</table>

表5-4　四方晶系的结晶单形

单形符号＼对称型	4（L^4）	42（$L^4 4L^2$）	4/m（L^4PC）	4mm（$L^4 4P$）	4/mmm（$L^4 4L^2 5PC$）	$\bar{4}$（L_i^4）	$\bar{4}2m$（$L_i^4 2L^2 2P$）
{hkl}	23.四方单锥（4）	26.四方偏方面体（8）	31. 四方双锥（8）	34.复四方单锥（8）	39.复四方双锥（16）	44.四方四面体（4）	47.复四方偏三角面体（8）
{hhl}		27.四方双锥（8）		35.四方单锥（4）	40.四方双锥（8）		48.四方四面体（4）
{h0l}							49.四方双锥（8）
{hk0}	24.四方柱（4）	28.复四方柱（8）	32. 四方柱（4）	36.复四方柱（8）	41.复四方柱（8）	45. 四方柱（4）	50.复四方柱（8）
{110}		29.四方柱（4）		37. 四方柱（4）	42. 四方柱（4）		51. 四方柱（4）
{100}							52. 四方柱（4）
{001}	25.单面（1）	30.平行双面（2）	33.平行双面（2）	38.单面（1）	43.平行双面（2）	46.平行双面（2）	53.平行双面（2）

表5-5　三方晶系的结晶单形

单形符号＼对称型	3（L^3）	32（$L^3 3L^2$）	3m（$L^3 3P$）	$\bar{3}$（L^3C）	$\bar{3}m$（$L^3 3L^2 3PC$）
$\{hk\bar{i}l\}$	54.三方单锥（3）	57.三方偏方面体（6）	64.复三方单锥（6）	71.菱面体（6）	74.复三方偏三角面体（12）
$\{h0\bar{h}l\}$　$\{0k\bar{k}l\}$		58.菱面体（6）	65.三方单锥（3）		75.菱面体（6）
$\{hh\overline{2h}l\}$　$\{2k\bar{k}\bar{k}l\}$		59.三方双锥（6）			76.六方双锥（12）
$\{hk\bar{i}0\}$	55.三方柱（3）	60.复三方柱（6）	66.复三方柱（6）	72.六方柱（6）	77.复六方柱（12）
$\{10\bar{1}0\}$　$\{01\bar{1}0\}$		61.六方柱（6）	67.三方柱（3）		78.六方柱（6）
$\{11\bar{2}0\}$　$\{2\bar{1}\bar{1}0\}$		62.三方柱（3）	68.六方柱（6）		79.六方柱（6）
{0001}	56.单面（1）	63.平行双面（2）	69.单面（1）	73.平行双面（2）	80.平行双面（2）

表5-6 六方晶系的结晶单形

对称型 单形符号	6（L^6）	62（$L^6 6L^2$）	6/m（L^6PC）	6mm（$L^6 6P$）	6/mmm （$L^6 6L^2 7PC$）	$\bar{6}$（L_i^6）	$\bar{6}2m$（$L_i^6 3L^2 3P$）
$\{hk\bar{i}l\}$	81.六方单锥（6）	84.六方偏方面体（12）	89.六方双锥（12）	92.复六方单锥（12）	97.复六方双锥（24）	102.三方双锥（6）	105.复三方双锥（12）
$\{h0\bar{h}l\}$ $\{0k\bar{k}l\}$		85.六方双锥（12）		93.六方单锥（6）	98.六方双锥（12）		106.六方双锥（12）
$\{hh\bar{2h}l\}$ $\{2\bar{k}\bar{k}kl\}$							107.三方双锥（6）
$\{hk\bar{i}0\}$	82.六方柱（6）	86.复六方柱（6）	90.六方柱（6）	94.复六方柱（12）	99.复六方柱（12）	103.三方柱（3）	108.复三方柱（6）
$\{10\bar{1}0\}$ $\{01\bar{1}0\}$		87.六方柱（6）		95.六方柱（6）	100.六方柱（6）		109.六方柱（6）
$\{11\bar{2}0\}$ $\{2\bar{1}\bar{1}0\}$							110.三方柱（3）
{0001}	83.单面（1）	88.平行双面（2）	91.平行双面（2）	96.单面（1）	101.平行双面（2）	104.平行双面（2）	111.平行双面（2）

表5-7 等轴晶系的结晶单形

对称型 单形符号	23（$3L^2 4L^3$）	m3（$3L^2 4L^3 3PC$）	$\bar{4}3m$（$3L_i^4 4L^3 6P$）	43（$3L^4 4L^3 6L^2$）	m3m（$3L^4 4L^3 6L^2 9PC$）
{hkl}	112.五角三四面体（12）	119.偏方复十二面体（12）	126.六四面体（24）	133.五角三八面体（24）	140.六八面体（48）
{hhl}	113.四角三四面体（12）	120.三角三八面体（24）	127.四角三四面体（12）	134.三角三八面体（24）	141.三角三八面体（24）
{hkk}	114.三角三四面体（12）	121.四角三八面体（24）	128.三角三四面体（12）	135.四角三八面体（24）	142.四角三八面体（24）
{111}	115.四面体（4）	122.八面体（8）	129.四面体（4）	136.八面体（8）	143.八面体（8）
{hk0}	116.五角十二面体（12）	123五角十二面体（12）	130.四六面体（24）	137.四六面体（24）	144.四六面体（24）
{110}	117.菱形十二面体（12）	124.菱形十二面体（12）	131.菱形十二面体（12）	138.菱形十二面体（12）	145.菱形十二面体（12）
{100}	118.立方体（6）	125.立方体（6）	132.立方体（6）	139.立方体（6）	146.立方体（6）

从表中可以看出不同的对称型可以具有相同的单形，这是因为单形的名称是以几何学特征命名的。但是，它们之间具有的对称性却存在差异，如图5-3所示的5个立方体，如果我们只看几何外形，它们是一模一样的，但是考虑各个晶面的花纹后，归结为不同的对称型。这种差异主要体现在晶面的性质上，如晶面花纹、晶面蚀像。如果不考虑单形所属的对称型（即不考虑单形的对称性），只考虑单形的形状，则146种结晶单形可以归纳为47种几何单形。

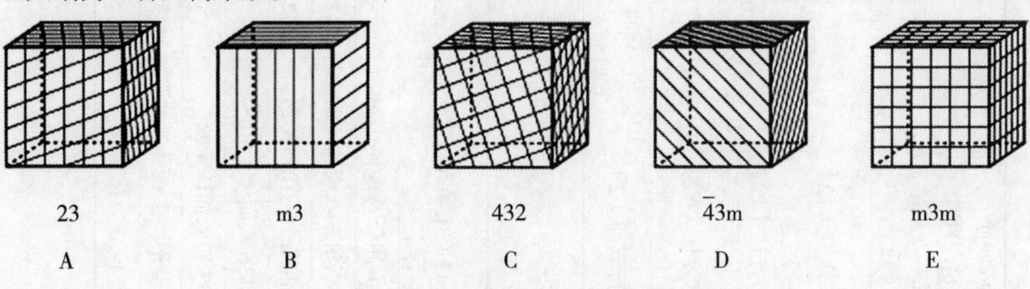

图5-3　立方体的5个结晶单形

一个几何单形可以对应多个结晶单形，如一个立方体对应图5-3中的5种结晶单形，如果只根据单形的几何特点找出该单形的对称型，则其对应的是这些结晶单形中对称型最高的那一个。

五、47种几何单形的形态特点

为了对47种几何单形的形态进行研究，我们根据几何单形的形态特点进行了分类和定名，具体从以下几个方面来区分：

（1）根据整个单形的形状来分类定名。如柱、单锥等；

（2）根据横切面的形状来加以限定。如四方柱、六方双锥等；

（3）根据晶面的数目来定名，如单面、八面体等；

（4）根据单个晶面的形状，如菱面体、五角十二面体等。

47种几何单形的几何特征主要考虑晶面的形状、晶面之间的几何关系、晶面与对称要素、结晶轴的空间关系以及横截面的的具体形状等。

1. 低级晶族的几何单形（7种单形）（参见图5-4）

（1）单面：由一个晶面组成。

（2）平行双面：由一对相互平行的晶面组成。

（3）双面：由两个相交的晶面组成。若两个晶面由对称面联系称为反映双面；若由二次轴联系称为轴双面。

（4）斜方柱：由四个两两平行的晶面组成。它们的交棱相互平行而形成柱体，横切面为菱形。

（5）斜方四面体：由四个不等边的三角形晶面组成。晶面互不平行，每一晶棱的中点都是L^2的出露点，通过晶体中心的横切面为菱形。

（6）斜方单锥：由四个不等边三角形的晶面相交于一点形成的单锥体，锥顶出露

L^2，横切面为菱形。

（7）斜方双锥：由八个不等边三角形晶面组成的双锥体。横切面为菱形。

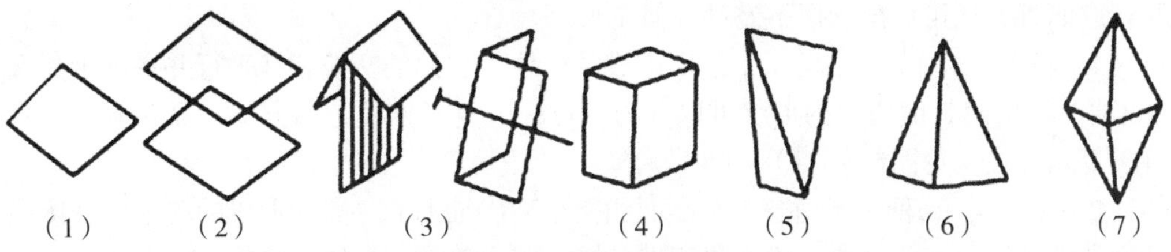

图5-4　低级晶族的几何单形

（1）单面；（2）平行双面；（3）双面（反映双面和轴双面）

（4）斜方柱（5）斜方四面体（6）斜方单锥（7）斜方双锥

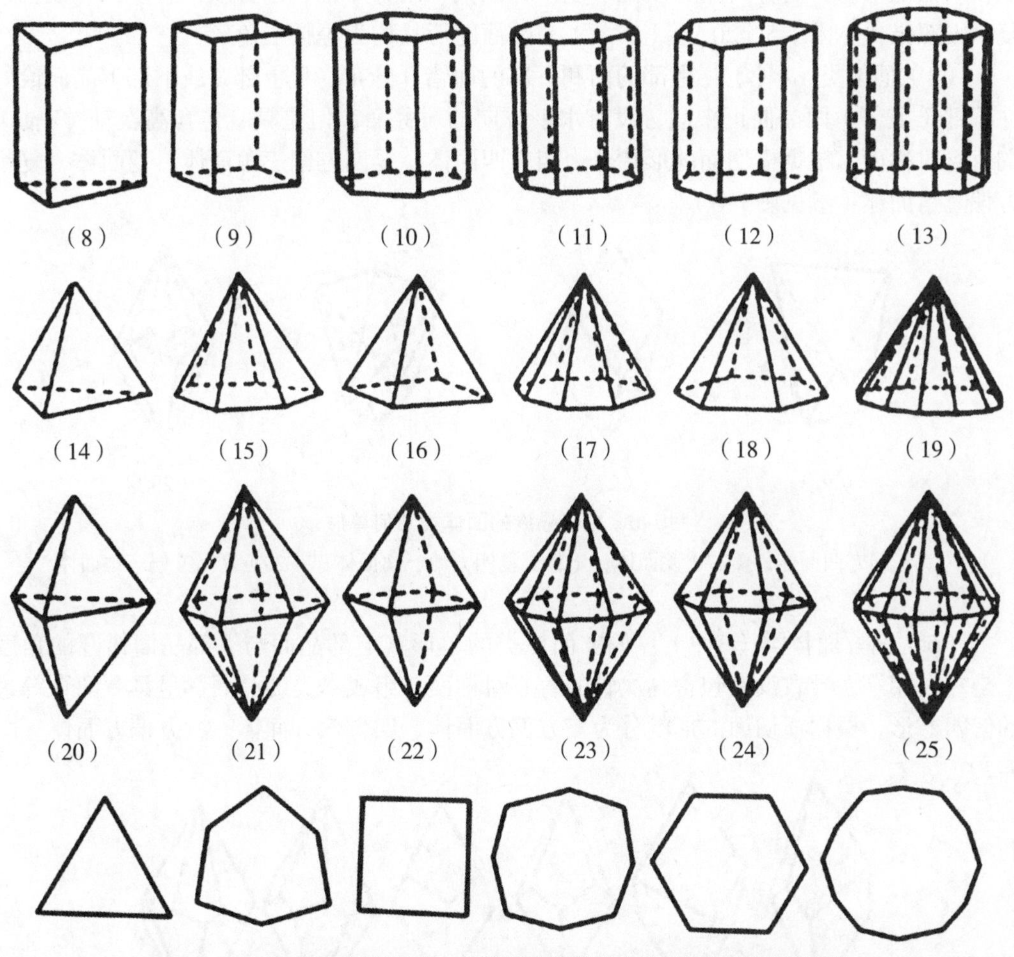

图5-5　中级晶族中的柱类、单锥类和双锥类几何单形及横切面形状

（8）三方柱；（9）复三方柱；（10）四方柱；（11）复四方柱；（12）六方柱；（13）复六方柱；（14）三方单锥；（15）复三方单锥；（16）四方单锥；（17）复四方单锥；（18）六方单锥；（19）复六方单锥；（20）三方双锥；（21）复三方双锥；（22）四方双锥；（23）复四方双锥；（24）六方双锥；（25）复六方双锥

2. 中级晶族的几何单形（25种）

在中级晶族中，除垂直于高次轴（Z轴）可能出现形号为｛001｝或｛0001｝的单面或平行双面外，还可以出现以下25种几何单形。

（1）柱类（6种）：由若干个晶面围成的柱体。它们的交棱相互平行并平行于高次轴（Z轴）。按照其横切面的形状可以分为三方柱、复三方柱、四方柱、复四方柱、六方柱、复六方柱（见图5-5（8）~（13））。

（2）单锥类（6种）：由若干个晶面相交于高次轴上的一点而形成的单锥体。按照横切面的形状，可分为三方单锥、复三方单锥、四方单锥、复四方单锥、六方单锥、复六方单锥（见图5-5（14）~（19））。

（3）双锥类（6种）：由若干个晶面分别相交于高次轴上的两点而形成双锥体。按照横切面的形状，可分为三方双锥、复三方双锥、六方双锥、四方双锥、复四方双锥、复六方双锥（见图5-5（20）~（25））。晶面的形状均为等腰三角形。

（4）面体类（4种）：上部的面和下部的面错开分布，且上部（或下部）晶面恰好在下部（上部）两晶面正中间，没有水平方向的对称面，但是具有包含高次轴（Z轴）的直立对称面。根据横切面的形状分为四方四面体、复四方偏三角面体、菱面体、复三方偏三角面体（参见图5-6）。

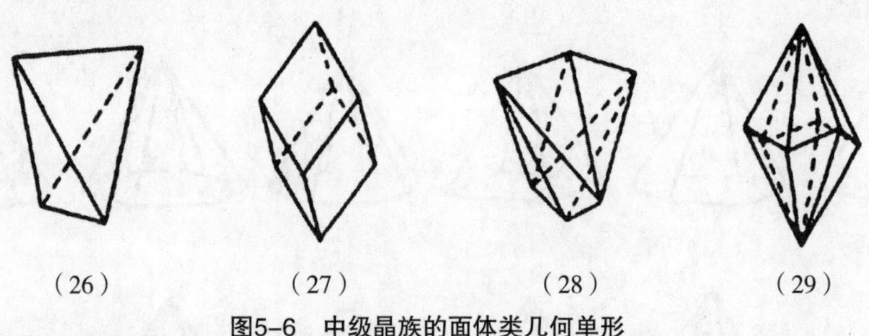

图5-6　中级晶族的面体类几何单形

（26）四方四面体；（27）菱面体；（28）复四方偏三角面体；（29）复三方偏三角面体

（5）偏方面体类（3种）：偏方面体类的单形其上部晶面与下部晶面错开的角度不是左右相等，导致没有包含高次轴的直立对称面，组成本类的晶面都呈具有两个等边的偏四方形。根据横切面的形状分为三方偏方面体、四方偏方面体、六方偏方面体（图5-7）。

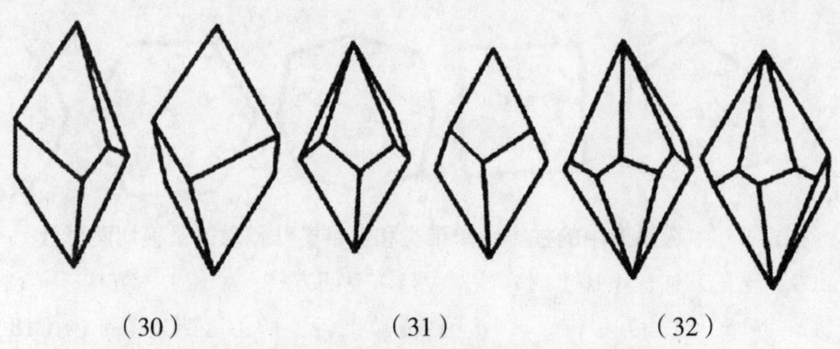

图5-7 中级晶族的偏方面体类几何单形

（30）三方偏方面体（左右形）；（31）四方偏方面体（左右形）；（32）六方偏方面体（左右形）

3. 高级晶族的几何单形（15）

高级晶族的几何单形有15个，我们将其分为三类。

（1）四面体类（5种）：

包括四面体、三角三四面体、四角三四面体、五角三四面体和六四面体（图5-8）。四面体是由4个等边三角形组成，晶面与L^3垂直；晶棱的中点出露L_i^4。三角三四面体犹如四面体的每个晶面突起分为3个等腰三角形晶面而成。四角三四面体犹如四面体的每个晶面突起分为3个四角形晶面而成。五角三四面体犹如四面体的每个晶面突起分为3个偏五边形晶面而成。六四面体犹如四面体的每个晶面突起分为6个不等边三角形晶面而成。

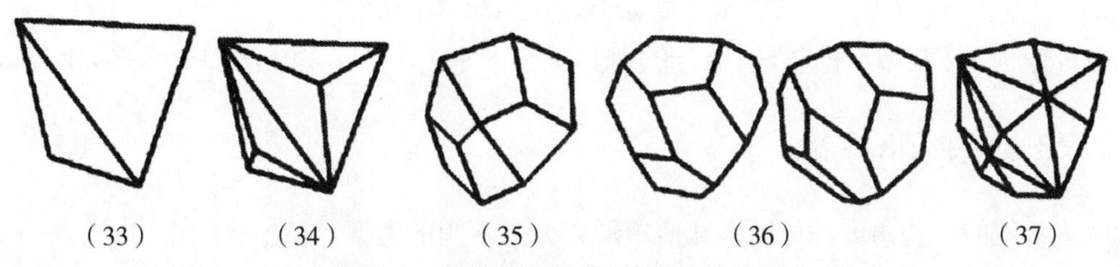

图5-8　高级晶族中四面体类几何单形

（33）四面体；（34）三角三四面体；（35）四角三四面体；（36）五角三四面体；（37）六四面体

（2）八面体类（5种）

包括八面体、三角八面体、四八三八面体、五角三八面体和六八面体（参见图5-9）。八面体由8个等边三角形晶面组成，晶面垂直L^3。三角三八面体犹如八面体的每个晶面突起分为3个等腰三角形晶面而成。四角三八面体犹如八面体的每个晶面突起分为3个四角形晶面而成；五角三八面体犹如八面体的每个晶面突起分为3个偏五边形晶面而成。六八面体犹如八面体的每个晶面突起分为6个不等边三角形晶面而成。

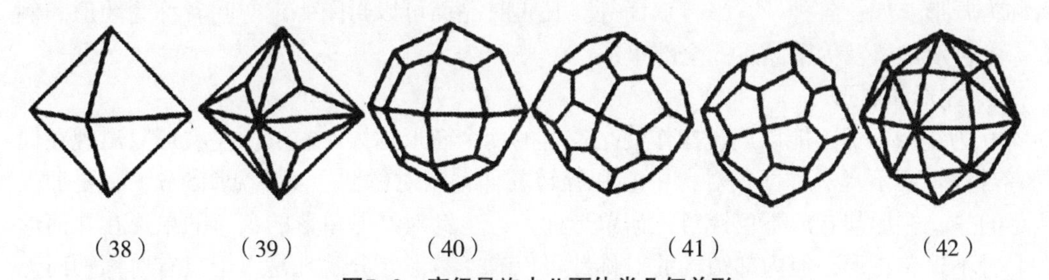

图5-9　高级晶族中八面体类几何单形

（38）八面体；（39）三角三八面体；（40）四角三八面体

（41）五角三八面体（左右形）；（42）六八面体

（3）立方体类（5种）

包括立方体、四六面体、五角十二面体、偏方复十二面体和菱形十二面体（参见图5-10）。立方体由两两相互平行的六个正方形晶面组成，相邻晶面间均以直角相交。四六面体犹如立方体每个晶面突起平分为4个等腰三角形晶面而成。五角十二面体犹如立方体每个晶面突起平分为两个具有4个等边的五角形晶面而成。偏方复十二面体犹如五角十二面体的每个晶面再突起平分为两个具两个等长邻边的偏四方形晶面而成。菱形十二面体是由12个菱形晶面组成，晶面两两平行，相邻晶面间的交角为90°、120°。

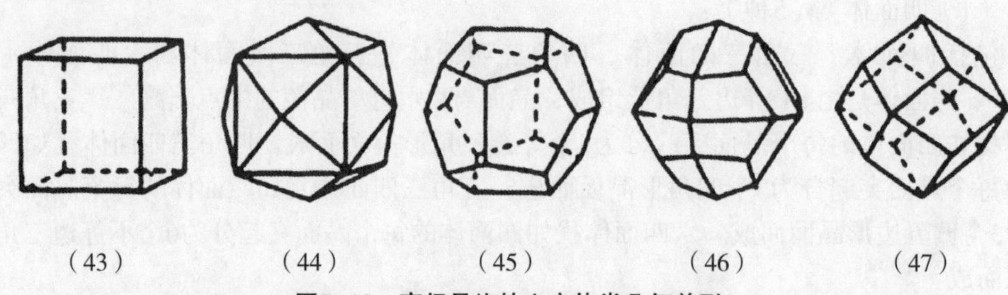

图5-10　高级晶族的立方体类几何单形

（43）立方体；（44）四六面体；（45）菱形十二面体；（46）五角十二面体；（47）偏方复十二面体

六、单形的分类

从其他的一些角度，可以将几何单形划分为不同的类型。

1. 一般形与特殊形

根据单形晶面与对称要素的相对位置划分的。凡是单形晶面处于特殊位置，即晶面垂直或平行于任何对称要素，或者与相同的对称要素以等角相交，这种单形称为特殊形。单形晶面处于一般位置，参见图5-2b的位置7，即不与任何对称要素垂直或平行（等轴晶系中的一般形有时可以平行三次轴的情况除外），也不与相同的对称要素以等角相交，这种单形称为一般形。一个对称型中只可能有一种一般形，晶类即以其一般形的名称来命名。

2. 开形和闭形

根据单形的晶面是否可以自相闭合来划分的。凡是单形的晶面不能封闭一定空间者称为开形。如：各种柱、平行双面等。凡是其晶面可以封闭一定空间者称为闭形。例如：各种双锥以及等轴晶系的全部单形。

3. 左形和右形

互为镜像，但不能以旋转操作使之重合的两个图形称为左右形。左右形只出现在仅具有对称轴而不具对称面、对称中心和旋转反伸轴的对称型中（参见图5-7）。要加以注意的是，左形与右形不仅针对几何单形而言，也针对结晶单形的，有的单形在几何形态上看不出左右形，但内部结构的对称性可以有左右形之分。凡是属于只有对称轴而无对称面和对称中心的对称型的晶体，不管几何形态如何，其晶体内部结构和物理性质都有左右形之分。

4. 正形和负形

取向不同的两个相同的单形，如果相互能借助旋转操作而彼此重合者，互为正负形。

5. 定形和变形

一种单形的晶面间的角度为恒定者，属于定形；反之属于变形。怎么知道哪些单形是定形或者变形？有个简单的方法：凡单形符号为数字的，一定是定形，凡单形符号含有字母的，一定是变形。

第二节 聚形和聚形分析

一、聚形的概念和聚合原则

由两个或两个以上的单形聚合而成的晶体称为聚形。单形的相聚不是任意的，首先，属于同一对称型的单形才能相聚。这里的单形是指的结晶单形，因为聚形的对称型是已知的，已赋予一定的对称性，组成聚形的所有单形的对称型，都应该是该聚形所具有的对称型。其次，属于同一对称型的不同单形能够聚合。例如立方体＋八面体。再次，同一对称型的相同单形也能聚合。例如平行双面｛hk0｝｛h0l｝｛0kl｝可以聚合。另外，由于平行双面和单面只能出现在低级和中级晶族中，所以平行双面、单面可与中级、低级晶族的单形聚合而不能和高级晶族的单形相聚。

二、聚形分析

判别一个聚形由何种单形组成，可依据对称型、单形晶面的数目和位置、晶面符号以及晶面扩展相交的假想单形的形状等，进行综合分析。

在进行聚形分析时，存在的难点是：单形的晶面在聚形里可以变得面目全非，例如：立方体晶面不一定是正方形，八面体的晶面不一定是三角形等等。

在实际的操作中，我们进行聚形分析的步骤如下：

（1）分析对称型（例如某聚形的对称型为$L^4 4L^2 5PC$），确定聚形所属的晶系。

（2）分析晶面种类数，确定单形数。因为对于晶体的理想形态而言，晶面种类数就等于单形数。

（3）根据聚形的对称型特点，进行晶体定向，确定晶面与结晶轴的相对位置。

（4）假想晶面扩展相交后的单形，进行综合分析，得出各个单形的单形符号和单形名称。

思考题

1. 复三方柱和六方柱有何区别？

2. ｛100｝、｛110｝在$L^4 4L^2 5PC$，$3L^4 4L^3 6L^2 9PC$中分别代表的单形？

3. 柱类单形是否都与Z轴平行？

4. 区分下面相似单形：

四方柱与斜方柱　四方单锥与斜方单锥　四面体和三方单锥　四方双锥和八面体　复三方双锥和六方双锥

5. 以下单形能否聚合成聚形？为什么？

四面体＋四方柱，菱面体＋平行双面，四方双锥＋斜方柱

第六章　晶体的形成

本章概要

1. 本章简要介绍了晶体生长的两个理论模型及其相互联系。
2. 介绍了影响晶体形态的内因之一：布拉维法则。

第一节　晶体形成的方式

一、成　核

成核是一个相变过程，即在母液相中形成固相小晶芽，这一相变过程中体系自由能的变化为：

$$\triangle G=\triangle Gv+\triangle Gs$$

式中$\triangle Gv$为新相形成时体自由能的变化，且$\triangle Gv<0$，$\triangle GS$为新相形成时新相与旧相界面的表面能，且$\triangle GS>0$。

也就是说，晶核的形成，一方面由于体系从液相转变为内能更小的晶体相而使体系自由能下降，另一方面又由于增加了液－固界面而使体系自由能升高。

只有当$\triangle G<0$时，成核过程才能发生，因此，晶核是否能形成，就在于$\triangle Gv$与$\triangle Gs$的相对大小。

如图6-1，体系自由能由升高到降低的转变时所对应的晶核半径值rc称为临界半径。

均匀成核：在体系内任何部位成核率是相等的。非均匀成核：在体系的某些部位（杂质、容器壁）的成核率高于另一些部位。

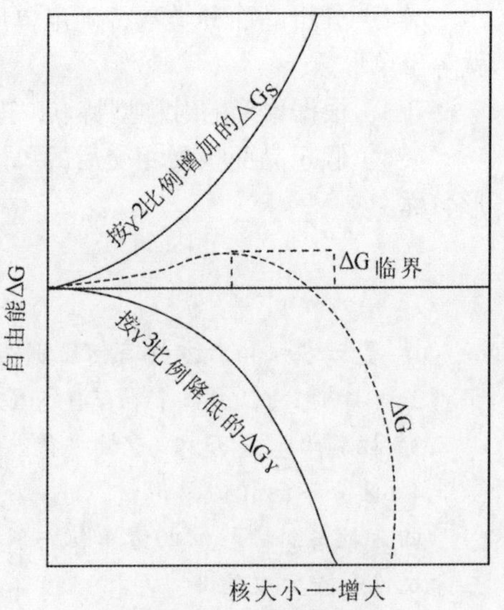

图6-1　临界半径
（引自潘兆橹等，1993）

第二节　晶体的成长理论模型

一旦晶核形成后，就形成了晶—液界面，在界面上就要进行生长，即组成晶体的原子、离子要按照晶体结构的排列方式堆积起来形成晶体。下面介绍两个主要的理论。

一、层生长理论模型（科塞尔理论模型）

这一模型要讨论的关键问题是：在一个正在生长的晶面上寻找出最佳生长位置，有平坦面、两面凹角位、三面凹角位。其中平坦面只有一个方向成键，两面凹角有两个方向成键，三面凹角有三个方向成键（参见图6-2中的1，2，3位置）。

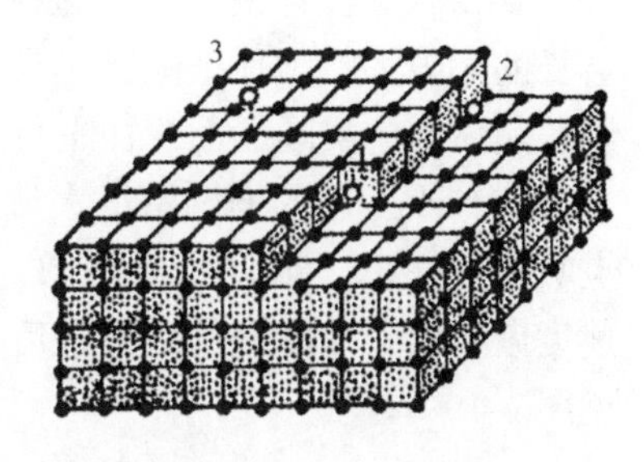

图6-2　层生长理论模型示意图

因此，最佳生长位置是三面凹角位，其次是两面凹角位，最不容易生长的位置是平坦面。这样，最理想的晶体生长方式就是:先在三面凹角上生长成一行，以至于三面凹角消失，再在两面凹角处生长一个质点，以形成三面凹角，再生长一行，重复下去。

但是，实际晶体生长不可能达到这么理想的情况，也可能一层还没有完全长满，另一层又开始生长了，这叫阶梯状生长，最后可在晶面上留下生长层纹或生长阶梯。阶梯状生长是属于层生长理论范畴的。

总之，层生长理论的中心思想是：晶体生长过程是晶面层层外推的过程。

层生长理论有一个缺陷：当将这一界面上的所有最佳生长位置都生长完后，如果晶体还要继续生长，就必须在这一平坦面上先生长一个质点，由此来提供最佳生长位置。这个先生长在平坦面上的质点就相当于一个二维核，形成这个二维核需要较大的过饱和度，但许多晶体在过饱和度很低的条件下也能生长，因此，在过饱和度或过冷却度较低的情况下，晶体生长需要用其它的生长机制加以解释。

二、螺旋生长理论模型（BCF理论模型）

弗兰克（Frank）等于1949年研究了气相中晶体生长的情况，根据实际晶体生长的情况，根据实际晶体结构的多种缺陷中最常见的位错现象（参见图6-3），提出了螺旋位错生长机制，即螺旋生长理论模型。

该模型认为晶面上存在螺旋位错露头点可以作为晶体生长的台阶源，可以对平坦面的生长起着催化作用，这种台阶源永不消失，因此不需要形成二维核，这样便成功地解释了晶体在很低过饱和度下仍能生长的实验现象。

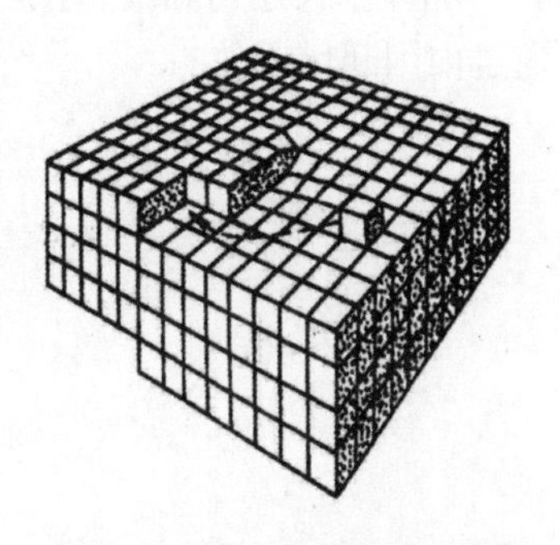
图6-3　螺旋生长理论示意图

这两个模型有什么联系与区别呢？其实两种模型均是层层外推生长，只是两种理论在解释生长新的一层时，其成核机理不同。

环状构造、砂钟构造、晶面的层状阶梯、螺旋纹等晶体中存在的现象均可以证明这两种生长理论的科学性。

第三节　影响晶体生长的因素

如果按照晶体的格子构造在空间中的分布是无限的有规律的重复，那么一个晶体就会长的无限大？为什么晶体生长到一定程度就不再长大呢？我们先来介绍一下布拉维法则：晶体上的实际晶面往往平行于面网密度大的面网 。

为什么？因为面网密度大就意味着面网间距大，那么已有的晶面上的质点对生长质点吸引力就小，那么质点就难以克服斥力附着到晶面上去，从宏观上看，该晶面的生长速度慢。生长速度慢的晶面最后在晶形上得以保留，而生长速度快的晶面发生尖灭（参见图6–4）。

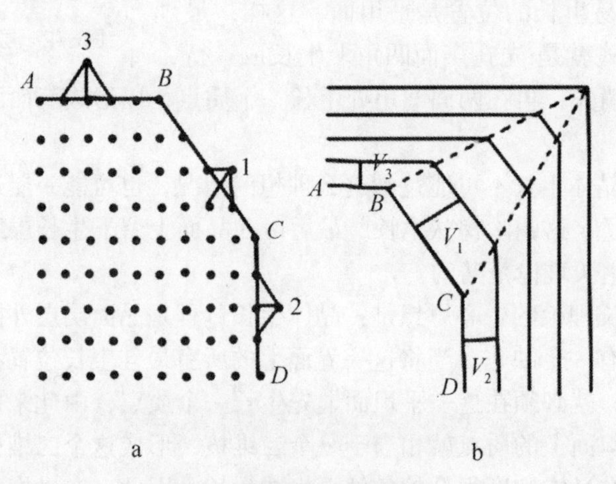

图6–4　布拉维法则示意图

通过实验研究表明，晶体上所有晶面的表面能之和最小的晶体形态最稳定，这就是所谓的最小表面能原理，也称为居里–吴里弗原理。

晶体生长还与温度、杂质、粘度、结晶速度、涡流等因素有关，这些外部因素都是通过内因起作用的。

思考题

1. 怎么理解在晶核很小时表面能大于体自由能，而当晶核长大后表面能小于体自由能?

2. 为什么在杂质、容器壁上容易成核?

3. 为什么人工合成晶体要放籽晶?

4. 说明层生长模型与螺旋生长模型有什么联系和区别。

5. 论述晶面的生长速度与其面网密度之间的关系。

6. 在日常生活中我们经常看到这样一种现象：一块镜面，如果表面有尘埃，往上呵气时会形成雾状水覆盖在上面，但如果将镜面擦干净再呵气，不会形成一层雾状水。请用成核理论解释之。

第七章　晶体的规则连生

本章概要

1. 介绍了晶体的规则连生，包括平行连生和双晶；重点讲授双晶的种类、识别以及与宝石矿物有关的双晶。

2. 要求掌握双晶的概念、双晶轴、双晶面、双晶接合面、双晶类型、双晶律；识别宝石矿物中常见的双晶，借助双晶鉴别宝石矿物原石。

前面各章节讨论的对象都只是限于单晶体，但在自然界和实验室里所出现的经常是多晶体的连生。

晶体的连生分为不规则连生和规则连生两类。前者在自然界出现的更为广泛，本章只讨论晶体的规则连生。规则连生又包括同种晶体的规划连生——平行连生和双晶，以及异种晶体的规则连生——浮生和交生。

第一节　平行连生

同种晶体彼此平行连生在一起，连生着的每一个晶体的相对应的晶面和晶棱都相互平行，这种连生称为平行连生。按所有对应的结晶学方向（包括各个对应的结晶轴、对称要素、晶面及晶棱的方向）全都相互平行。萤石通常容易出现平行连生（彩图7）。

图7–1　萤石的平行连生

第二节 双 晶

一、双晶的概念

双晶又称孪晶，是两个或两个以上的同种晶体按一定对称规律构成的、非平行的规则连生体。双晶与平行连生的区别是平行连生中各单体间的格子构造是连续的，而双晶的各单体间的格子构造是不连续的。

二、双晶要素

设想使双晶的相邻的两个个体重合、平行而进行操作时所凭借的辅助几何图形（点、线、面）称为双晶要素。双晶要素和对称要素有相似之处，但是双晶要素是存在于两个单体之间的， 而对称要素是存在于一个单体内部的。双晶要素包括了双晶面、双晶轴和双晶中心。

1. 双晶面

双晶面为一假想的平面，通过它的反映，可使双晶相邻的两个个体重合或平行（参见图7-1）。双晶面一般平行于晶体上实际晶面或可能晶面，或者垂直于实际晶棱或可能晶棱。通常用平行于单晶体中的某种晶面或垂直某种晶棱来表示。

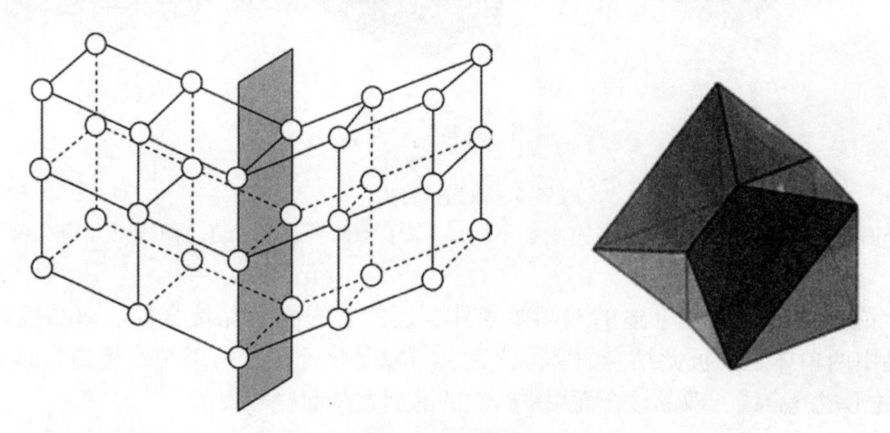

图7-2 双晶面示意图

2. 双晶轴

双晶轴为一假想的直线，假想双晶中的一个个体不动，另一个体围绕此直线旋转一定角度（一般为180° ）后，可使两个个体重合、平行或连成一个完整的单晶体（图7-3）。

双晶轴平行于晶体的实际晶棱或可能晶棱，或者垂直于实际晶面或可能晶面。所以双晶轴用晶棱符号或以垂直某一晶面的形式表示。

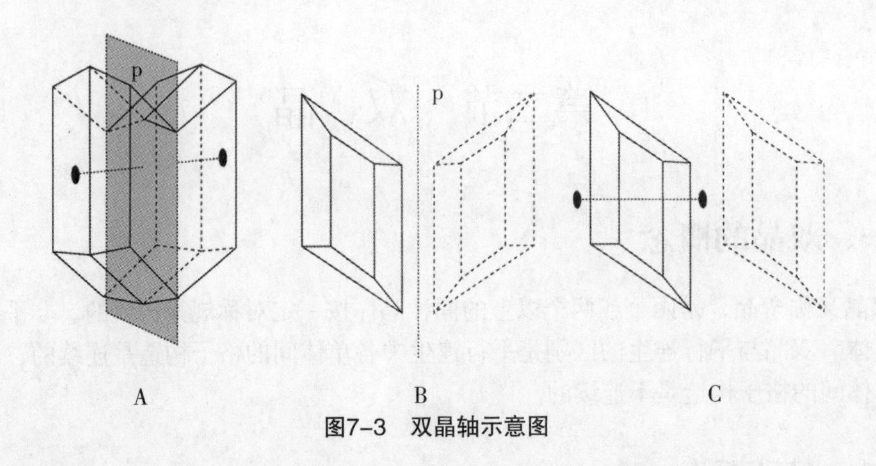

图7-3　双晶轴示意图

3. 双晶中心

双晶中心为一假想的点，双晶的一个个体通过它的反伸可与另一个体重合。双晶中心只在没有对称中心的晶体中出现。

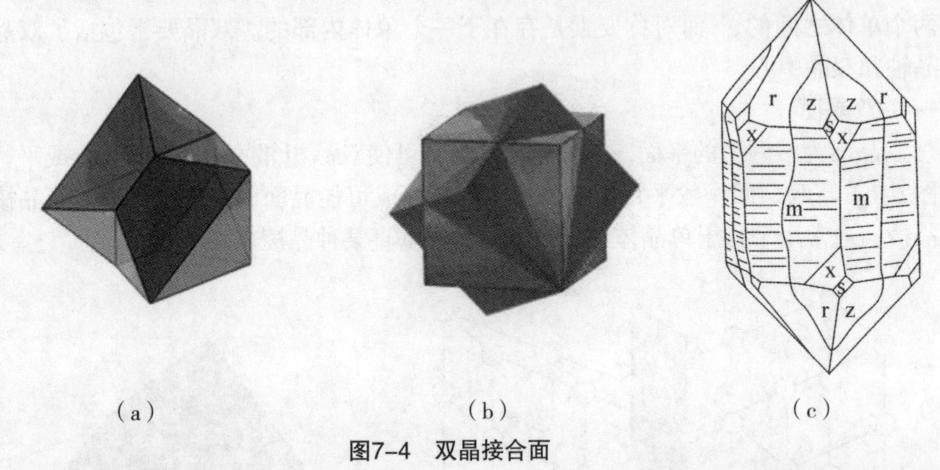

图7-4　双晶接合面

（a）接合面平直（尖晶石双晶）；（b）接合面不规则（萤石双晶）；（c）接合面不规则（道芬双晶）

在双晶描述中，除用上述的双晶要素外，还经常提到双晶接合面。双晶接合面是指双晶中两单体之间彼此结合的实际界面，可以是平面，也可以是不规则曲面（图7-4），并形成缝合线。双晶接合面用平行它的晶面之晶面符号表示。

三、双晶律

双晶结合的规律称为双晶律。双晶律可以用双晶要素、接合面表示，如正长石的底面双晶。有时可以用特征矿物名命名，如尖晶石律、钠长石律。或者以首发现地命名，如卡斯巴律（前捷克斯洛伐克的Carlsbad）。有的以双晶的形态命名，如燕尾双晶、膝状双晶。还有的根据双晶轴和接合面的关系来命名，如面律双晶、轴律双晶等。

四、双晶的类型

在矿物学中通常根据单晶体间相互接合的特点而将双晶分为下列类型。

1. 简单双晶

仅由两个单晶体构成的双晶。又分为接触单晶和贯穿双晶。

①接触双晶：两单晶体相邻接触，具确定而规则的接合面。如石膏的接触双晶（参见彩图8）。

图7-5 接触双晶（石膏的燕尾双晶）

图7-6 萤石的贯穿双晶

②贯穿（穿插）双晶：两单晶体相互穿插，接合面曲折而不规则，亦称透入双晶。如萤石的贯穿双晶（参见彩图9）。

2. 反复双晶

由两个以上的单晶体按同一双晶律依次反复成双晶关系连生而组成。反复双晶可再分为聚片双晶和轮式双晶。

①聚片双晶：所有接合面均相互平行，各单晶体呈片状而依次叠合，在横截接合面的晶面和解理面上可见由接合面的迹线所构成的一系列平行直线状的双晶纹。如钠长石的聚片双晶（图7-7）。

②轮式双晶：各接合面依次成等角度相交，双晶外貌常呈轮辐状或环状，按所含单晶体的个数而可称为三连晶、四连晶、五连晶、六连晶等。如锡石的轮式三连晶（图7-8）。

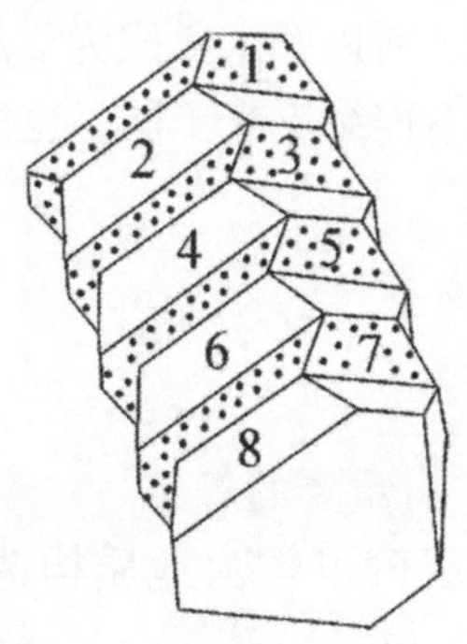

图7-7 聚片双晶示意图

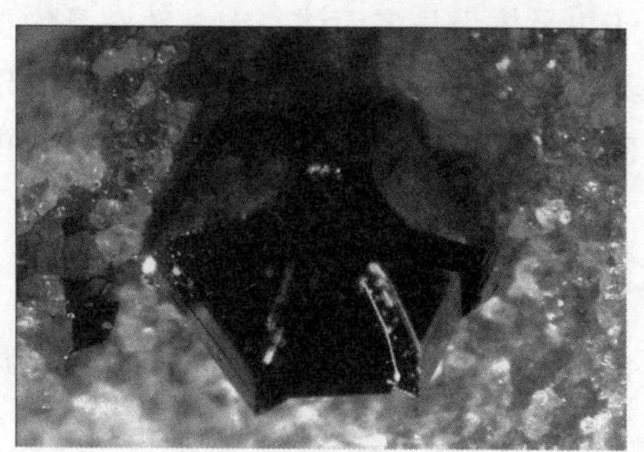

图7-8 锡石的轮状双晶

3. 复合双晶

由两个以上的单晶体两两间分别依不同的双晶律连生而组合在一起的双晶（图7–9）。

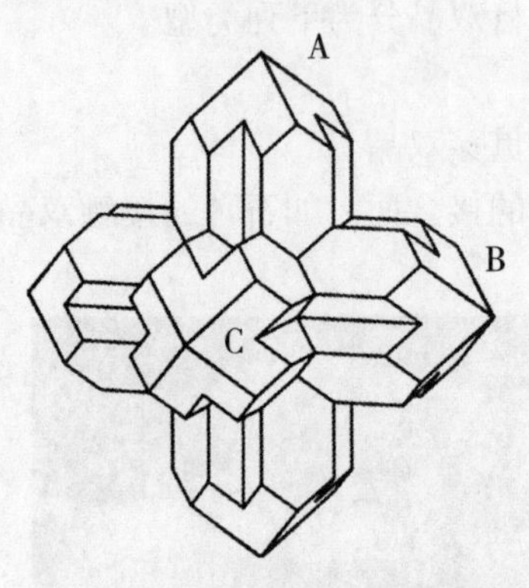

图7–9　钙十字沸石的复合双晶

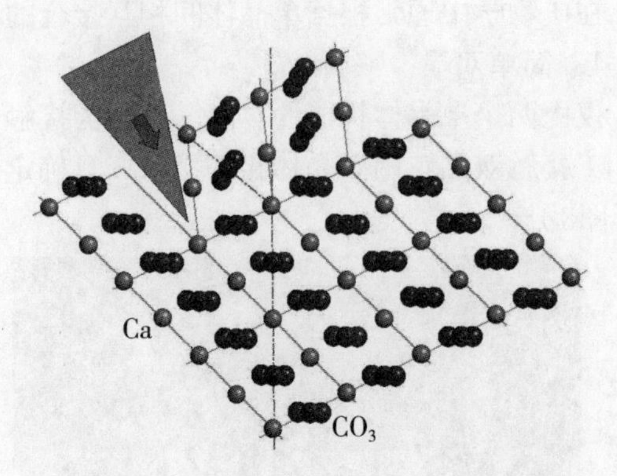

图7–10　方解石的机械双晶形成示意图

五、双晶的成因类型

1. 生长双晶

晶体生长初期两个小晶芽以双晶的方位接合在一起，然后长大形成双晶。小晶芽以双晶的方位接合，因为具有共同的晶界，界面能要低一些。

2. 转变双晶

晶体形成后，因外界条件改变，导致双晶形成。例如β–石英在温度下降时发生同质多像转变为α–石英时形成的双晶。

3. 机械双晶

在外界应力作用下晶体结构发生滑移形成的双晶称为机械双晶。如方解石形成的聚片双晶（图7–10）。

六、双晶的识别

由于单晶体为凸多面体，大多数双晶均具有凹角，所以凹入角成为双晶识别的重要特征。其次，双晶表面的缝合线两侧的单体晶面花纹不连续反光不同，也能指示双晶的存在。再次，有些双晶还会出现高于其单体的对称型。

七、研究双晶的意义

（1）矿物鉴定和某些矿物（如长石）的研究中，有重要的意义。

（2）在地质上，自然界矿物的机械双晶的出现可以作为地质构造变动的一个标志。

（3）矿物的工业利用的研究上，某些矿物的双晶必须加以研究和消除才能被利用。如：α－石英具有双晶，不能作为压电材料。

八、宝石矿物中常见的双晶

双晶是晶体中较为普遍的现象，双晶在矿物中分布也极不均衡，有些矿物基本以双晶的形式存在，有些矿物基本见不到双晶。双晶现象在宝石矿物鉴定中具有重要意义。下面将部分宝石矿物的常见双晶总结如表7–1。

表7–1 部分宝石矿物的常见双晶

晶系	宝石矿物名称	单晶形状	双晶图片	双晶	
				双晶类型	双晶名称
等轴晶系	钻石	八面体		接触双晶	三角薄片双晶
	尖晶石	八面体		接触双晶	尖晶石律双晶
	萤石	立方体		贯穿双晶	/

续表7-1

晶系	宝石矿物名称	单晶形状	双晶图片	双晶	
				双晶类型	双晶名称
四方晶系	锡 石	四方双锥		接触双晶	膝状双晶
三方晶系	方解石	菱面体		接触双晶	聚片双晶
		三方偏方面体		接触双晶	
	石 英	菱面体+六方柱+三方偏方面体		贯穿双晶	道芬双晶（2个左形或右形组成）
				贯穿双晶	巴西双晶（一左形和一右形晶体组成）
			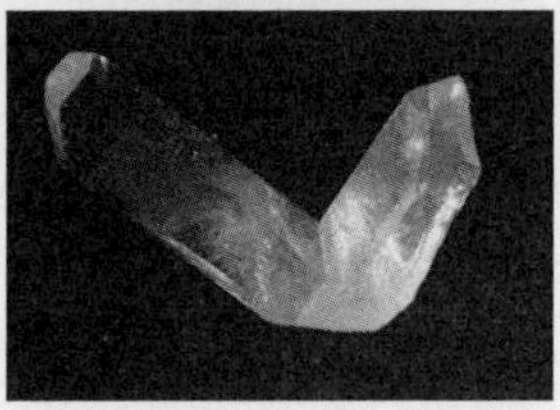	接触双晶	日本双晶

续表7-1

晶系	宝石矿物名称	单晶形状	双晶图片	双晶	
				双晶类型	双晶名称
斜方晶系	金绿宝石	斜方柱		贯穿双晶	三连晶
	十字石	斜方柱		贯穿双晶	
单斜晶系	正长石	斜方柱+平行双面		贯穿双晶	卡斯巴双晶
				接触双晶	曼尼巴双晶
三斜晶系	钠长石			接触双晶	聚片双晶

思考题

1. 为什么双晶要素绝不可能平行单体中的相类似的对称要素？

2. 试举例说明研究双晶的意义（特别是在宝石矿物鉴定方面）。

3. 双晶的类型有哪些？钻石、尖晶石、金绿宝石、钠长石、拉长石的双晶类型分别是什么？

4. 如何识别双晶的存在？

第八章　晶体化学简介

本章概要

1. 本章主要讲述的是矿物的晶体化学知识，即晶体原子水平上的结构理论，揭示晶体的化学组成、结构和性能三者之间的内在联系；晶体化学原理涉及的键型、构型以及它们随化学组成而变异的规律。

2. 要求识记离子类型以及各自的特点，化学键的五种类型以及形成的晶格类型：离子晶格、原子晶格、金属晶格和分子晶格。

3. 重点掌握六方和立方最紧密堆积、同质多象和类质同象的概念以及形成条件和研究意义。

前面我们讨论晶体结构的几何规律时，对晶体结构中的点是作为几何点是来考虑的。但在实际晶体中这些点是各种元素的原子、离子和分子，它们即为晶体的化学组成。

晶体化学主要研究晶体的化学组成与晶体结构之间的关系。在此基础上，进一步探讨晶体的化学组成、晶体结构与晶体的外形、性能及其形成、变化条件之间的关系。

第一节　离子类型

矿物晶体结构的具体形式主要是由组成它的原子或离子的性质决定的，其中起主导作用的因素是原子或离子的最外层电子的构型。通常根据离子的最外层电子特点将离子划分为三种基本类型：惰性气体型离子、铜型离子和过渡型离子。元素间化合时，离子的外电子层以2、8、18个电子的结构最稳定，各种元素都有力图使自己达到这种结构的趋势。

一、惰性气体型离子

具有与惰性气体型原子相同的电子构型，最外层具有8个电子（ns^2np^6）或2个电子（$1s^2$）的离子称为惰性气体型离子。主要包括碱金属、碱土金属以及位于元素周期表右边的一些非金属元素（表8-1中的A区）。惰性气体型离子的电离势较低，离子半径较大，易与氧或卤素元素以离子键结合形成含氧盐、氧化物和卤化物，所以又称为造岩元素、亲石元素或亲氧元素。

表8-1 化学元素周期表

	IA			碱金属		碱土金属		过渡元素										
1	H	IIA		主族金属		非金属		稀有气体					IIIA	IVA	VA	VIA	VIIA	He
2	Li	Be											B	C	N	O	F	Ne
3	Na	Mg	IIIB	IVB	VB	VIB	VIIB		VIII		IB	IIB	Al	Si	P	S	Cl	Ar
4	K	Ca	Sc	Ti	V	Cr	Mn	Fe	Co	Ni	Cu	Zn	Ga	Ge	As	Se	Br	Kr
5	Rb	Sr	Y	Zr	Nb	Mo	Tc	Ru	Rh	Pd	Ag	Cd	In	Sn	Sb	Te	I	Xe
6	Cs	Ba	镧系	Hf	Ta	W	Re	Os	Ir	Pt	Au	Hg	Tl	Pb	Bi	Po	At	Rn
7	Fr	Ra	锕系	Rf	Db	Sg	Bh	Hs	Mt	Ds	Rg	Cn	Uut	Uuq	Uup	Uuh	Uus	Uuo
	A		B											C				

镧系	La	Ce	Pr	Nd	Pm	Sm	Eu	Gd	Tb	Dy	Ho	Er	Tm	Yb	Lu
锕系	Ac	Th	Pa	U	Np	Pu	Am	Cm	Bk	Cf	Es	Fm	Md	No	Lr

二、铜型离子

最外层具有18个电子（$ns^2np^6nd^{16}$）或18+2个电子（$ns^2np^6nd^{10}(n+1)s^2$）的离子称为铜型离子，它们的电子构型与Cu^+的最外层电子构型相似，称为铜型离子。主要包括周期表中IB、IIB副族及右邻的有色金属和半金属元素（表8-1中的C区）。铜型离子的电离势较高，离子半径较小，极化能力很强。通常以共价键与硫结合形成硫化物及其类似化合物和硫盐。所以又称为造矿元素、亲硫元素、亲铜元素。

三、过渡型离子

最外层电子数介于9 ~ 17（$ns^2np^6nd^{1\sim9}$）之间的离子称为过渡型离子。主要包括周期表中位于前两者之间的过渡位置III ~ VIII族的副族元素（表8-1中的B区）。过渡型离子的性质介于惰性气体型离子和铜型离子之间。当最外层电子数越接近8，其亲氧性越强，最外层电子数越接近18亲硫性越强。而位于中间位置的Fe和Mn则明显具有双重倾向，到底与谁结合形成化合物主要取决于所处氧化或还原环境。一般来说，处于还原环境容易和硫结合，处于氧化环境时Fe、Mn更容易和氧结合。

每个原子或离子周围与之最为邻近（呈配位关系）的原子或异号离子的数目称为该原子或离子的配位数。记为C.N.。以任一原子或离子为中心，将其周围与之呈配位关系的原子或离子的中心联线所形成的几何图形称为配位多面体。

第二节　晶格类型和典型结构

一、晶格类型

所谓化学键是指由原子结合成分子或固体的方式和结合力的大小。化学键决定了物质的一系列物理、化学、力学等性质。原则上说，只要能从理论上正确分析和计算化学键，就能预计物质的各项性能。

在晶体结构存在五种化学键类型，分别为离子键、共价键、金属键、分子键和氢键。所以，我们通常根据晶体中主要的化学键类型而将晶体结构划分为不同的晶格类型。

1. 离子晶格

化学键：离子键。作用特点：静电作用力。不具方向性、饱和性。晶体的物理性质：不良导体，折射率及反射率均低，透明或半透明，非金属光泽，但熔化后可以导电；晶体的膨胀系数较小；机械稳定性、硬度和熔点有很大的变动范围。例如：萤石（CaF_2）（图8-1）。

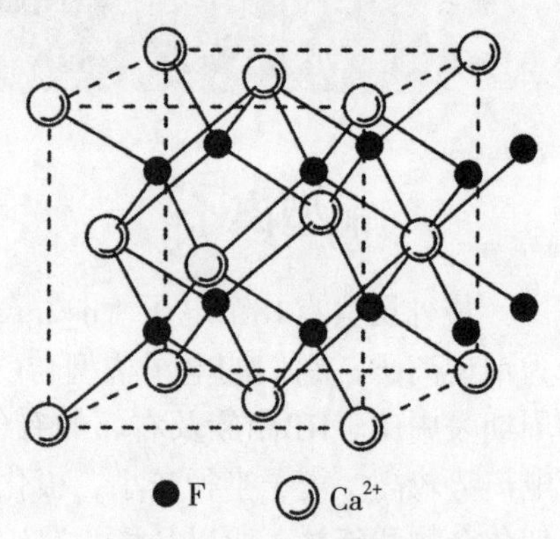

图8-1　萤石的晶体结构

1928年，鲍林在总结大量实验数据的基础上，归纳和推引了关于离子晶格的五条规则。这些规则在晶体化学中具有重要的指导意义，人们称这些规则为鲍林法则。具体如下：

（1）在阳离子的周围形成一个阴离子的配位多面体。阴阳离子间的距离取决于它们的半径之和，而配位数取决于它们的半径之比。

（2）在一个稳定的离子晶格中，每一阴离子的电价等于或近等于与其相邻的阳离子至该阴离子的各静电键强度之和。

（3）在晶体结构中，当配位多面体共棱、特别是共面时，会降低结构的稳定性。对于高电价、低配位数的阳离子来说，这个效应尤为明显。

（4）在含有多种阳离子的晶体结构中，电价高、配位数低的阳离子倾向于相互不共用其配位多面体的几何要素。在晶体结构中，本质不同的结构组元的种数倾向于最小限度。

2. 原子晶格

化学键：共价键。作用特点：共用电子对。晶体的物理性质：较高的硬度和熔点，绝缘体，透明—半透明，玻璃—金刚光泽。

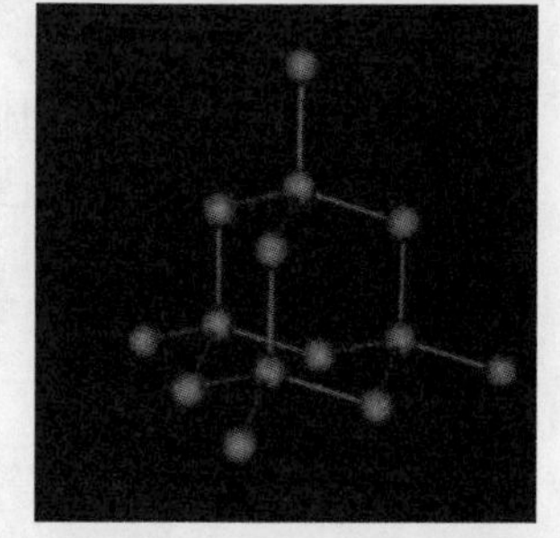
图8-2　金刚石的晶体结构

例如，金刚石（C）的晶体结构就属于原子晶格，如图8-2，所有碳原子以非极性共价键相结合成网状结构。每个碳原子与和它紧邻的4个碳原子相连，键角109° 28′；由碳原子组成的最小环为六元环，且六个碳原子不在一个平面内。

原子晶格需要用到分子轨道理论来研究其结构的特点。

3. 金属晶格

化学键：金属键。作用特点：价电子“公有化”。不具方向性和饱和性，具有较高的配位数。晶体的物理性质：良导体，不透明，高反射率，金属光泽，具有高的密度和延展性，硬度较低。例如自然铜（Cu）（图8-3）

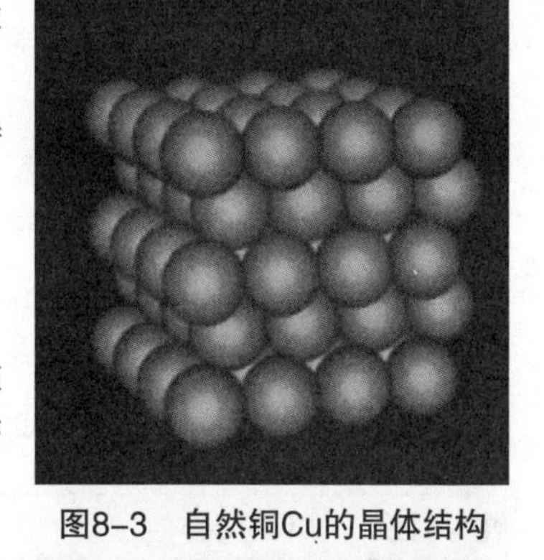

图8-3 自然铜Cu的晶体结构

4. 分子晶格

化学键：分子内部为共价键，外部为分子键，分子有具体的形状。作用特点：范德华作用力（取向力、诱导力、色散力）。分子键无方向性和饱和性。晶体的物理性质：熔点低，可压缩性大，热膨胀率大，导热率小，硬度低。电学和光学性质变化范围很大，但大多数透明而不导电。

如图8-4中的干冰（CO_2）晶体结构，二氧化碳分子之间以分子键作用力相连。每个二氧化碳分子与和它紧邻的12个二氧化碳分子相连。

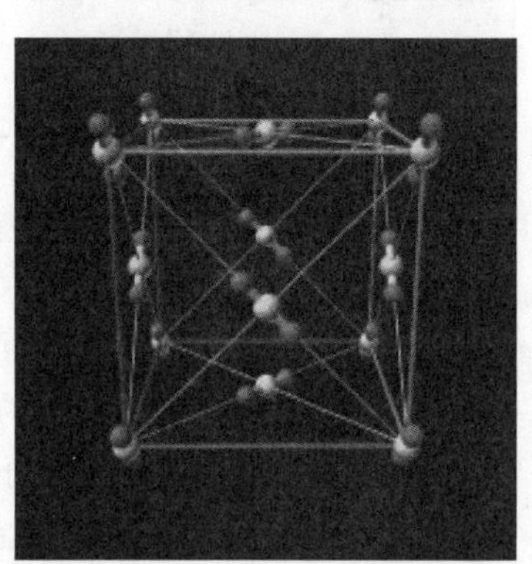

图8-4 干冰（CO_2）的晶体结构

5. 氢键型晶格

化学键：氢键。电负性大、半径小的原子结合力（O、N、F等）。不可单独存在，具有方向性、饱和性，配位数低。晶体具有低密度、低熔点的特点。

表8-2对比总结了不同晶格类型的特点。

表8-2 不同晶格类型

特点	晶格类型			
	离子晶格	原子晶格	金属晶格	分子晶格
组成晶格的元素	由电负性很低的金属元素和电负性很高的非金属元素结合而成	由电负性都较高的元素结合而成	由电负性都较低的结合而成	一般由电负性高的元素以共价键组成分子再构成晶格
结构单位间结合力的特点	由正负离子间静电引力（离子键）结合而成，结合力决定于离子电价和半径，一般较强	由共价键结合而成一般很强	由自由电子联结（金属键），具中等强度	由分子键联系各分子，一般较弱
结构特点	离子一般呈球形，正、负离子尽量相同分布，排列尽量紧密	共价键具有方向性和饱和性，原子只能在一定方向结合，排列常不紧密	常作等大球体最紧密堆积，紧密度大	分子常不呈球形，作非球体最紧密方式排列

续表8-2

特 点	晶格类型			
	离子晶格	原子晶格	金属晶格	分子晶格
光学性质	透明、玻璃光泽	透明，金刚光泽	不透明，金属光泽	一般透明至半透明
力学性质	硬度中-高，脆性	硬度很高，脆性	硬度低-中等，强延展性	硬度很低
溶解度	在极性溶剂中溶解度不大	不溶于水	不溶于水	溶于有机溶剂，不溶于水
电学性质	不良导体	不良导体	良导体	不良导体
典型实例	石盐 NaCl 萤石 CaF_2	金刚石C	自然铜Cu 自然金Au	自然硫S_8 雄 黄As_4S_4

某些晶体结构中，化学键的表现形式处于离子键—共价键之间、共价键—金属键之间等过渡状态。这类化学键称为中间型或过渡型键。在绝大多数实际晶体中，都不存在纯粹的、典型的一种键型，而是在不同程度上存在着键型的过渡现象。

在晶体中只有单一键型的晶体结构称为单键型晶格。如金刚石中仅存在共价键，为典型的原子晶格。能明确划分出包含两种、两种以上的化学键的晶体结构称为多键型晶格。如方解石晶体结构中，Ca^{2+}和［CO_3］$^{2-}$间以离子键结合，［CO_3］$^{2-}$中的C—O间以共价键为主，故方解石属于多键型晶格。

二、典型结构

不同晶体的结构，若其对应质点的排列方式相同，我们称它的结构是等型的。结构型常以某一种晶体为代表而命名，这些作为代表的晶体结构称为典型结构。例如：石盐（NaCl）、方铅矿（PbS）、方镁石（MgO）…，它们具有相同的结构构型，只是改变了阴、阳离子。这种结构统称“NaCl型结构”（图8-5）。

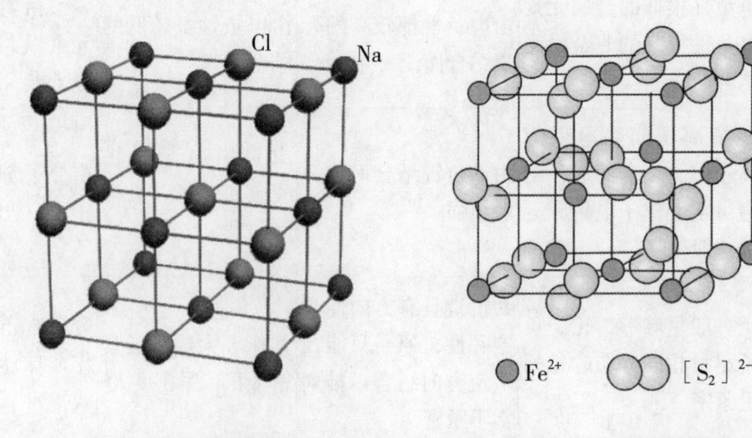

图8-5 NaCl型结构　　图8-6 NaCl衍生结构

还有一些结构和某典型结构在几何特征上存在相似之处，只需稍加必需的补充说明，这些晶体结构可视为某些典型结构的所谓衍生结构。如黄铁矿（FeS_2）的结构（图8-6）为NaCl型结构的衍生结构，因为结构形式是一样的，但用哑铃状的［S^2］代替了Cl。

第三节　球体的最紧密堆积

晶体结构可视为由各种大小的质点即视为大小不等的球形原子、离子呈紧密堆砌的一种体系。在晶体结构中，质点之间趋向于尽可能的相互靠近以占有最小空间，使彼此间的作用力达到平衡状态，以达到内能最小，使晶体处于最稳定状态。

由于在离子晶格和金属晶格中化学键—离子键、金属键的无方向性和饱和性，而且内部质点、原子或离子可视为具有一定体积的球体。因此，从几何学的角度来看，金属原子或离子之间的相互结合，可视为球体的紧密堆积，从而可用球体的紧密堆积原理对其进行分析。

一、堆积过程与基本形式

第1层堆积如图8-7所示，形成两种三角形空隙B位、C位（第1层球所在位置标注为A）；

第2层堆积：只能在上述B位或C位堆积，不能同时在这两种位置上堆积，即形成AB或AC，AB与AC是等效的；

第3层堆积：有可能与第1层所处的位置完全相同，即形成ABA堆积形式，也可能与第1层、第2层不同位置，形成ABC堆积形式；

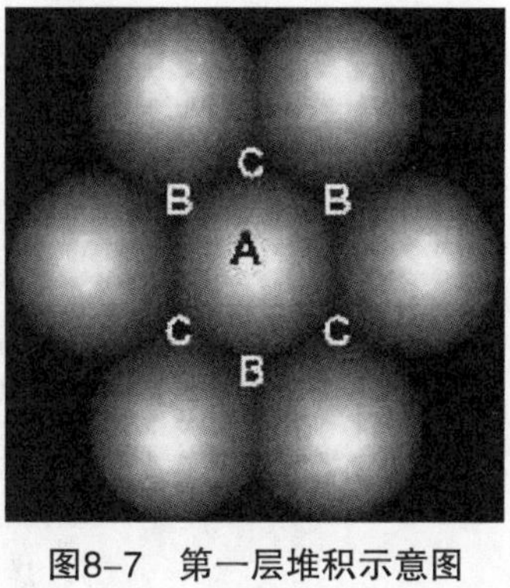

图8-7　第一层堆积示意图

第4层、第5层…..堆积：只能在A、B、C位置上任选一种，不可能超出这3种位置，并且不能与最临近的一层相同。

因此，等大球最紧密堆积的基本形式只有两种：两层重复的ABABABAB…..形式；三层重复的ABCABCABC…形式。

如果是ABACBCACB…，则可以认为是由上述两种基本形式的组合。不可能出现ABCCABBAA…..，这样就是非紧密堆积。

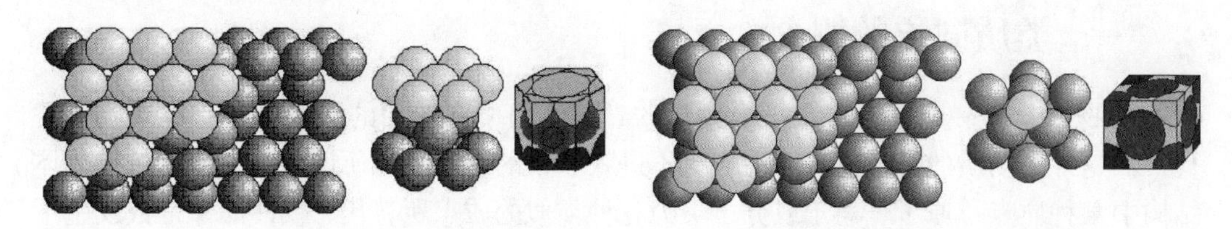

图8-8　六方最紧密堆积示意图　　图8-9　立方最紧密堆积示意图

ABABAB…所形成的结构为六方原始格子，因此也称六方最紧密堆积（图8–8）；ABCABCABC….所形成的结构为立方面心格子，因此也称立方最紧密堆积（图8–9）。

三、堆积结构中的空隙

球体之间仍有空隙，空隙占整个空间的25.95%。等大球最紧密堆积结构中只形成两种空隙：四面体空隙和八面体空隙（如图8–10）。一个球周围分布8个四面体空隙和6个八面体空隙。

需要注意的是，并不是所有晶体结构都适合用紧密堆积来解释。最紧密堆积适用于大部分金属晶格和离子晶格但不适用于原子晶格。因为原子晶格中的化学键为共价键，共价键有方向性和饱和性，其组成原子不能作最紧密堆积。

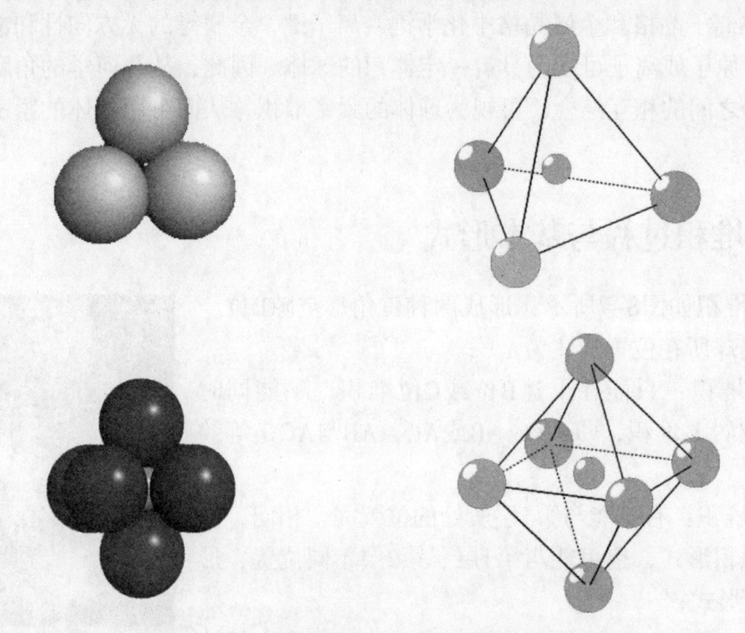

图8–10　四面体空隙和八面体空隙示意图

第四节　类质同象

一、类质同象的概念

矿物成分在一定范围内是可以变化的，这是由于两方面的原因，一是类质同象替代，二是外来物质的机械混入（即含有不进入晶格的包体）。所谓类质同象，是指晶体结构中某种质点（原子、离子或分子）为它种类似的质点所替代，仅使晶体常数发生不大的变化，而结构型式并不改变的现象。例如：在石榴石的晶体结构中，由于镁和铁可以互相代替，可以形成各种Mg、Fe含量不同的类质同象混合物。从而构成一个Mg、Fe成各种比值连续的类质同象系列：

$$Mg_3Al_2[SiO_4]_3—(Mg,Fe)_3Al_2[SiO_4]_3—Fe_3Al_2[SiO_4]_3$$

镁铝榴石——铁镁铝榴石——铁铝榴石

在类质同象系列的中间产物称类质同象混晶，它是一种固溶体。所谓固溶体，是指在固态状态下一种组分溶于另一组分中，分两种：（1）填隙固溶体；（2）替位固溶体——类质同象混晶。

二、类质同象的类型

从不同角度，可以对类质同象进行不同的分类。

1. 根据相互替代的质点是否以任意比例替代，可以分为完全类质同象和不完全类质同象。

（1）若相互替代的质点可以任意比例替代，即替代是无限的，则称为完全的类质同象。它们可以形成一个成分连续变化的类质同象系列，如镁铝榴石和铁铝榴石系列。

（2）若质点替代局限在一个有限的范围内，则称为不完全类质同象。例如闪锌矿（ZnS）中的Zn^{2+}可以部分地（最多26%）被Fe^{2+}所替代，它们不能形成连续的系列。只能将Fe^{2+}称为ZnS的类质同象混入物。

2. 根据相互替代的离子的电价是否相等，可以分为等价的类质同象和异价的类质同象。

（1）若相互替代的质点的电价相同，如$Na^+ \leftrightarrow K^+$，称为等价的类质同象。

（2）若相互取代的质点的电价不相同，如$Al^{3+} \leftrightarrow Si^{4+}$，称为异价的类质同象。

三、类质同象的条件

形成类质同象的条件，一方面取决于内部因素，即原子或离子半径大小、电价、离子类型和化学键型等；另一方面也取决于外部条件，如温度、压力和介质条件等。

1. 质点大小相近

相互替代的原子或离子的半径必须相近。一般而言，如果替代的质点大小越接近，相互替代的能力越强，越容易发生替代，反之则越弱。在异价类质同象替代中，由于在元素周期表上对角线方向的阳离子半径近于相等，容易发生类质同象替代，从而存在所谓的离子对角线法则。一般都是右下角的高价阳离子替代左上方的低价阳离子。

2. 电价总和平衡

在离子化合物中，类质同象替代前后的离子电价总和应该保持平衡，才能使晶体结构保持稳定。对于异价类质同象替代，往往同时发生多个替代来达到总电价平衡。例如蓝宝石中$Fe^{2+}+Ti^{4+} \rightarrow 2Al^{3+}$以成对离子的替代达到电价平衡。必须指出的是，在发生异价类质同象替代时，电价平衡变为主要条件，离子半径大小退居次要地位。

3. 离子的类型和键型相同

类质同象替代一般发生在同种离子类型之间。如果离子类型不同则很难发生类质同象替代。例如硅酸盐宝石矿物中为什么常出现Al^{3+}和Si^{4+}的替代，却没有Ca^{2+}和Hg^{2+}的替代？Al^{3+}（r=0.039）和Si^{4+}（r=0.026）的半径差值比已经大于50%，但是因为都是惰性气体型离子，容易和O结合，Al–O和Si–O间距分别为0.176nm和0.161nm，两者比较接近，因此容易出现替代，而Ca^{2+}（惰性气体型离子，r=0.100nm）和Hg^{2+}（铜型离子，r=0.102nm）的电价相同，半径相似，但是因为离子类型不同，所形成化学键类型不同，所以它们之间很难发生类质同象替代。

4. 温度、压力、组分浓度等热力学条件

介质的温度、压力和组分浓度等外部条件对于类质同象替代的发生也起重要作用。一般来说，温度升高有利于类质同象替代，温度降低，限制类质同象的发生，而且还会发生固溶体离溶。如高温下稳定的类质同象固溶体碱性长石（K，Na）［$AlSi_3O_8$］当温度降低时离溶形成由钾长石K［$AlSi_3O_8$］和钠长石Na［$AlSi_3O_8$］两种矿物组成的条纹长石。压力的增大会限制类质同象的替代范围并促使固溶体离溶。组分浓度也对类质同象产生影响。每一种矿物晶体，其组分之间有一定的量比，当晶体在结晶过程中，介质中的组分无法满足其量比，其他类似的组分就会以类质同象的形式混入晶格加以补偿。

四、研究类质同象的意义

类质同象是矿物中普遍存在的一种现象，研究类质同象既有理论意义也具有实践意义。主要体现在如下几个方面：

（1）类质同象替代是矿物成分变化的主要原因。

（2）了解稀有元素的赋存状态，指导找矿。由于地壳中的稀有元素通常无法形成独立矿物，主要以类质同象形式赋存在常量元素组成的矿物中。例如Hf常存在于锆石中，所以研究类质同象的替代规律，对于寻找某些矿种和合理利用矿产资源具有重要意义。

（3）反映矿物的形成条件。不同环境形成的同一种矿物，所含的类质同象混入物的种类和数量均有所不同，并引起晶胞参数以及物理性质的规律变化，所以研究类质同象可以了解不同产地的矿物的成因。

（4）有助于研究宝石矿物的物理性质。

第五节　同质多象

一、同质多象的概念

同种化学成分的物质，在不同的物理化学条件（温度、压力、介质）下，形成不同结构的晶体的现象，称为同质多象。不同结构的晶体称为该成分的同质多象变体。如金

刚石和石墨就是碳（C）的两个同质多象变体。

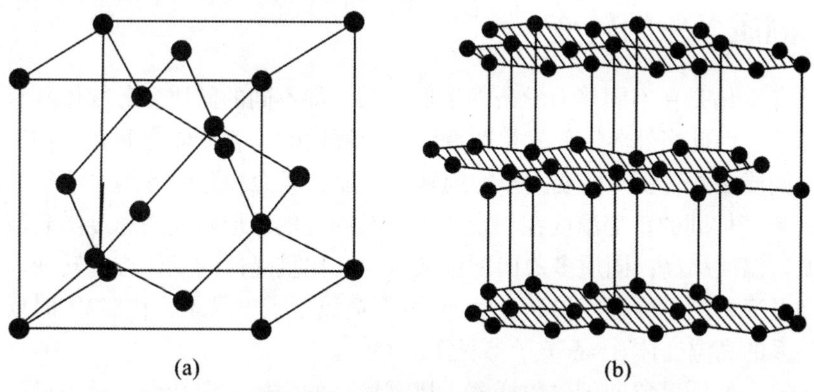

图8-11 金刚石和石墨的结构

如图8-11a金刚石晶体中，所有碳原子以非极性共价键相结合成网状结构，每个碳原子与和它紧邻的4个碳原子相连，键角109° 28′；由碳原子组成的最小环为六元环，且六个碳原子不在一个平面内。在石墨晶体中（图8-11b），碳原子是分层排布的。碳原子以非极性共价键相结合成平面网状结构，每个碳原子与和它紧邻的3个碳原子相连，键角120° 由碳原子组成的最小环为平面六元环。层与层之间为分子间作用力（范德华力）。

二、同质多象变体的命名

同质多象的每一种变体都有它一定的热力学稳定范围，都各自具备自己特有的形态和物理性质。因此，在矿物学中它们都是独立的矿物种。

可以根据它们的形成温度从低到高在其名称或成分之前冠以α-，β-，γ-等希腊字母，以资区别。如：α-石英、β-石英等。

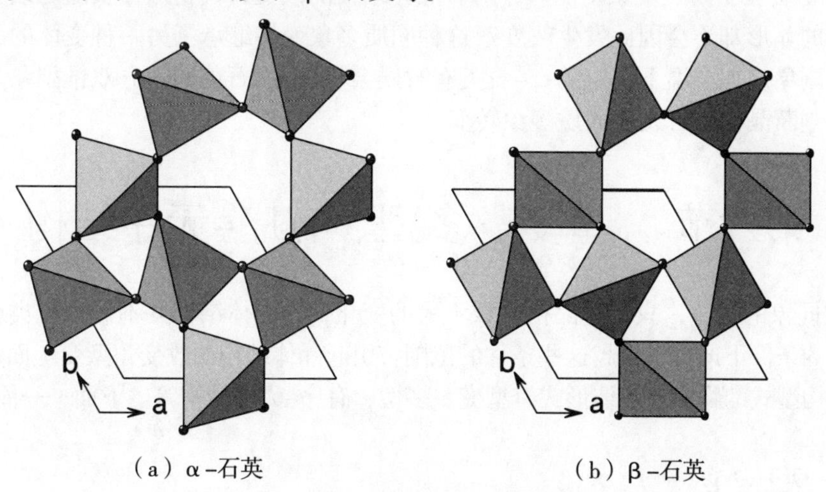

（a）α-石英　　（b）β-石英

图8-12 石英的同质多象变体

三、同质多象的转变

同质多象变体是在不同热力学条件下形成的，即不同的同质多象变体具有不同的热力学稳定范围，因此当外界条件发生改变到一定程度时，各变体之间在结构上会发生改变，即发生同质多象转变。转变的影响因素有温度、压力和介质等热力学条件。

同质多象变体间的转变温度在一定压力下是固定的，但转变的速度随着温度的下降而急剧降低。温度增高，同质多象向配位数减少、比重降低的变体方向转变。对于同一物质而言高温变体的对称程度较高。例如α-石英属于三方晶系，在573℃时候能转变为属于六方晶系的高温变体β-石英（参见图8-12）。

压力增高，同质多象向配位数增多、比重增高的变体方向转变。压力增高，同质多象转变温度也会增高。

介质的成分、杂质以及酸碱度等对同质多象变体的形成也会产生影响。如：FeS_2在相同的温度和压力下，在碱性介质中生成黄铁矿（等轴晶系）；在酸性介质下生成白铁矿（斜方晶系）。杂质的存在可以影响同质多象转变温度。如：闪锌矿与纤维锌矿，当成分中含Fe达17%时，同质多象转变温度可降至880℃。

四、同质多象的转变类型

同质多象的转变可以分为可逆的（双向）和不可逆（单向）的转变。如α-石英⇔β-石英在573℃时瞬间完成，而且可逆，而$CaCO_3$的斜方变体文石在升温条件下转变为三方变体方解石，但温度降低则不能再形成文石。

从变体的晶体结构的变化的角度还可以将同质多象转变分为移位型转变、重建型转变、有序—无序转变。在此不一一赘述。

一种物质发生同质多象转变时，随着晶体结构的改变，其物理性质随之改变，但是原来变体的晶形却不会因此发生改变。这种同质多象变体继承了另一种变体的晶形的现象，称为副象。如常温下稳定的α-石英有时候会呈现β-石英的六方双锥副象。副象的存在可以判断晶体是否发生同质多象转变。

第六节* 型变、多型、有序-无序结构

类质同象的代替，只引起晶格常数不大的变化，而晶体结构并不破坏。类质同象只能在一定的条件下产生，超越这些条件的范围将引起晶体结构的改变（型变）而形成具有另一种结构型式的物质。具体形式有型变、多型、有序-无序结构等。下面一一简介之。

一、型　变

在化学式属同一类型的化合物中，随着化学成分的规律变化，而引起晶体结构型式

的明显而有规律的变化的现象称为型变。晶体结构单位的半径和极化性质的巨大差别是引起型变的主要原因。型变现象体现了事物由量变到质变的规律。型变现象的研究有助于我们阐明许多晶体结构之间的关系，并将其系统化。

二、多 型

多型是一种元素或化合物以两种或两种以上的层状结构存在的现象。这些晶体结构的结构单元层基本是相同的，只是它们的叠置顺序有所不同，从而可以构成不同的多型变体。多型可以看作是一种特殊型式的一维的同质多象。 如：ZnS有两种同质多像变体，即阴离子作立方最紧密堆积的闪锌矿（β-ZnS）和阴离子做六方最紧密堆积的纤维锌矿（α-ZnS），在纤维锌矿中，还存在多种多型（表8-3）。从ZnS的多型的堆积层特点可以看出，多型间的差别仅在于结构单元层的叠置层序。

表8-3 ZnS的同质多象和某些多型

同质多象变体	多型	堆积层的重复周期	晶胞参数（均按六方晶胞）	
			a_0（nm）	c_0（nm）
闪锌矿	3C	ABC	0.381	0.936
纤维锌矿	2H	AB	0.381	0.624
	4H	ABCB	0.382	1.248
	6H	ABC ACB	0.381	1.872
	8H	ABC ABABC	0.382	2.496
	10H	ABC ABCBACB	0.382	3.120
	9R	ABCBC AC AB	0.382	2.808
	12R	ABACBCB AC ACB	0.382	3.744
	15R	ABC ACBC ABA AC ABCB	0.382	4.680
	21R	ABC AC ACBC AB ABAC ABCBCB	0.382	6.552

多型的符号由一个数字和一个字母组成，数字代表一个重复周期内的结构单元层的层数，后边的字母则表示晶系，如C（立方）、H（六方）、T（三方）、R（三方菱面体格子）、Q（四方）、O或OR（斜方）、M（单斜）等。若有两个以上的多型，其重复周期内结构单元层数和晶系都相同时，则在字母的右下角加角码1、2等以资区别，如单斜晶系的云母有$2M_1$，$2M_2$等多型。

三、有序—无序结构

有序—无序是指晶体结构中，在可以被两种或两种以上的不同质点所占据的某种位置上，若这些不同的质点各自有选择地分别占有其中的不同位置，相互间成有规则的分布时，这样的结构状态称为有序态；反之，若这些不同的质点在其中全都随机分布，便称为无序态。例如$AuCu_3$晶体结构，当为无序态时表现为面心立方格子；当呈有序态时，Au原子只占据立方格子角顶上的特定位置，立方格子的面心位置则只为Cu原子所占有，这时的结构变为简单立方格子了。结构的有序—无序状态用有序度表示。有许多计算有序度的公式，随晶体结构的不同而异。有序—无序状态可以转变，从无序到有序可以自发进行，称为有序化。一般来说，高温无序，低温有序，而且有序变体对称性总是低于无序变体。例如，黄铜矿$CuFeS_2$高温无序结构为闪锌矿型结构，属于等轴晶系；低温有序结构属于四方晶系。

思考题

1. N个球做最紧密堆积，形成的四面体空隙是多少？八面体空隙是多少？
2. 形成类质同象的条件是什么？
3. 研究类质同象的意义何在？
4. 试论述类质同象对矿物的物理性质的影响。
5. 同质多象的定义是什么？试举例说明同质多象的类型。
6. 什么叫典型结构？什么叫衍生结构？
7. 试说明晶体类型是如何影响到晶体的性质的。
8. 试述类质同象、同质多象及两者之间的联系。

第二篇 宝石矿物通论

第九章 宝石矿物的化学成分和化学性质

本章概要

1. 本章从地壳的元素含量着手介绍了矿物的主要化学成分以及矿物中的水的类型和特点。

2. 简单介绍了矿物的一些化学性质，特别是有利于矿物鉴定的那些化学性质。

矿物的化学成分是组成矿物的物质基础，是决定矿物各项物理化学的基本因素之一。因此，矿物的化学成分不仅是区别不同矿物的重要依据，其化学成分的变化特点常作为反映矿物形成条件的标志，而且矿物化学成分也是人类利用矿物资源的一个重要方面。矿物的化学成分在理论和实践上均具有很大的研究意义。

在前面章节中，已经讨论了化学组成和晶体结构之间的某些关系，而本章将就矿物的化学组成特点和化学性质进行讨论。

第一节 地壳的化学成分

矿物是地壳中各种地质作用的产物，而地壳的化学成分是形成各种矿物的物质前提。所以本节先介绍一下地壳的化学成分特点。

各种化学元素在地壳中的平均含量称为丰度。但是化学元素在地壳中的分布是极不均匀的。最多的氧（O）与最少的氡（Rn）元素的含量相差10^{18}倍。通常将地壳中化学元素平均含量（丰度）的质量百分数称为“克拉克值”，或称“质量克拉克值”。值得注意的是，因为各元素的原子量不同，而在元素化学反应中，是原子数目起决定作用，所以质量克拉克值不能充分反映元素的相对多少，因此有时候采用原子克拉克值（各元素的原子数在地壳中所有元素的总原子数中所占的百分数表示原子克拉克值）来表示。

地壳中含量最多的前8种元素为O、Si、Al、Fe、Ca、Na、K、Mg。它们占到了地球总质量的99%以上。它们是组成地壳各类岩石的基本成分。事实上，地壳的确是以这些元素组成的含氧盐和氧化物组成的。

第二节　宝石矿物的化学组成及其变化

从上节内容中，我们知道地壳中各类元素的丰度及其不均匀，这些元素组成宝石矿物时同样是不均匀的，它们可以作为主要化学成分或次要化学成分甚至微量成分成为矿物的化学组成之一。

宝石矿物的主要化学成分是指能保持其结构的化学成分，如果缺失某个成分，其结构就不能存在或保持。但是在保持某一矿物的结构和物化性质基本不变的条件下，化学组成是可以有一定变化范围的。能引起矿物的化学组成变化的形式有很多，如类质同象、胶体矿物、还有非化学计量矿物等。正是这些原因，使自然界的矿物的成分十分复杂，对于宝石矿物而言，微量成分的介入尤为重要，它可以使宝石矿物呈现绚烂的颜色，如纯净的Al_2O_3为无色，当一部分Cr^{3+}类质同象替代Al^{3+}时候，使Al_2O_3呈现迷人的红色，成为红宝石。

第三节　矿物中的水

在很多矿物中，水是很重要化学组成之一，矿物中的水对矿物的许多性质均有极其重要的影响。

一、矿物中的水的类型

水的存在形式有很多种，根据矿物中的水的存在形式以及它们在晶体结构中的作用，可以将矿物中的水分为吸附水、结晶水、结构水三种基本类型，以及介于吸附水和结晶水之间的层间水和沸石水两种过渡类型。

1. 吸附水

吸附水是不参加晶格，渗入矿物集合体中，为矿物颗粒或裂隙表面机械吸附的中性H_2O分子。这些中性水分子可以是液态（薄膜水、毛细管水）、气态和固态。它们不参与组成矿物的晶格，而且含量不定，随温度、湿度而变化。常压下，当温度达到100～110℃时，吸附水就全部从矿物中逸出而不破坏晶格，所以吸附水不属于矿物的化学组成，不写入矿物化学式。举个日常生活中的例子，就像下雨天，衣服被雨水淋湿，其实是衣服的纤维空隙机械吸附了部分雨水，用火一烤，衣服中的水就变成水蒸汽跑了，衣服又恢复原样。在宝石矿物中，绿松石常含有吸附水。

值得注意的是，含在水胶凝体中的胶体水作为分散媒被微弱的联结力附着在胶体的分散相的表面，这是吸附水的一种特殊类型。胶体水是胶体矿物本身固有的特征，应当作为一种组分列入矿物的化学成分，但其含量变化很大，如蛋白石$SiO_2 \cdot nH_2O$、硅孔雀石（Ca，Al）$H_2Si_2O_5$（OH）$\cdot nH_2O$（n表示H_2O分子含量不固定）。胶体水的失水温度一般为100～250℃。

2. 结晶水

结晶水以中性水分子（H_2O）存在于矿物中，参与组成矿物的晶格，有固定的位置，是矿物化学组成的一部分。水分子的数量与矿物中其它组分的含量成简单的比例关系。结晶水由于受到晶格的束缚，结合较牢固，因此，要使它从晶格中释放出来，需要比较高的温度，但一般不超过600℃，通常为100～200℃。结晶水往往存在于具有大半径络阴离子的含氧盐矿物中。如石膏$Ca[SO_4]\cdot 2H_2O$、胆矾$Cu[SO_4]\cdot 5H_2O$、绿松石$CuAl_6[PO_4]4(OH)_8\cdot 4H_2O$、异极矿$Zn_4[Si_2O_7](OH)\cdot H_2O$等。

当结晶水失去时，晶体的结构将被破坏并且形成新的结构。如属于单斜晶系的石膏$Ca[SO_4]\cdot 2H_2O$，从80℃开始脱水，到120℃时，脱去原结晶水的3/4，这时它便成为半水石膏$Ca[SO_4]\cdot 1/2H_2O$，当温度继续升高到150℃时，半水石膏中的结晶水全部失去，成为斜方晶系的硬石膏$Ca[SO_4]$。

3. 结构水

结构水也称化合水。是以OH^-、H^+或H_3O^+等离子的形式参加矿物晶格的"水"，其中尤以OH^-最为常见。结构水在晶格中占有固定的位置，在组成上具有确定的比例。由于与其它离子的联结相当牢固，因此，结构水需要较高的温度（通常在600～1000℃之间）才能逸出。一旦逸出，晶格完全被破坏。

许多矿物特别是宝石矿物都含有结构水，如磷灰石$Ca_5[PO_4]_3(F,Cl,OH)$、滑石$Mg_3[Si_4O_{10}](OH)_2$、碧玺$Na(Mg,Fe,Mn,Li,Al)_3Al_6[Si_6O_{18}][BO_3]_3(OH,F)_4$和黄玉$Al_2SiO_4(OH,F)_2$等。

此外，在堇青石和绿柱石平行Z轴的结构通道中，常含有一定数量的水，含量有一定的变化，其存在形式和结构状态到目前仍不太清楚。这种水的逸出需要很高的温度，可能是一种特殊的结构水。

4. 沸石水

沸石水是存在于沸石族矿物晶格中宽大的空腔和通道中的中性水分子，它们和充填其中的阳离子结合成水合离子，在晶格中占据一定的结构位置，从这一点来说，它像结晶水；但是水含量随温度和湿度而变化，且水的失去并不引起晶格的破坏，从这一点看，又像吸附水。所以说，沸石水是一种过渡类型的水。

由于沸石族矿物的结构中，其空洞和孔道的数量及位置都是一定的，所以含水量有一个确定的上限值。此数值与矿物其它组分的含量成简单的比例关系。当加热至80～400℃范围内，沸石水即大量逸出，失水后晶格不改变，只是它的某些物理性质——透明度、折射率和比重等随失水量的增加而降低，失水后的沸石能重新吸水，并恢复原来的含水限度，从而再现矿物原来的物理性质。如钠沸石$Na_2[Al_2Si_3O_{10}]\cdot 2H_2O$。

5. 层间水

层间水是存在于某些层状结构硅酸盐的结构层之间的中性水分子。它们主要与层间的阳离子结合成水合离子，它参与矿物晶格的构成，但数量可在相当大的范围内变动。这是因为某些层状硅酸盐矿物其结构层本身，电价并未达到平衡，在结构层的表面还有过剩的负电荷，这部分过剩的负电荷还要吸附其他金属阳离子，而后者又再吸附水分子，从而在相邻的结构层之间形成水分子层，即层间水。此外，层间水的含量还随外界温度的变化而变化，常压下当加热至110℃时，水大量逸出，结构层间距相应缩小，晶胞轴长C_0值减小，矿物的比重和折射率都增高；在潮湿环境中又可重新吸水。可见，层间水也具有一定的吸附水性质。如蒙脱石（Na，Ca）0.33（Al，Mg）$_2$［Si_4O_{10}］（OH）$_2$·nH_2O。

因为宝石矿物中基本没有层状硅酸盐和沸石族矿物，所以宝石矿物中的水的存在形式主要是前面三种类型，即吸附水、结晶水和结构水。另外，从前面的例子中我们也可以看出同一种矿物中，可以同时存在几种不同形式的水。研究水在矿物中存在形式的最好方法是差热分析法，但是对于宝石矿物研究水的形式往往用红外吸收光谱，因为它可以做到无损检测。

第四节　矿物的化学式

矿物的化学成分是以组成矿物的化学元素符号按一定原则表示的，具体表示方法有实验式和结构式两种。

实验式只表示矿物化学成分中各种组分的种类及数量比。例如：方沸石的实验式为$4SiO_2 \cdot Al_2O_3 \cdot Na_2O \cdot 2H_2O$或$H_2NaAlSi_2O_7$。这种化学式不能反映出矿物中各组分之间的相互关系。

目前，矿物学中普遍采用晶体化学式（结构式），这种化学式既能表明矿物中各组分的种类及数量比、又能反映他们在晶体结构中的相互关系及存在形式。晶体化学式是以单矿物的化学全分析和X射线结构分析等实验资料做基础，并以晶体化学基本原理为依据计算出来的，它能较为直观的反映矿物成分与结构之间的关系。

晶体化学式的书写方法如下：

（1）对于单质元素构成的矿物，只写元素符号予以表示，如自然金Au、金刚石C等。

（2）对于金属互化物，按照金属性强弱顺序排列，如锑银矿AgTe。

（3）对于离子化合物，阳离子在前，阴离子或络阴离子在后。络阴离子则要用方括号［ ］括起来。如石英SiO_2、方解石Ca［CO_3］。对于某些更大的结构单元，可以用大括号括起来，如锂云母K｛$Li_{2-X}Al_{1+X}$［$Al_{2x}Si_{4-2x}O_{10}$］（F，OH）$_2$｝。

（4）对于复化合物（复盐），阳离子要按碱性的强弱顺序、价态从低到高排列。如硬玉NaAl［Si_2O_6］。

（5）附加阴离子通常写在主要阴离子或络阴离子之后，如白云母KAl_2［$AlSi_3O_{10}$］［OH］$_2$。

（6）水按照不同形式来书写：结构水（H^+、OH^-、H_3O^+）用圆括号括起来写在与之相联的阳离子后面；中性水分子（结晶水、沸石水、层间水、胶体水）写在化学式的最后面，并用圆点“·”把它与矿物中的其他组分分开。当含量不定时，常用nH_2O或

aq（aqua——含水的缩写）表示。如蛋白石$SiO_2 \cdot nH_2O$或$SiO_2 \cdot aq$。除了胶体水外，其他吸附水都不写入矿物的化学式。

（7）互为类质同象替代的离子用圆括号（ ）括起来，它们中间以“，”分开，含量较多的元素一般写在前面。如橄榄石中Mg和Fe呈类质同象替代，占据晶体结构中同一个位置，所以写为（Mg，Fe）［SiO_4］。

应当注意的是，通过矿物的化学全分析得到的实验数据计算出某一矿物中各元素的离子数之后，在书写晶体化学式时，习惯将具体数值分别写在个元素符号的右下角，呈类质同象替代关系的各元素之间无需再加逗号，并在圆括号的右下角列出圆括号内各元素离子数目之和。如某单斜辉石的晶体化学式为：

$(Ca_{0.960}Na_{0.040})_{1.000}(Mg_{0.820}Fe^{2+}_{0.060}Fe^{3+}_{0.050}Al_{0.030}Mn_{0.020}Ti_{0.020})_{1.000}[(Si_{1.920}Al_{0.080})_{2.000}O_6]$

第五节 矿物的化学性质

矿物与空气、水以及各种溶液接触时，会产生一系列不同的化学变化，如氧化、分解和水解等，从而表现出一定的化学性质。这些性质通常可以作为矿物鉴定依据。

一、矿物的可溶性

固体矿物与某种溶液相互作用时，矿物表面的质点由于本身的振动和受溶剂分子的吸引，离开矿物的表面进入或扩散到溶液中去，此过程称矿物的溶解。

由于水介质的介电常数很高，对许多具有离子键的矿物有很强的破坏能力，使之分解而溶于水。同时水中常常溶解有氧、二氧化碳等物质，这样就更促使矿物加速溶解。不同矿物在水中的溶解度差别很大，一般来讲，在常温常压下，卤化物、硫酸盐、碳酸盐以及含有OH^-和H_2O分子的矿物较易溶于水，而大部分自然元素矿物、硫化物、氧化物及硅酸盐矿物则难以溶解于水中。

矿物在水中的可溶性直接影响着地表水及地下水的性质，并与某些元素的富集有着密切联系。而挑选宝石材料时要尽量避免可溶性强的矿物。

二、矿物的可氧化性

矿物中若含有变价元素（Fe、S、Mn）等，当受空气中的氧和溶有氧、二氧化碳的水的作用，还原态的低价离子会氧化成高价态离子，如$Fe^{2+} \rightarrow Fe^{3+}$，会引起矿物的物理性质如颜色的改变，甚至会引起矿物的结构解离，形成在氧化环境中稳定的新矿物。如翡翠在长期的氧化环境中，部分Fe^{2+}被氧化为Fe^{3+}，形成赤铁矿或者褐铁矿，从而使翡翠形成黄色调或红色调。

矿物的氧化是一种较为普遍的现象，其中金属硫化物、含变价元素的氧化物及含氧盐矿物表现最为显著。它不仅影响着矿物的稳定性和水溶性，而且矿物遭受氧化后，其表面性质常发生改变，这对于矿物的鉴定和矿物的分选都有直接的影响。在找矿工作中，研究氧化带单矿物特征是寻找原生矿体的重要方法。

三、矿物与酸碱的反应

矿物在一定的条件下可与酸碱反应，不同矿物与酸和碱的反应是不同的，大部分自然元素矿物易溶于硝酸，金、铂可以溶于王水，而石墨、金刚石不溶于任何矿物酸。所有的碳酸盐矿物都能溶于酸，一般以盐酸的效果最好，并且剧烈起泡，放出二氧化碳。大部分硅酸盐矿物容易被氢氟酸分解。

在实际工作中，我们可以通过矿物和酸碱反应的特点，来对相关的矿物进行鉴定。例如可以通过滴酸的方法迅速鉴别汉白玉（大理石质玉石）和白色软玉。

思考题

1. 天然碱中$Na_3H[CO_3]_2 \cdot 2H_2O$有几种形式水？

2. 为什么可以用酸来区分碳酸盐类矿物和其他相似矿物？

3. 举例说明矿物中的水的类型及特点。不同形式的水在晶体化学式中如何表示？

4. 请指出下列的矿物中的水分别属于哪种类型？

电气石（碧玺）:$(Ca, Na)(Mg, Fe, Li, Al)_3Al_6[Si_6O_{18}](BO_3)_3(OH, F)_4$

软玉：$Ca_2(Mg, Fe)_2[Si_4O_{11}]_2(OH)_2$

欧泊：$SiO_2 \cdot nH_2O$

石膏：$Ca[SO_4] \cdot 2H_2O$

埃洛石：$Al_4[Si_4O_{10}](OH)_8 \cdot 4H_2O$

蒙脱石：$Ex(H_2O)_4\{(Al_{2-x}, Mg_x)_2[(Si, Al)_4O_{10}](OH)_2\}$

毛沸石$KNaCa[Al_2Si_6O_{16}]_2 \cdot 12H_2O$

第十章　宝石矿物的形态

本章概要

1. 介绍矿物的单晶体和集合体的形态及分类，涉及晶体习性、晶面条纹、生长丘等基本概念。

2. 要求掌握常见宝石矿物的单体和集合体形态，能够利用其晶体习性和晶体微观形貌对于宝石矿物原石进行鉴定。

矿物的形态即矿物的外貌特征，指矿物的单体形态和同种矿物集合体的形态。一种矿物之所以能出现特定的形态，其影响因素有两方面，一方面，矿物的化学成分和内部结构直接影响矿物的形态，称为内因。另一方面，矿物形成时的环境条件也影响矿物的最后形态。

我们可以通过矿物的形态来鉴定矿物，也可以以此推测矿物形成时的物理化学条件，指导找矿。

第一节　宝石矿物的单体形态

只有晶质矿物才有可能呈现单体，所以矿物单晶体形态就是指矿物单晶体的形态。在自然界中，晶体的实际晶面并非理想的平面，同一单形的晶面也不一定同形等大，而且，有时还不一定全部都出现，这就是所谓歪晶。对于同种晶体而言，同一单形的晶面必有相同的花纹和物理性质，且对应晶面间面角不变，反映出晶体自身固有的对称性。矿物晶体形貌是指矿物晶体的宏观形态和晶体表面微形貌。

一、晶体习性

同一种矿物晶体，在一定的外界条件下，趋向于形成某种形态的特性，称为晶体习性，也称为结晶习性。有一些矿物的晶体习性是相当稳定的，如石榴子石、黄铁矿等，但多数矿物具有多种习性，如方解石、磷灰石等。根据晶体在三维空间上发育程度的不同，可将晶体习性分为三种基本类型。

1. 一向延长型

晶体沿一个方向特别发育，呈柱状、针状、纤维状等。如柱状的绿柱石、电气石、针状的金红石等（参见彩图11，12，13）。

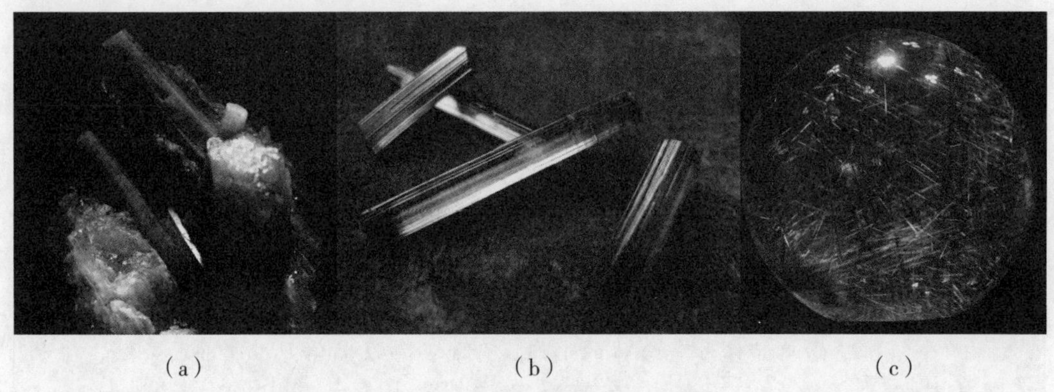

（a）　　（b）　　（c）

图10-1　一向延长型的晶体习性

（a）祖母绿（云南文山）；（b）电气石（巴西）；（c）金红石（长在水晶中）

2. 二向延展型

晶体沿两个方向特别发育，呈板状、片状、鳞片状等。如板状的重晶石，片状的云母等（参见彩图14，15）。

（a）　　（b）　　（c）

图10-2　二向延长的晶体习性

（a）板状重晶石；（b）片状的白云母（印度）；（c）片状黑云母（假六方）

3. 三向等长型

晶体沿三个方向大致相等发育，呈等轴状、粒状等。如金刚石、石榴子石、尖晶石、黄铁矿等（参见彩图16，17，18）。

此外，介于上述三种基本类型之间的晶体形态也很多。如桶状的刚玉介于一向延伸型和三向等长型之间；榍石的扁平晶体介于二向延展型和三向等长型之间。

晶体习性是晶体的成分和结构、生长环境的物理化学条件（包括温度、压力、组分浓度及介质等）和空间条件的综合体现。化学成分简单，结构对称程度高的晶体，一般呈等轴状。晶体常沿其内部结构中化学键强的方向发育，如具链状结构的矿物呈柱状、针状，而层状结构的矿物则呈片、鳞片状。晶体上发育的晶面是对应于晶格中面网密度较大的面网。外部因素是通过直接或间接地改变不同晶面间的相对生长速度而影响晶体习性的。

（a） （b） （c）

图10-3 三向等长的晶体习性

（a）石榴子石（四角三八面体）；（b）尖晶石（八面体）；（c）黄铁矿（立方体）

二、晶体表面微形貌

1. 晶面条纹

由于不同单形的细窄晶面反复相聚、交替生长而在晶面上出现的一系列直线状平行条纹，也称聚形条纹。这是晶体的一种阶梯状生长现象，只见于晶面上，故又称生长条纹。例如电气石晶体柱面常具纵纹（参见彩图19）；石英晶体的柱面常具有横纹（参见彩图20），是由六方柱与菱面体的狭长晶面交替生长而成；黄铁矿具有三组两两垂直的晶面条纹（参见彩图21），是由于立方体和五角十二面体两种单形的晶面交互生长形成的。

（a） （b） （c）

图10-4 晶体的晶面条纹

（a）电气石晶体；（b）石英晶体；（c）黄铁矿晶体；

如何识别晶面条纹呢？它们具有3个特征：①它们粗细、宽窄不均匀，可见其呈宽窄不一的阶梯状。②晶面条纹在晶体上的分布必然符合晶体本身固有的对称性。③晶面条纹只出现在晶体的表面，在晶体内部及解理面上则不能见到。

2. 蚀　象

晶体形成后，晶面因受溶蚀而留下的一定形状的凹坑（即蚀坑）。其特点是同一晶体上同一单形的晶面上的蚀象相同，即蚀象本身的形状和取向符合晶体固有的对称特性，如钻石表面的正三角形凹坑（参见彩图22）。

（a）

（b）

图10–5　晶体的蚀像和生长丘

（a）钻石表面的三角形凹坑；（b）石英晶体｛$10\bar{1}1$｝晶面上的生长丘

3. 生长丘

晶体生长过程中形成的、略凸出于晶面之上的丘状体。如：α–石英的菱面体｛$10\bar{1}1$｝晶面上的生长丘（参见彩图23）。

第二节　宝石矿物的集合体形态

同种矿物的许多单体聚集在一起的整体称为矿物集合体。大多数矿物是以集合体形式出现的。矿物集合体形态取决于单体的形态和它们的集合方式。根据集合体种矿物颗粒大小（或可辨度）可分为三种：肉眼或借助10倍放大镜可辨单体的显晶集合体，显微镜高倍镜下可辨单体的隐晶集合体，显微镜下也不能辨认单体的胶态集合体。

一、显晶集合体的形态

按单体的结晶习性及集合体方式，将显晶集合体的形态分为以下几个种类。

1. 一向伸长型（参见彩图24，25）

针状、纤维状、放射状、柱状集合体。如阳起石、蛇纹石、石棉等。

2. 二向延展型（参见彩图26，27）

片状、鳞片状、板状集合体。如镜铁矿、重晶石等。

3. 三向等长型

粒状集合体。如橄榄石、石榴子石等（参见彩图24，25）。

图10-6　显晶质矿物的集合体形态

（a）放射状集合体（红柱石）；（b）片状集合体（黑云母）；（c）粒状集合体（石榴石）
（d）方解石晶簇；（e）石英晶簇；（f）辉锑矿晶簇

4. 一组具有共同基底的单晶成簇状集合而成的晶簇

如方解石晶簇、石英晶簇、辉锑矿晶簇等（参见彩图30、31、32）。在晶簇中发育最好的晶体其延伸方向与基底近于垂直，不垂直于基底的晶体在生长过程中常常被前者所排挤而淘汰，这种现象称为“几何淘汰律”。

二、隐晶和胶态集合体的形态

这类集合体可以由溶液直接结晶或由胶体生成。由于胶体的表面张力作用，常使集合体趋向于形成球状。胶体老化后常变成隐晶或显晶质，因而使球状体内部产生放射纤维状构造。此外，隐晶和胶态集合体亦可呈致密状、土状等。常见的隐晶或胶态集合体有：

1. 结核体

结核体是物质围绕某一中心自内向外逐渐生长而成的不规则的团块体。结核体形状多样，有球状、瘤状、不规则状，大小不一，内部构造可以是放射状、同心层状或致密块状，有的结核中心是空的，可以为其它物质所充填。最常形成结核状的矿物有方解石、褐铁矿、蛋白石、黄铁矿等（如彩图33）。

(a)　(b)　(c)
(d)　(e)　(f)
(g)　(h)　(i)

图10-7　隐晶和胶态矿物的集合体形态

(a)结核状集合体(黄铁矿);(b)鲕状集合体(赤铁矿);(c)分泌体(玛瑙);(d)钟乳状集合体(方解石);(e)葡萄状集合体(异极矿);(f)土状集合体(高岭石);(g)皮壳状集合体(孔雀石);(h)树枝状集合体(自然铜)(i)块状集合体(黄铜矿)

2. 鲕状、豆状集合体

具同心层构造。由沉积作用形成，常常是围绕某一物质（矿物碎片、砂砾、气泡等）生长而成。小者为鲕，大者为豆。如鲕状赤铁矿（参见彩图34）、豆状铝土矿、鲕状灰岩等。

3. 分泌体

在形状不规则的或球状空洞中由胶体或隐晶质自洞壁向中心沉淀（充填）而成，与结核的形成程序正好相反。分泌体的特点是多数的组成物质具有由外向内的同心层状构造，各层在成分和颜色上往往有所差别而构成条带状色环，如玛瑙（见彩图35）。分泌体平均直径大于1cm者称为晶腺，小于1cm者称为杏仁状体。

4. 钟乳状体

钟乳状体是由真溶液蒸发或胶体凝聚逐层堆积而成。将其外部形状与不同物体类比而给予不同名称。常见的有葡萄状、肾状、钟乳状、笋状等（参见彩图36，37，38），钟乳状体内部常具有同心层状、放射状、致密状或结晶粒状构造，这是凝胶再结晶的结果。如方解石、赤铁矿、褐铁矿等。

5. 粉末状集合体

矿物呈粉末状散附在其它矿物或岩石表面上。

6. 土状集合体

矿物呈细粉末状较疏松地聚集成块（见彩图39）。

7. 被膜状、皮壳状集合体

矿物呈薄层覆盖于其它矿物或岩石表面称为被膜状，矿物层较厚则称为皮壳状，如孔雀石（彩图40）。

8. 树枝状集合体

单体按双晶或平行连生的规律在某些方向迅速生长所成的枝杈状集合体。如自然铜、自然银等（彩图41）。

9. 盐华状集合体

由可溶性盐类所组成的被膜，如干旱地区在地面上形成的硝石。

10. 块状集合体

为肉眼看不到单体界限的致密块状体，如块状黄铜矿等（彩图42）。

思考题

1. 何谓晶体习性?并举例说明其主要影响因素。

2. 为什么等轴晶系的晶体一般呈三向等长型晶习，而中级晶族晶体则往往沿c轴方向延伸或垂直于c轴延展?

3. 常见的晶面花纹有哪些?晶面条纹与聚片双晶纹有何区别?

4. 试总结出以下矿物的晶面条纹特点：黄玉、电气石、绿柱石、石英、锂辉石、正长石、刚玉、黄铁矿。

5. 分泌体和结核有何不同?

6. 鲕状集合体能否称为粒状集合体?为什么?

7. 请写出5种以上以葡萄状集合体产出的矿物。

第十一章　矿物的物理性质

本章概要

1. 介绍矿物的物理性质，包括光学性质和力学性质以及放射性、发光性、压电性等其他物理性质。

2. 要求重点掌握矿物的颜色成因、透明度、光泽、解理、断口、裂开、摩氏硬度，能利用各种矿物的力学、光学性质进行矿物鉴定。

矿物的物理性质是由化学成分和晶体结构所决定的。它不仅是鉴定矿物的主要依据，而且某些矿物的物理性质还能广泛的应用于国民经济中。例如，金刚石具有最高的硬度，而被用作研磨、切割、抛光材料；石英具有压电性而应用于电子工业的振荡器件；刚玉具有迷人的色彩和稳定的物化性能而被直接加工成宝石。所以矿物的物理性质一直是矿物学研究的一个重要方面。

每种矿物都以其固有的物理性质与其他矿物相区别，这些常见的可用来区分不同矿物的物理性质主要有颜色、条痕、光泽、透明度、硬度、解理、断口、密度和相对密度等。矿物的物理性质包括光学、力学、电学及磁学等方面的性质。本章主要侧重于光学和力学性质。

第一节　矿物的光学性质

矿物的光学性质是指矿物对可见光的反射、折射、吸收等所表现出来的各种性质。包括矿物的颜色、条痕、光泽和透明度。

一、矿物的颜色

(一) 颜色的本质

颜色是矿物最明显、最直观的性质，对鉴定矿物具有重要的意义。

矿物的颜色是矿物对可见光波的选择性吸收引起的。白光是由7种颜色的光波组成，不同颜色的光波，一般用不同波长来表示，以纳米（nm）为单位，可见光波波长约在390~760nm之间，其间波长由长至短依次显示红、橙、黄、绿、青、蓝、紫等色

（图11-1）。

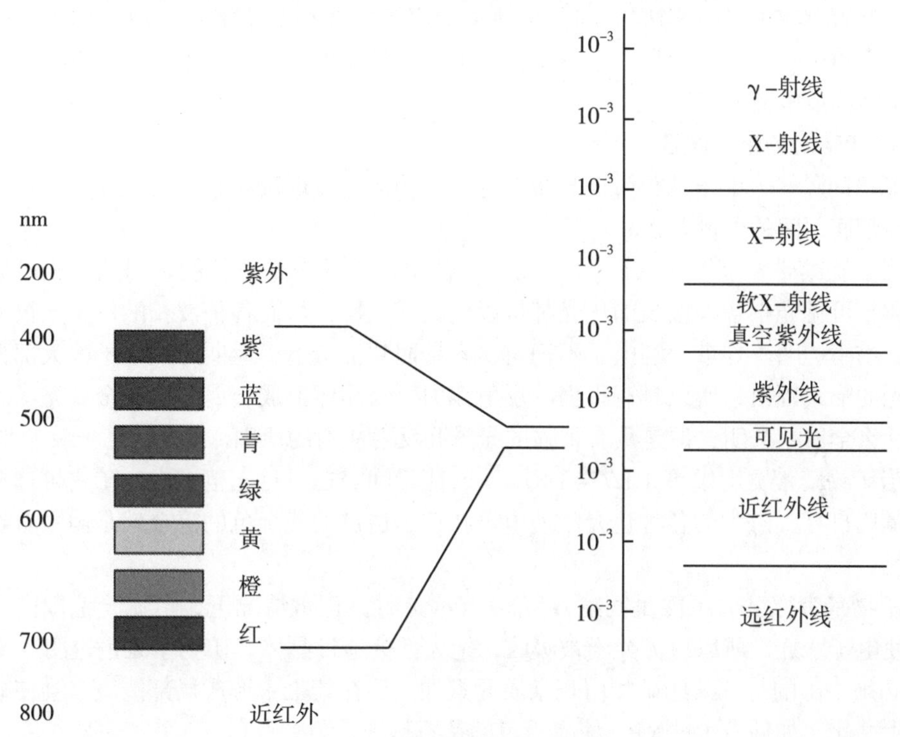

图11-1　各种射线的波长范围

当矿物对白光中不同波长的光波均匀吸收时，可因吸收的程度不同，使矿物呈现出白（基本不吸收）、灰（部分吸收）、黑色（全部吸收）；如果矿物只选择性吸收某些波长的色光时，则矿物呈现出被吸收的色光的补色（不同颜色的互补关系如图11-2所示）。

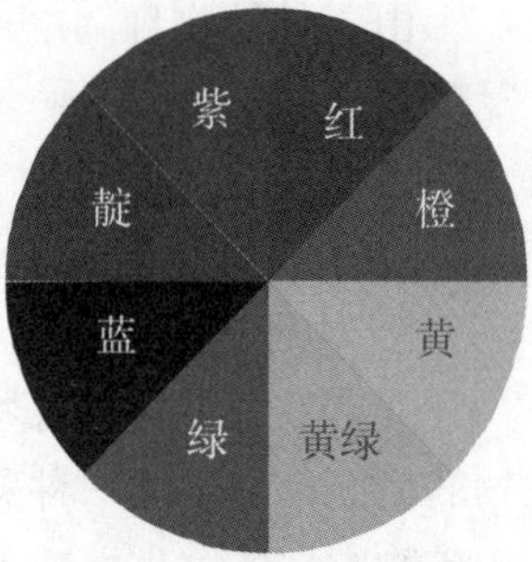

紫　红　靛　橙　蓝　黄　绿　黄绿

图11-2　互补色示意图

（二）矿物颜色的致色机理

1. 离子内部的电子跃迁

离子内部的电子跃迁是含过渡型离子的矿物呈色的主要方式。因为过渡元素原子的最外层电子数在9~17个之间，其过渡型阳离子具有没填满的d轨道或者f轨道。当过渡型阳离子和阴离子形成配位关系时，被周围的配位体组成晶体场所包围，受到静电场作用，五个能量相同的d轨道发生分裂，分裂成高能和低能轨道组（其分裂的方式和程度取决于配位体的种类和配位多面体的形状），其轨道组的能量差正好在可见光范围内。矿物需要吸收一定波长的可见光以维持新的轨道稳定，以保持晶体结构的稳定。可见光通过矿物时，会被选择性吸收特定波长的光，透过或反射的余光的混合色就是我们看到的矿物颜色。

研究表明，过渡型元素（主要是Ti、V、Cr、Mn、Fe、Co、Ni、Cu）及TR、U等的离子都可以使矿物呈色，称为色素离子（致色离子）。

2. 离子间的电子转移

矿物晶体结构中，构成共同分子轨道的离子之间在一定能量光波作用下，电子可以从一个离子轨道跃迁到另一个离子轨道上，这种发生在不同离子之间的电子跃迁称为“电子转移或电荷转移”。

3. 能带间的电子跃迁

能量间隔——电子从价带向导带跃迁，所需的能量取决于禁带的宽度，即：价带顶部与导带底部间的能量差Δeg。

当矿物禁带宽度窄（ΔEg<1.77ev），甚至价带导带重叠，能量间隔均比可见光能量小时，可见光中各种波长的色光都可以使电子跃迁，从而各种波长的可见光被大量吸收，矿物不透明。导带上的电子不稳定，容易回到价带上，返回时候电子的大部分能量仍以光的形式辐射，所以具有很强的反射能力，使晶体形成金属颜色和金属光泽。这就是为什么金属不透明，但是具有很强的光泽和反射能力的原因。

当矿物禁带宽度中等（1.77~3.10ev），能量间隔在可见光范围内，矿物可选择性吸收能量比自身ΔEg大的各种色光，使电子跃迁，透过的残余色的混合就是肉眼看到的矿物颜色。

矿物禁带宽度大（能量间隔ΔEg>3.10ev）时，正常情况下，可见光范围内的能量不能使电子跃迁，所以可见光不被吸收，绝大部分透过晶体，矿物呈无色透明。

必须指出的是，某些矿物由于杂质元素加入，在禁带中形成局部能级，会使矿物颜色发生变化。如钻石中的N和B使得无色的钻石呈现黄色和蓝色。

4. 色　心

由于种种物理-化学因素，在晶体局部范围内，质点的排列偏离了严格的周期性重复规律，形成晶格缺陷。晶体中能选择吸收可见光的点缺陷称色心。它能引起相应的电子跃迁而使晶体呈色。在同一个晶体中，如果同时存在不同的色心，且数量亦不相同时，将会引起不同的颜色，故有些矿物可呈现多种颜色，如萤石。

5. 物理光学效应

光的反射、干涉等物理因素能引起矿物呈色，如晕色、锖色、变彩等。某些透明矿物的表面常呈现出一种彩虹般的色带称为晕色，如云母、方解石、石英。晕色主要是由于矿物内部的解理面或裂隙对光连续反射，引起光的干涉而产生。某些不透明矿物，经风化后表面产生氧化薄膜，引起反射光的干涉作用，使矿物表面呈现各种颜色称锖色。如斑铜矿具有独特的、色彩斑驳的蓝、靛、紫色，可作为鉴定特征。某些透明矿物在转动时或沿不同角度观察，可呈现不同颜色的变化称为变彩。引起变彩的原因大多数是由于矿物内部有微细的叶片状包裹体，对光发生干涉和反射的结果。如拉长石呈现蓝色、绿色、金黄色等变彩。某些矿物中见到的一种类似于蛋清般、略带淡蓝色调的乳白色浮光称为乳光。这是由于矿物内部含有许多远比可见光波长为小的其他矿物或胶体微粒，使入射光发生漫反射所致。

由于矿物的成分、结构、键型是复杂的，引起颜色变化的因素也是复杂的。一种矿物的颜色往往是各种呈色机理所产生的总效应。如蓝宝石（合少量Fe和Ti的刚玉）的颜色是由d-d电子跃迁和离子间电子转移综合引起，即由Fe^{2+}、Fe^{3+}、Ti^{4+}的d-d电子跃迁和

Fe^{2+}+Ti^{4+}/ Fe^{3+}+Ti^{3+}的电子转移（Fe^{2+}的一个电子转移给Ti^{4+}，使形成Fe^{3+}+Ti^{3+}的组合），产生对红光强烈吸收，使矿物呈现深蓝或蓝绿色。

（三）颜色的矿物学分类

在矿物学中传统地将矿物的颜色分为自色、他色、假色。这种分类目前仍在使用。

1. 自　色

是指由矿物本身固有的成分、结构所决定的颜色。例如，组成矿物的主要成分或类质同象混入物中含有色素离子（主要是钛、钒、铬、锰、铁、钴、镍、铜等），晶体结构中存在某种缺陷等，均能使矿物呈现自色。矿物的自色基本上是固定的，是鉴定矿物的重要特征之一。

2. 他　色

是由杂质、气液包裹体机械混入物等所引起的颜色。它与矿物本身的化学成分及结构无关。如纯净的石英晶体呈无色透明，但一般常因杂质Al、Fe的混入，而呈现紫色（紫水晶）、粉红色（粉晶、芙蓉石）、烟黑色（烟水晶）等不同的颜色。由于他色对于同种矿物来讲并不是固定的，因而在矿物鉴定上，其意义不如自色重要。但他色有时可使矿物染成美丽的颜色，而成为工艺美术品的材料。

3. 假　色

是因物理光学效应（光的反射、散射、干涉、衍射等）而产生的颜色，如前文所述的晕色、锖色、变彩等。

二、矿物的条痕

矿物的条痕是指矿物粉末的颜色。一般是将矿物在白色无釉瓷板上刻划后，观察其留下的粉末的颜色。

矿物的条痕可以消除假色，减弱他色，因而比矿物颜色更稳定。所以，在鉴定各种彩色或金属色的矿物时，条痕色是重要的鉴定特征之一。然而浅色矿物（如方解石、石膏）的条痕色皆为白色或灰白色，则毫无鉴定意义。

有些矿物由于类质同象混入物的影响，使条痕发生变化。如闪锌矿（Zn，Fe）S，当铁含量高时，条痕呈褐黑色；含铁低时，条痕则呈淡黄色或黄白色。由此可见，某些矿物随着成分的变化，条痕也稍有变化。因此，根据条痕色的微细变化可大致了解矿物成分的变化。

三、矿物的透明度

矿物的透明度是指矿物可以透过可见光的程度。矿物的透明与不透明不是绝对的，例如，自然金本是不透明矿物，但金箔亦能透过一部分光，因此，在研究矿物透明度时，应以同一厚度为准。在矿物学中，是根据矿物在岩石薄片（其标准厚度为0.03mm）中透光的程度，将矿物的透明度分为以下几种类型：

1. 透　明

矿物在0.03mm厚的薄片上能透光，如石英、长石、角闪石 。

2. 半透明

矿物在0.03mm厚的薄片上透光能力弱，如辰砂、锡石。

3. 不透明

矿物在0.03mm厚的薄片上不能透光，如方铅矿、黄铁矿、磁铁矿。

影响透明度的因素还有矿物中的包裹体、气泡、杂质、裂隙及矿物的集合方式等。

四、矿物的光泽

矿物的光泽是指矿物表面对光的反射能力。光泽的强弱用反射率R来表示。反射率是指光垂直入射矿物光面时的强度（Io）与反射光强度（Ir）的比值，即R=Ir/Io。矿物反射率的大小，主要取决于折射率（N）和吸收系数（K）。

对于不透明矿物：

$$R=[(N-1)^2+K^2]/[(N+1)^2+K^2]$$

对于透明矿物，因吸收系数很小，可略去不计，故：

$$R=(N-1)^2/(N+1)^2$$

因此，矿物的折射率和吸收系数越大，反射率越高，光泽也就越强。通常按照反射率的大小，光泽分为四级，即金属光泽、半金属光泽、金刚光泽、玻璃光泽。后三者又统称为非金属光泽。

在实际应用当中，由于光泽与条痕、透明度有关，故肉眼鉴别矿物的光泽等级时，一般参照该矿物的条痕和透明度加以判断。

光泽各等级的具体特征如表11-1：

表11-1　矿物的光泽等级

光泽	反射率R	光泽特点	条痕颜色	透明度	举例
金属光泽	R>25%	金属般的光亮	黑色、绿黑、金属色	不透明	自然金
半金属光泽	R=25%~19%	弱金属般的光亮	深彩色	半透明	黑钨矿
金刚光泽	R=19%~10%	金刚石般的光亮	浅彩色或无色	透明–半透明	金刚石
玻璃光泽	R=10%~4%	玻璃般的光亮	无色或白色	透明	石英

实际工作中，大多数矿物都可以用条痕色确定光泽的等级；但也有少数矿物的光泽（反射率）与条痕色的关系与上述情况不一致。如石墨R=6.0%~17.0%，条痕黑色；赤铁矿R=25.0%~30.0%，条痕棕色；磁铁矿R=21.1%，条痕黑色。

另外，还有一些特殊光泽，它们出现的矿物的解理面或者断口上，往往以日常相似的事物进行命名（表11-2）。

表11-2 矿物的特殊光泽

光泽	特点	举例
珍珠光泽	完全解理面上（某些矿物）	石膏、云母
丝绢光泽	透明矿物呈纤维状集合体	虎睛石
油脂光泽	无色透明矿物不平坦的断口上	石英
树脂光泽	黄色-黄褐色矿物的不平坦断口上	雄黄
沥青光泽	黑色矿物不平坦的断口	沥青铀矿
土状光泽	粉末状或土状集合体矿物	高岭土
蜡状光泽	某些集合体矿物	绿松石

五、矿物的发光性

发光性是指物体受外加能量激发，能发出可见光的性质。物体具有受激发光的现象者称为发光体。加热、摩擦以及阴极射线、紫外线、X 射线的照射都是激发矿物发光的因素。根据发光持续时间的长短分为荧光和磷光两种类型：如果发光体一旦停止受激，发光现象立即消失，称为荧光。如果激发停止后，仍持续发光则称为磷光。能发荧光或磷光的物体分别称为荧光体或磷光体。

矿物的发光主要与矿物中的晶体缺陷和杂质元素有关。矿物的荧光特征可以作为鉴定证据。如白钨矿。

第二节 矿物的力学性质

矿物在外力（如敲打、挤压、拉引、刻划等）作用下所表现出来的性质称为矿物的力学性质，主要包括矿物的解理、断口、裂开、硬度、脆性等。

一、解理、断口、裂开

1. 解 理

矿物晶体在外力作用下严格沿着一定结晶方向破裂，并且能裂出光滑平面的性质称为解理，这些平面称为解理面。

解理是晶体异向性的表现之一，矿物晶体的解理严格受其内部结构的控制。解理面一般平行于面网密度最大的面网、阴阳离子电性中和的面网、两层同号离子相邻的面网以及化学键力最强的方向。例如：石墨在平行｛0001｝方向易产生解理，这是由于石墨具有层状结构，层内原子间距为1.42A，层间距离为3.40A；层内为共价键，层间为分子键。所以层与层间联结力较弱，解理就沿层的方向｛0001｝产生。

根据晶体在外力的作用下裂成光滑的解理面的难易程度，可以把解理分成下列五级：

（1）极完全解理：矿物在外力作用下极易裂成薄片。解理面光滑、平整，很难发生断口。例如云母、石墨等（参见彩图43）。

（2）完全解理：在外力作用下，很易沿解理方向列成平面（不成薄片）。解理面平滑，较难发生断口。如方解石、方铅矿、萤石等（参见彩图44）。

（3）中等解理：在外力作用下，可以沿着解理方向裂成平面。解理面不太平滑，断口易出现。如白钨矿等（参见彩图45）。

（4）不完全解理：矿物在外力作用下，不容易裂出解理面。解理面不平整，容易成为断口。如磷灰石等（参见彩图46）。

（5）无解理（极不完全解理）：矿物受外力的作用后，极难出现解理面。在碎块上常为断口，一般称为无解理或解理不发育。如石英、石榴子石等（参见彩图47）。

图11-3 解理等级

（a）极完全解理（云母）；（b）完全解理（方铅矿）；（c）中等解理（白钨矿）
（d）不完全解理（磷灰石）；（e）无解理（石英）

2. 裂开与断口

裂开与断口也是矿物在外力作用下发生破裂的性质。从现象上看，裂开与解理很相似，但它们的成因不同。

裂开产生原因大致是：

（1）裂开面可能是沿着双晶接合面特别是聚片双晶接合面发生。

（2）裂开面的产生还可能是因为沿某一种面网存在其它成分的细微包裹体，或者是固溶体离溶物，这些物质作为该方向面网间的夹层，因而使矿物产生裂开，如彩图48所示，磁铁矿沿｛111｝方向裂开。

所以我们可以这样认为：裂开只发生在某一矿物种的某些矿物个体中，在另一些个体中可以没有（特殊性）；对于解理来说，凡是具有解理的矿物种，其所有矿物个体中都存在解理（普遍性）。对于某些矿物来说，裂开可作为一种鉴定特征，有时还可以帮助分析矿物成因和形成历史。

断口在晶体或非晶体矿物上均可发生。断口常具有一定的形态，因此也是鉴定矿物的特征之一。矿物断口的形状主要有下列几种（见图11–4）：

（1）贝壳状：断口呈圆形的光滑曲面，面上常出现不规则的同心条纹。如石英和玻璃质体（参见彩图49）。

（2）锯齿状：断口呈尖锐的锯齿状。延展性很强的矿物具有此种断口。如自然铜（参见彩图50）。

（3）参差状：断口面参差不齐，粗糙不平，大多数矿物具有此种断口。如磷灰石、翡翠。

（4）土状：断口面呈细粉状，断口粗糙，为土状矿物所特有。如高岭石。

（a）

（b）

图11–4 矿物的断口

（a）贝壳状断口（水晶）；（b）锯齿状断口（自然铜）

二、矿物的硬度

矿物的硬度是指矿物抵抗外来机械作用力（如刻画、压入、研磨等）侵入的能力。早在1822年，Friedrich Mohs提出用10种矿物来衡量世界上最硬的和最软的物体，这是所谓的摩氏硬度计。按照他们的软硬程度分为十级：①滑石；②石膏；③方解石；④萤石；⑤磷灰石；⑥正长石；⑦石英；⑧黄玉；⑨刚玉；⑩金刚石。

必须注意的是各级之间硬度的差异不是均等的，等级之间只表示硬度的相对大小。测定矿物硬度的方法是将待测矿物和硬度计中某一矿物相互刻划，以硬度从低到高的顺序进行。这样能减少对矿物的破坏，特别是对宝石矿物而言，这点尤为重要。

在野外或者条件不具备的情况下，如果了解矿物的大致硬度呢？我们可以利用生活中的一些物品对矿物进行刻划。如利用自己的指甲、携带的小刀、地上捡到的碎玻璃片或者瓷片等等。表11-3列出了常见的几种物品的硬度。

表11-3　常见物品的摩氏硬度

物品名称	摩氏硬度	物品名称	摩氏硬度
指甲	2.5	玻璃片	5.5
铜针	3	钢针	5.5–6
小刀	5.5	瓷器片	6–6.5

风化、裂隙、杂质以及集合体方式等因素会影响矿物的硬度，晶体内部结构的缺陷、机械混入物等等也要影响矿物的硬度。

有时在同一矿物的相同晶面的不同方向上，会测定出不同的硬度数值，这就是矿物晶体的硬度差异性。由于在同一截面上，不同方向的行列中质点排列的密度不同，沿着质点排列紧密的行列刻画较为容易，而垂直质点排列紧密的行列刻划则较为困难。

矿物的硬度是矿物的重要物理常数和鉴定标志。某些矿物的硬度的细微变化常与形成条件有关，因此根据硬度可以探讨矿物的成因。

三、矿物的脆性和延展性

矿物在锤击或拉引下，容易形成薄片和细丝的性质称为延展性。通常温度升高，延展性增强。

延展性是金属矿物的一种特性，金属键的矿物在外力作用下的一个特征就是产生塑性形变，这就意味着离子能够移动重新排列而不失去粘接力，这是金属键矿物具有延展性的根本原因。金属键程度不同，则延展性也有差异。自然金属矿物，如自然金、自然银、自然铜等都具有良好的延展性。

当用小刀刻划具有延展性的矿物时，矿物表面被刻之处立即留下光亮的沟痕，而不出现粉末或碎粒，据此可区别于脆性。

四、矿物的弹性和挠性

矿物受外力作用发生弯曲形变，但当外力作用取消后，则能使弯曲形变恢复原状，此性质称为弹性。例如云母、角闪石、石棉等矿物均具有弹性。

弹性的实质是在一些层状结构的矿物，其单位层之间存在着一定的离子键联结力，当受外力弯曲时，这些离子键也被拉长或压短，各单位层能够变弯和移动。当外力取消后，这些离子键恢复正常，并使各个单位层恢复到原位。

矿物受外力作用发生弯曲形变，当外力作用取消后，歪曲了的形变不能恢复原状，则此性质称为挠性。例如滑石、绿泥石、蛭石等矿物均有挠性。

具挠性的矿物，在其内部结构中，单位层与层之间，靠余键相连，当它受外力弯曲时，两层之间可相对移动，能够形成新的余键而处于平衡，没有恢复力，因而弯曲后不能恢复原状。

第三节 矿物的密度和相对密度

一、矿物相对密度的概念

矿物的相对密度是指纯净、均匀的单矿物在空气中的重量与同体积水在4℃时重量之比。如果矿物在空气中的重量为P克，同体积水在4℃时的重量为P_1克，则

$$Dm=P/(P-P_1)$$

其中：矿物的密度（Dm）是指矿物单位体积的重量，度量单位为克/立方厘米（g/cm^3）。

矿物的相对密度是一个无量纲值，又称为比重。在数值上等于矿物的密度。

二、影响矿物相对密度的因素

矿物的相对密度决定于其化学成分和内部结构，主要与组成元素的原子量、原子和离子半径及堆积方式有关。温度和压力对矿物相对密度的变化也起重要的作用。另外，即使是同一种矿物，由于化学成分的变化、类质同象混入物的替代、机械混入物及包裹体的存在、洞穴与裂隙中空气的吸附等等对矿物的相对密度均会造成影响。所以，在测定矿物相对密度时，必须选择纯净、未风化的矿物。

三、相对密度的等级

矿物相对密度可分为三级：

轻级：相对密度小于2.5。如石墨（2.09~2.26）、自然硫（2.05~2.08）、石盐（2.1~2.2）、石膏（2.3）等。

中级：相对密度由2.5到4。大多数矿物的相对密度属于此级，特别是宝石矿物基本属于此级。如石英（2.65）、绿柱石（2.67~2.9）、金刚石（3.52）等。

重级：相对密度大于4。如重晶石（4.3~4.5）、磁铁矿（4.9–5.2）、白钨矿（5.8~6.2）、方铅矿（7.4~7.6）、自然金（15.6~19.3）等。

第四节　矿物的其他物理性质

一、矿物的磁性

矿物在外磁场作用下被磁化所表现出能被外磁场吸引、排斥或对外界产生磁场的性质。最早的指南针就是利用天然磁铁矿制成的，因此，我国人民早在4000年以前就已经发现了矿物的磁性。

矿物为什么具有磁性呢？矿物的磁性，主要是由于矿物成分中含有铁、钴、镍、钛等元素所致。磁性的强度与矿物中含有这些元素的多少，特别是与含铁的多少有关。某些矿物的磁性是变化的，这与其中含有铁的类质同象混入物或铁质包裹体的多少有关。

对矿物手标本进行鉴定时，一般以马蹄铁或磁化小刀来测试矿物的磁性。磁性粗略分为三级：

① 强磁性：矿物块体或较大的颗粒能被吸引。如磁铁矿。

② 弱磁性：矿物粉末能被吸引。如铬铁矿。

③ 无磁性：矿物粉末也不能被吸引。如黄铁矿。

二、导电性

矿物对电流的传导能力称为矿物的导电性。按照导电能力的大小可分为绝缘体、半导体和良导体。

绝缘体矿物一般是离子键和共价键矿物，如金刚石。良导体矿物一般是金属键矿物，如自然金、自然铜等。半导体矿物如黄铁矿、方铅矿等，一般是由于杂质元素的存在及晶格缺陷引起的，因此，可以利用杂质元素来改变半导体矿物的导电性能。

三、压电性和焦电性

某些矿物晶体，在机械作用的压力或张力影响下，因变形效应而呈现的荷电性质，称为压电性。在压缩时产生正电荷的部位，在伸张时，就产生负电荷。在机械地一压一张的相互不断作用下，就可以产生一个交变电场，这种效应称为压电效应。

矿物的压电性只发生在无对称中心，具有极性轴的各晶类的矿物中（如石英）。矿物的压电性在现代科学技术中愈来愈被广泛地应用。如无线电工业中用作各种换能器、超声波发生器等。

矿物当温度变化时，在晶体的某些结晶方向产生荷电的性质称为焦电性。如电气石晶体加热到一定温度时，其Z轴的一端带正电，另一端则带负电；若将已热的晶体冷却，则两端电荷变号。矿物的焦电性主要存在于无对称中心、具有极性轴的介电质矿物晶体中。如电气石、方硼石、异极矿等。晶体的焦电性已在红外探测中得到应用。

四、放射性

放射性元素能够自发地从原子核内部放出粒子或射线，同时释放出能量，这种现象叫做放射性，这一过程叫做放射性衰变。含有放射性元素（如U、Tr、Ra等）的矿物叫做放射性矿物。

原子序数在84以上的元素都具有放射性，原子序数在83以下的某些元素如Tc、Rb等也具有放射性。放射性元素的原子核不稳定，它通过一次衰变或一系列衰变最后形成稳定的元素或同位素（原子序数相同、质量数不同的元素）的原子核。

利用矿物的放射性不仅可以鉴定放射性元素矿物和找寻放射性元素矿床，同时对于计算矿物及地层的绝对年龄也极为重要。测定放射性的方法通常是用盖氏计数器、闪烁计数器、照片感光法等。

思考题

1. 简述矿物呈色的机理。具红色、蓝色的宝石级刚玉的呈色原因何在?

2. 试总结矿物的颜色、条痕、透明度和光泽之间的相互关系。

3. 具有压电性的矿物有何对称特点?

4. 举例说明解理产生的原因。应如何全面描述矿物的解理?如何理解解理的异向性和对称性?

5. 指出下列解理的组数及夹角（注：用90°，60°，>90°或<90°表示）：

三斜晶系：{100}，{010}，{001}

单斜晶系：{001}，{010}，{100}，{110}

斜方晶系：{001}，{010}，{100}

四方晶系：{100}，{110}，{111}，{001}

等轴晶系：{100}，{110}，{111}

第十二章　矿物的成因

本章概要

1. 简要介绍矿物形成的主要地质作用、矿物的标型特征和标型矿物。
2. 矿物的生成顺序、矿物的组合、共生和伴生及矿物的包裹体。

第一节　形成矿物的地质作用

形成矿物的地质作用按照作用的性质和能量来源的不同分为内生作用、外生作用与变质作用。下面一一简述之。

一、内生作用

主要由地球内部热能所导致矿物形成的各种地质作用，包括岩浆作用、伟晶作用、热液作用（包括高、中 低温热液作用）和火山作用等。

1. 岩浆作用

是指岩浆在地壳深处的高温（1000℃～650℃）高压下直接结晶的作用，是岩浆冷却结晶的最初阶段。主要从岩浆熔融体中依次结晶析出橄榄石、辉石、闪石、云母、长石、石英等主要造岩矿物，它们组成了各类岩浆岩。

岩浆作用还可以形成重要的矿石矿物，如磁铁矿、铬铁矿、自然铂以及其他铂族矿物、磁黄铁矿、镍黄铁矿、黄铜矿等。

2. 伟晶作用

形成温度700℃～400℃左右，形成深度约3～8km，主要指岩浆伟晶作用。在岩浆作用的晚期，侵入体冷凝的最后阶段，由于熔体中富含挥发组分，在外压大于内压的封闭条件下缓慢结晶，故所形成的矿物颗粒粗大，组成各种伟晶岩。其中分布最广、最有价值的是花岗伟晶岩，其次是碱性伟晶岩。

伟晶岩主要矿物有长石、石英、云母和稀有、放射性元素（Nb、Ta、TR、U、Sn、Li、Rb、Cs等）矿物，如锂辉石、锆石、铌铁矿、褐钇铌矿、独居石等。许多宝石矿物，如绿柱石、黄玉、电气石、锂辉石、水晶等主要产自花岗伟晶岩。

3. 热液作用

地壳中的热液是多种多样的，按来源可分岩浆期后热液、火山热液、变质热液与地下水热液等。这里主要介绍岩浆期后热液，其形成温度在500℃～50℃。

热液作用按温度大致可分成高、中、低温三种类型。

（1）高温热液（500～300℃）以钨、锡的氧化物和钼、铋的硫化物为代表。主要形成的金属矿物为黑钨矿、辉钼矿、辉铋矿、磁黄铁矿、毒砂等；非金属矿物为石英、云母、黄玉、电气石、绿柱石等。

（2）中温热液（300～200℃）以铜、铅、锌的硫化物矿物为代表。主要形成的金属矿物为黄铜矿、闪锌矿、方铅矿、黄铜矿、自然金等；非金属矿物以石英为主，其次为方解石、白云石、菱镁矿、重晶石等。

（3）低温热液（200～50℃）以砷、锑、汞的硫化物矿物为代表。主要形成的矿石矿物为雌黄、雄黄、辉锑矿、辰砂、自然银等；非金属矿物有石英、方解石、蛋白石、重晶石等。

4. 火山作用

火山作用是岩浆作用表现的另一种形式。地壳深部的岩浆沿着地壳薄弱带上侵至地面或直接喷出地表，迅速冷凝的过程称为火山作用。火山作用的产物是各种火山岩，包括熔岩和火山碎屑岩，其形成矿物以高温、淬火、低压、高氧、缺少挥发分的矿物组合为特征。除透长石、鳞石英、方石英等细小斑晶外，均呈隐晶质，甚至形成非晶质的火山玻璃。由于挥发分的逸出，火山岩常产生大量气孔，气孔常被后期热液作用形成的沸石、蛋白石、方解石、自然铜等充填。在火山喷气孔周围常有凝华产物，如自然硫、雄黄、雌黄、硫化物和石盐等。

二、外生作用

在地表或近地表较低的温度和压力下，由于太阳能、水、大气和生物等因素的参与而形成矿物的各种地质作用称为外生作用，主要包括风化作用和沉积作用。

1. 风化作用

主要指原生矿物经风化后发生分解和破坏，形成在新的条件下稳定的新矿物和岩石。如高岭石、硬锰矿、孔雀石、蓝铜矿、褐铁矿、铝土矿、硬锰矿、锰土等。

金属硫化物矿床易遭受风化，在良好的风化条件下，可以呈现垂直分带，即从地表向下可分为氧化带、次生硫化物富集带和原生硫化物带。如硫化物矿床中的黄铜矿经风化产生的 $CuSO_4$和$FeSO_4$溶液，在地表氧化带形成了褐铁矿、孔雀石、蓝铜矿，渗至地下水面以下，再与原生金属硫化物反应，可产生含铜量很高的辉铜矿、铜蓝等，从而形成铜的次生富集带。

2. 沉积作用

是指地表风化产物及火山喷发物等被流水、风、冰川等介质搬运至适宜的环境中沉积，形成新的矿物或矿物组合的作用。沉积作用主要发生在海洋、湖泊和海洋中。按沉积机理和方式可分为机械沉积、化学沉积、胶体沉积和生物沉积四种类型。

（1）机械沉积常形成重砂矿物，如自然金、铂、金刚石、金红石、锡石、黑钨矿、白钨矿、绿柱石、独居石、铌铁矿和刚玉等。

（2）化学沉积常结晶出各种易溶盐类矿物，如石膏、硬石膏、石盐和钾盐等。

（3）胶体沉积主要形成Fe、Mn、Al、Si等的氧化物和氢氧化物，如赤铁矿、铝土矿、软锰矿、硬锰矿、蛋白石和玉髓等。

（4）生物沉积是指由生物新陈代谢作用的产物及其遗体的堆积，或生物的生命活动促使周围介质中某种物质聚集而形成矿物及矿床。如方解石、硅藻土、磷灰石、煤、油页岩和石油等。

三、变质作用

变质作用是指地表以下较深部位，已形成的岩石由于地壳构造变动、岩浆活动及地热流变化的影响，其所处的地质及物理化学条件发生改变，致使岩石在基本保持固态的情况下发生成分、结构上的变化，而生成一系列变质矿物，形成新的岩石的作用。

根据引起变质作用的原因的不同，可分为接触变质和区域变质两大类。

1. 接触变质作用

是指由岩浆活动引起的发生于地下较浅深度（2–3km）之岩浆侵入体与围岩的接触带上的一种变质作用。根据变质因素和特征不同，又分为接触热变质作用和接触交代作用。

（1）接触热变质作用：是指岩浆侵入围岩，由于受岩浆的热力及挥发分的影响，主要使围岩矿物发生重结晶、颗粒增大或发生变质结晶、组分重组形成新矿物组合的作用。在此过程中，温度升高是变质作用的主要原因，形成的矿物多为高温低压矿物，如红柱石、堇青石、石榴子石、白云母、正长石、刚玉等。

（2）接触交代作用：主要发生在中酸性岩浆侵入体同碳酸盐类的岩石接触带，在岩浆成因的溶液作用下，岩体与碳酸盐类围岩发生交代作用，产生的一系列的Mg、Ca、Fe的硅酸盐矿物的作用称为接触交代作用。形成的岩石称为矽卡岩，常见的矿物为镁橄榄石、蛇纹石、透辉石、石榴子石、尖晶石、符山石、方柱石、透闪石、阳起石、绿帘石等。与矽卡岩有关的矿石矿物有磁铁矿、黄铜矿、白钨矿、辉钼矿、方铅矿和闪锌矿等。

2. 区域变质作用

是伴随区域构造运动而发生的大面积的变质作用。区域变质作用形成的矿物随着变质深度的加大，趋向于结构紧密、比重大、不含水。在定向压力下，柱状和片状矿物呈定向排列，使岩石具有片理和片麻理构造。按照温度压力条件的不同可分高、中、低三级区域变质作用。

（1）低级区域变质作用主要形成白云母、绿帘石、阳起石、蛇纹石、滑石、绿泥石和黑云母等。

（2）中级区域变质作用主要形成石榴子石、透辉石、绿帘石和云母等。

（3）高级区域变质作用常形成正长石、斜长石、堇青石、硅线石、辉石、橄榄石、刚玉和尖晶石等。

第二节 矿物的组合、共生和伴生

研究矿物的共生、伴生、组合与生成顺序等时空关系，有助于探索矿物的成因和生成历史，所以下文将简要介绍矿物在时空上的分布特点。

一、矿物的生成顺序和矿物世代

矿物的生成顺序是指自然界地质体中的各种矿物在形成时间上的先后关系。矿物通常是按晶格能降低的顺序依次析出的，共生的矿物的晶格能大体相近。

确定矿物生成顺序的标志如下：

（1）空间位置：一般来说，在位于地质体边部的矿物生成较早，位于地质体中心部位的矿物生成较晚，如玛瑙晶洞中心的水晶要晚于洞壁上的玛瑙。皮壳状集合体的外层矿物晚于内层矿物。

（2）穿插与包围：当一矿物穿插或包围或充填其他矿物时，被穿插或被包围或被充填的矿物生成较早。

（3）自形程度：相互接触的矿物晶体，一般晶体自形程度高的早生成，自形程度低的晚生成。所以晚生成的矿物位于早生成的矿物颗粒之间，但是矿物本身的结晶能力（自形能力）也有影响。

（4）交代：先生成的矿物被后生成的矿物所交代。矿物的交代作用首先沿颗粒的边缘或裂隙进行，被交代的矿物形成较早。

矿物世代是指在一个矿床中，同种矿物在形成时间上的先后关系。它与一定的成矿阶段相对应。 确定矿物世代除根据矿物本身化学成分、物理性质和晶体形态外，还必须考虑矿物的产状以及与其他矿物的共生关系。

二、矿物的组合、共生和伴生

不管矿物生成时间先后，只要在空间上共同存在就称为矿物的组合。矿物的共生是指同一成因、同一成矿期（或成矿阶段）所形成的不同矿物共存于同一空间的现象。彼此共生的矿物称为共生矿物，它们可能是同时形成，或是从同一来源的成矿溶液中依次析出的。如黑钨矿、锡石属同一成因又经常在一起。矿物的伴生是指不同成因或不同成矿阶段的各种矿物共同出现在同一空间范围内的现象。如黄铜矿（热液作用）和孔雀石、蓝铜矿（表生成因）成因不同但经常在一起产出，称为伴生。

三、矿物的标型性

矿物的空间分布、多成因性及多世代性，决定了同种矿物在晶形、物性、成分、结构等方面存在着明显的差异。能反映矿物的形成和稳定条件的矿物学特征称为矿物的标型特征，通常简称为矿物标型。

可能成为矿物标型的主要有如下几种：

（1）成分标型——微量元素、类质同象混入物、不同种类的水的含量；

（2）结构标型——多型、有序度、阳离子配位数、键长、晶胞体积等；

（3）形态标型——晶体的形状、习性、大小、双晶、集合体的特点等；

（4）物理性质标型——颜色、条痕、光泽、硬度、相对密度、发光性、磁化率、热电系数等。

下面举例说明，不同成因的锡石形态具有明显的标型性（图12-1）。随着温度越高，锡石晶体的柱面越不发育，所以四方双锥状的锡石代表高温条件，而四方柱+四方双锥的锡石代表的是一种相对较低的低温条件。

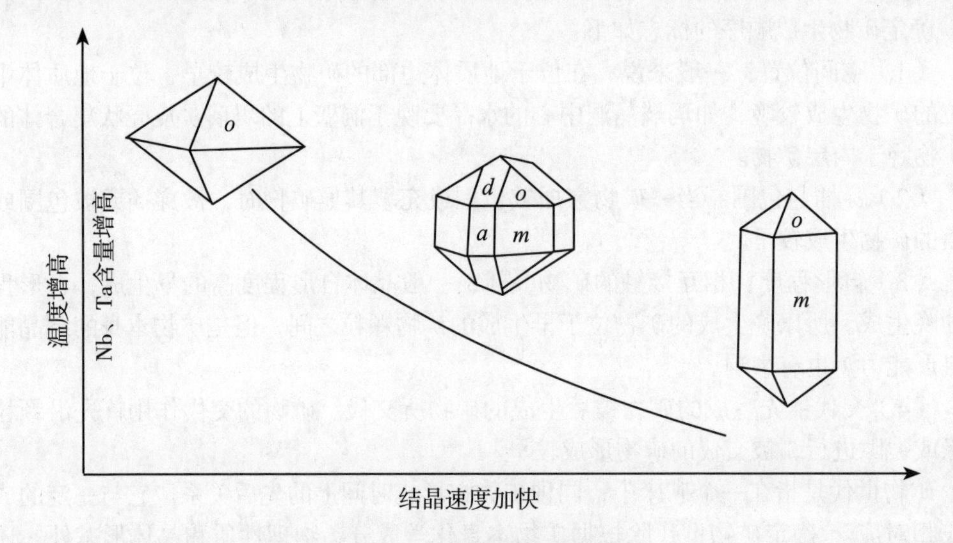

图12-1　锡石的形态标型

只在某种特定的地质作用中形成和稳定的矿物和特定矿物组合称为标型矿物和标型矿物共生组合。如辰砂、辉锑矿为低温热液矿床的典型矿物，蓝闪石是低温高压变质带的特征矿物。它们可以表征特定的地质作用条件，因此标型矿物本身就是成因上的标志。

矿物的标型已广泛用于了解地壳、地幔和宇宙，探索矿物及地质体的成因，指导找矿勘探，评价地质体的含矿性等各方面。

这里需要指出的是，并非所有矿物都具标型特征，仅某些矿物的某些性质才具标型意义。全球性矿物标型较少，而地区性矿物标型相对较多。

四、矿物中的包裹体

矿物中的包裹体是矿物生长过程中或形成之中被捕获包裹于矿物晶体缺陷（如晶格

空位、位错、空洞和裂隙等）中的，至今尚完好封存在主矿物中并与主矿物有着相界线的那一部分物质。

包裹体普遍存在于矿物中，数量相当多，它们形状各异，成分复杂，可以是气态、液态或固态，大小不一，气液包裹体大多 <10mm。

包裹体的类型按包体与矿物形成的相对时间可分原生、同生和次生包裹体。

1）原生包裹体：是指比矿物形成更早，在矿物形成之前就结晶或存在的一些物质。主要介质环境及晶体的快速生长有关，可以指示成矿源岩。原生包裹体均为固态。

2）同生包裹体：是指在矿物生成的同时形成的包体。它们的形成主要与晶体的差异性生长、晶体的不规则生长结构、晶体的生长间断、体系温压的突变等因素有关。同生包裹体可以是固态，也可以是液态、气态，往往沿主矿物的晶面成群或成条带状、环带状分布。

3）次生包裹体：是指矿物形成后产生的包裹体，是由于环境的变化，如受应力作用产生裂隙，外来物质沿其渗入、充填而形成的包裹体。次生包裹体常沿切穿矿物颗粒的裂隙分布。还有一种包裹体沿愈合裂隙分布，这种裂隙只局限于主矿物内部，并不切穿矿物晶体颗粒，被称为假次生包裹体。

原生包裹体代表形成主矿物的原始成岩成矿流体的样品，其成分和热力学参数反映了主矿物形成时的化学环境和物理化学条件，可作为译解成矿作用特别是内生成矿作用的密码；而次生包裹体反映成矿期后热液活动的物理化学作用的温度、压力、介质成分和性质。对于矿物的成因研究也具有重要的意义。

思考题

1. 什么样的矿物可以成为标型矿物？试举例说明。
2. 形成矿物的地质作用有哪些？举例说明岩浆作用形成矿物的过程。

第三篇　宝玉石矿物各论

第十三章　矿物的分类及命名

本章概要

1. 本章节主要介绍了矿物的分类目的及意义、分类体系及依据。
2. 矿物的命名原则、矿物命名与矿物的内外属性、成因及用途的关系。

第一节　矿物的分类

一、矿物分类目的

矿物分类的目的是为了能够系统而全面地研究矿物，从矿物的本质、各矿物之间的相互关系中探求规律性，以便充分利用矿物。

二、矿物的分类

矿物的分类方法很多，早期主要采用纯粹以化学成分为依据的化学成分分类。近年来有人曾提出以元素的地球化学特征为依据的地球化学分类和以矿物成因为依据成因分类等。共有以下四个分类方案：

（1）化学成分分类：依据矿物的化学成分；
（2）地球化学分类：依据元素的地球化学特征；
（3）成因分类：依据矿物的成因；
（4）晶体化学分类：依据矿物的化学成分和晶体结构。

三、分类体系

目前矿物学中广泛采用的是以矿物的成分、结构为依据的晶体化学分类。分类体系包括大类、类、族、种4个基本层次，依据各类别中矿物种的多少和晶体化学变化情况，还常分出亚类、亚族及变种或异种等亚层次（表13–1）。

表13–1 矿物的晶体化学分类体系

级序	划分依据	举例
大类	单质和化合物类型	含氧盐大类
类	阴离子或络阴离子种类	硅酸盐类
亚类	络阴离子结构	链状结构硅酸盐亚类
族	晶体结构型和阳离子性质	辉石族
（亚族）	阳离子种类	单斜辉石亚族
种	一定的晶体结构和化学成分	普通辉石
（亚种）	完全类质同象系列中的端员组分比例	透辉石–钙铁辉石
（变种或异种）	晶体结构相同，形态、物性、成分有差异	钛辉石

矿物的不同分类方案，其分类体系基本相同，分歧主要反映在“族”的划分上。晶体化学分类将同一类或亚类中晶体结构型相同、化学成分相似的一组矿物归为一个矿物族。

矿物分类基本单位是种，所谓“种”是具有一定的晶体结构和一定的化学成分的独立单位。变种或异种是指矿物的晶体结构相同，但在次要化学成分或物理性质、形态上呈现出较明显的差异。

对于同一物质的各同质多象变体，虽然化学成分相同，但其晶体结构明显不同，性质各异，故应视为各自独立的矿物种。如同为C元素组成的金刚石和石墨。而对同种矿物的不同多型，由于其成分相同，结构性质上差异很小，因此，尽管可能属于不同的晶系，也仍视为同一矿物种，如2H型石墨和3R型石墨均属于同一个矿物种即石墨。

至于类质同象系列的矿物，其化学组成可在一定范围内变化。但根据国际新矿物及矿物命名委员会规定，只有端员矿物才有可能作为矿物种而独立命名。如透辉石–钙铁辉石、透闪石–阳起石。

类质同象系列的中间成分者可作为矿物种以下的亚种（subspecies）。

在同一矿物中，由于矿物在次要化学成分或物理性质、形态上呈现较明显的差异，故往往称之为变种（variety或异种）。如紫水晶是紫色的石英变种，镜铁矿是呈片状或鳞片状、具有金属光泽的赤铁矿变种。

本书在沿用按晶体化学分类原则，将矿物具体分为自然元素、硫化物及类似化合物、氧化物和氢氧化物、含氧盐、卤化物五大类基础上，充分考虑地球生物学和生命矿物学发展的新趋势，增加了有机矿物及准矿物大类。

到2008年止，全世界已发现且命名的矿物有4365种（不包括亚种），其中绝大多数是无机物。已知矿物中硅酸盐矿物种数最多，硝酸盐种类最少。

随着矿产的开采和研究的深入，矿物种类将会继续增加。目前人们所能直接观察到的矿物基本上都产自地球的岩石圈中。近来矿物学的研究由地壳扩大到地幔，推测将会发现一些地幔矿物。对陨石和月岩中矿物的研究，发现陨石、月岩中的矿物种类基本和地壳中的矿物一致。

第二节　矿物的命名

一、矿物命名原则

矿物的命名至今尚无统一原则，有不同的依据，但主要有两大依据（表13-2）：

（1）根据矿物本身的特征，如化学成分、形态、物理性质等。

（2）以发现该矿物的地点或人的名字来命名。如高岭石、张衡矿等。

表13-2　矿物命名举例

命名依据	举例
形态	十字石、方柱石、石榴子石、葡萄石
物理性质	橄榄石（橄榄绿色）、孔雀石（孔雀绿色）、方解石（菱面体解理）、重晶石（相对密度较大的晶体）
化学成分	自然金、自然铜、自然硫、钛铁矿、铬铁矿、锆石等
物理性质+形态	红柱石、绿柱石
物理性质+成分	黄铁矿、黄铜矿、方铅矿、蓝铜矿、白钨矿、黑钨矿、赤铜矿
化学成分+形态	钙铝榴石
人名	鸿钊石（章氏硼镁石）、张衡矿
地名	高岭石、黄河矿、包头矿、香花石

此外，有的矿物是我国首先发现而命名的，如香花石，还有很多是由外文翻译而来的，大多数是据其化学成分转译过来，少数属音译名，如托帕石。

二、矿物的传统命名

在矿物命名方面，我国有着悠久的历史，从古人对矿物的命名中，我们可对矿物的形态、物理性质特征和类别有一定的了解。其传统命名习惯如下：

××矿：呈金属光泽或主要用于提炼金属的矿物。如方铅矿、黄铜矿等。

××石：具非金属光泽的矿物。如方解石、孔雀石等。

×玉：宝玉石类矿物。如刚玉、硬玉、软玉等。

×晶：呈透明晶体者。如水晶、黄晶等。

×砂：常以细小颗粒产出的矿物。如辰砂、硼砂等

×华：地表次生的并呈松散状的矿物。如镍华、钴华、钼华等

×矾：易溶于水的硫酸盐矿物。如胆矾、水绿矾等。

思考题

1. 为什么要对矿物进行分类？目前普遍采用的矿物分类方法是那一种？

2. 大类、类、族、种的划分依据是什么？

第十四章　自然元素大类

本章概要

1. 从化学成分、晶体结构、形态及物理性质、成因产状及分类几个方面概述了自然元素矿物大类的特征。

2. 重点论述常见的自然金、自然铜、自然铂、自然铋、自然硫、石墨、金刚石等矿物的化学组成、晶体结构和主要鉴定特征及主要用途。

第一节　概　述

自然元素矿物是指在自然界以单质形式存在的矿物。目前，已知的自然元素矿物种>50种，约占地壳总重量的0.1%，分布极不均匀。但有些却可显著富集，甚至形成许多很有工业价值的矿床，如自然金、自然铜、金刚石、石墨、自然硫等。

本大类矿物在金融业、珠宝业、电子工业、核工业、航天业、化学工业、冶金和机械工业等方面有着十分重要的用途，有的则是重要的宇宙矿物和地幔矿物，在地球深部和天体物质研究中有重要意义。

一、化学成分

（1）金属元素主要有贵金属8种元素（Ag、Au、Ru、Rh、Pd、Os、Ir、Pt）和Cu。铁陨石中常见Fe、Co、Ni。

（2）半金属元素：As、Sb、Bi。

（3）非金属元素：C、S。

二、晶体化学特征

1. 结构型

本大类多数矿物具配位型结构。

2. 化学键

金属元素矿物具金属键；半金属元素按元素的金属性递增而从金属键+共价键的多

键型向金属键转变。

3. 同质多象

本大类非金属元素矿物的同质多象较为常见，如C的同质二象、S的同质三象。

4. 对称程度

金属元素矿物多为等轴晶系，少数为六方晶系，半金属元素矿物为三方晶系。非金属元素的晶体化学在不同的矿物族间变化很大。

三、形态与物理性质特征

具配位型、架状和环状的矿物自形晶主要为等轴状或六方板状，其中金属元素矿物少见自形而多为他形不规则状；具层状结构的半金属元素矿物和石墨主要为片状。

金属元素矿物在物理性质上具典型的金属特性，金属色，金属光泽，不透明。硬度低（Os、Ir 例外），解理不发育，强延展性。相对密度大。电和热的良导体。

半金属元素矿物从自然砷、自然锑、自然铋，金属性逐渐增强，颜色从锡白变化为银白色，条痕灰色，金属光泽增强，低硬度变得更小，{0001}解理完好程度下降，相对密度增大，从无延展性变为弱延展性，从无导电性变为具导电性。

非金属元素矿物的晶体化学特点不同而使不同矿物在物理性质上变化很大。如石墨（C）为层状结构，层内具共价键—金属键，层间为分子键，表现在物理性质上具明显的异向性，具{0001}极完全解理，硬度低，金属光泽，电的良导体。而金刚石金刚石（C）具四面体配位型，晶格中质点以共价键联结，故物理性质为硬度高，光泽强，具脆性，不导电。自然硫（α-S）：8个S原子以共价键联结成S_8环状分子，环分子间为分子键，故其硬度低，熔点低，导电导热性差。

四、成因产状

本大类矿物在地壳中最常见的有自然金、自然银、自然铜、自然铂、自然硫、金刚石、石墨。

铂族元素矿物主要产于与超基性岩、基性岩有关的岩浆矿床中，常与铜镍硫化物和铬铁矿共生。

自然金、自然铜、自然银及半金属元素矿物主要为热液作用产物。

金刚石主要产于超基性岩的金伯利岩和高压相的榴辉岩中。

石墨、自然硫的成因类型多样。石墨多为变质作用产物，而自然硫则以火山作用和生物作用形成的最重要。

五、分　类

根据元素的属性和元素间的结合方式，将本大类矿物划分为三类。

1. 金属元素矿物

主要矿物为自然铂、自然金、自然铜。

2. 半金属元素矿物

自然界中除自然铋外，其他半金属元素矿物很少见。

3. 非金属元素矿物

主要矿物为金刚石、石墨、自然硫。

第二节　自然金属元素矿物类

自然金属元素矿物主要包括自然金、自然铜、自然铂等矿物。其化学组成为铂族元素（Ru、Rh、Pd、Os、Ir、Pt）及部分铜族元素（Cu、Ag、Au），其晶体化学特点为对称程度较高，属等轴晶系或六方晶系，一般都不透明，呈金属色（金黄、铜红、银白、铁黑、钢灰），强金属光泽，无完好的晶形，解理不发育，硬度低、相对密度大）。

自然金（Gold）

Au

化学组成：自然界中的纯金极少，常有Ag类质同象代替，并可形成完全类质同象（含Ag量<5%者称自然金，95%~100%者则为自然银）。

晶体结构：等轴晶系；铜型结构；空间群O^5_h—Fm3m；a_0 =0.408nm，Z=4。

形　　态：完好晶体少见，一般多呈不规则粒状。粒度大小不一。还可见到团块状、薄片状、鳞片状、网状、树枝状、纤维状、海绵状集合体（彩图51）。自然金颗粒大小不一，砂金一般颗粒较大，岩金的颗粒较小。粒度较大者叫块金，俗称“狗头金”。岩金分明金、显微金和超显微金三种类型。

（a）

（b）

图14-1　自然金

（a）不规则粒状集合体；（b）石英脉中的自然金

物理性质：颜色和条痕均为金黄色（含银多时颜色变淡黄或奶黄色，含铜时颜色变深黄色）。强金属光泽。不透明。无解理。硬度2~3。相对密度15.6~18.3，纯金为19.3。延展性强，可抽成细丝或压成金箔。具良好的导电性、导热性能。化学性质稳定，不溶于酸和碱，只溶于王水。火烧后不变色。

成因产状：形成于各种高、中、低温热液作用和变质作用过程中。主要类型有各种热液脉型金矿、变质砾岩型金矿、石英脉型金矿（彩图52）、沉积岩中浸染型金矿和砂金型金矿。

鉴定特征：金黄色、强金属光泽、相对密度大，延展性强，化学性质稳定。颗粒细小而晶形完好的黄铁矿易被误认为黄金，但锤击之易碎，而真金则不碎。

主要用途：用于装饰、货币和工业技术。

自然铜（Copper）

Cu

化学组成： 原生的自然铜往往含有少量或微量Fe、Ag、Au、Hg、Bi、Sb、V、Ce等混入物。次生自然铜较为纯净。

晶体结构：等轴晶系；铜型结构；空间群O^5_h—Fm3m；a_0=0.362nm；Z=4。

形态：完好晶体少见，常呈不规则的树枝状、片状或扭曲的铜丝状、纤维状等集合体（彩图53）。次生的自然铜多呈粗糙的粉末状或在岩石和矿石中呈片状或细脉状以及致密块状等。

（a）

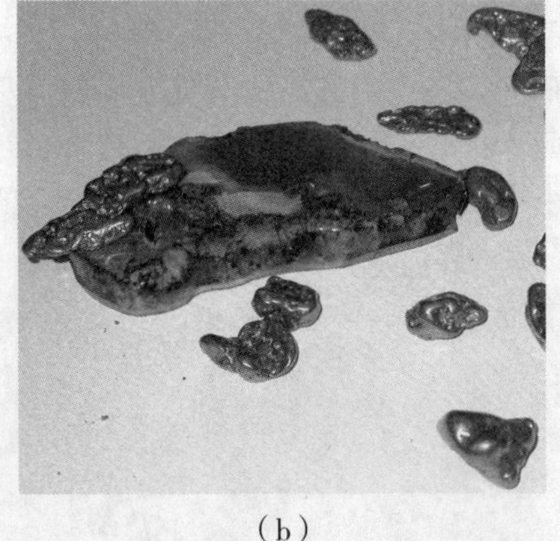

（b）

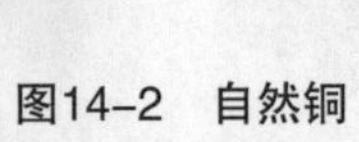

图14-2　自然铜

物理性质：铜红色，表面常因氧化而出现棕黑色被膜（彩图54）；条痕铜红色，金属光泽，不透明。无解理，锯齿状断口。硬度2.5~3。相对密度8.4~8.95。具延展性。良好的导电性、导热性。

成因产状：常见于原生热液矿床、含铜硫化物氧化带下部及砂岩铜矿床中，是各种地质作用中还原条件下的产物。在氧化条件下不稳定，常转变为氧化物和碳酸盐，如赤铜矿、黑铜矿、孔雀石、蓝铜矿等，形成良好的找矿标志。

鉴定特征：铜红色，表面常见棕黑色氧化膜，相对密度大，延展性强。经常与孔雀石、蓝铜矿相伴生。

主要用途：产量多时可作为铜矿石开采。

自然铂（Native platinum）

Pt

化学组成：常有Fe、Ir、Pd、Rh、Ni等以类质同象混入。

晶体结构：等轴晶系；铜型结构；空间群O^5_h—Fm3m；a_0=0. 392nm，Z=4。

形　　态：完好晶体少见，常呈不规则的粒状、扁平粒状、浑圆颗粒状或块状等集合体（彩图55）。

图14-3　自然铂

物理性质：白色至银白色，条痕光亮白色~银灰色。金属光泽，不透明。无解理，断口锯齿状。密度21.4。硬度4。延展性极强。化学性质稳定，其耐酸碱的能力特别强，除了热王水外，不溶于任何酸中。

成因产状：主要产于与基性、超基性岩有关的岩浆矿床如铜镍硫化物矿床中，此外也见于砂矿中。

鉴定特征：颜色和条痕均为银白色，相对密度极大。颜色与自然银相似，但自然银在空气中易氧化而变黑，而自然铂在空气不会氧化。

主要用途：用于提炼铂，同时也可得铱、钯、铑等。还可做贵金属首饰的原料，也广泛应用在工业材料方面。

第三节*　自然半金属元素矿物类

自然半金属元素矿物：包括As（砷）、Sb（锑）、Bi（铋）三个自然元素。此类矿物很少见。其晶体属三方晶系。完好晶形少见，一般呈粒状、片状。新鲜面锡白色或银白色，金属光泽，氧化后暗淡无光。具平行｛0001｝完全解理。矿物比重随As、Sb、Bi原子量依次增大而递增，而非金属性依次递减。此三种自然元素在自然界中极为少见，自然砷、自然锑更为少见，常见的只有自然铋。

自然铋（Bismuth）

Bi

化学组成：成分较纯，有时可含有微量Fe S Te As Sb等元素。

晶体结构：三方晶系；砷型层状结构；空间群D^5_{3d}—R3m；a_0=0.456 nm，c_0=1.187 nm；Z=6。

图14-4 自然铋

形　　态： 晶体极少见，通常呈粒状，有时呈片状、致密块状或羽毛状等集合体（彩图56）。

物理性质： 新鲜面为微带浅黄的银白色，在空气中很快变成特有的浅红锖色灰色条痕，强金属光泽。一组底面完全解理，硬度 2~ 2.5。相对密度9.7~ 9.83。弱延展性。

成因产状： 产于高温热液钨锡矿床中，与锡石、黑钨矿、辉铋矿、辉钼矿等矿物共生。

鉴定特征： 浅红锖色，一组完全解理，硬度低，相对密度大为其特征。

主要用途： 为铋的主要来源。铋主要是以金属形态用于配制易熔合金，以化合物形态用于医药。铋还作为可安全使用的“绿色金属”，除用于医药行业外，也广泛应用于半导体、超导体、阻燃剂、颜料、化妆品、化学试剂、电子陶瓷等领域，大有取代铅、锑、镉、汞等有毒元素的趋势。

第四节　自然非金属元素矿物类

自然非金属元素矿物：组成固体非金属元素矿物的有S（硫）、Se（硒）、Te（碲）、C（碳）等元素。常具同质多象变体。元素间以共价键或分子键相连。常见矿物有自然硫、石墨。

自然硫（Sulfur）

S

化学组成： 火山喷气成因者常含Se、Te、As、Tl等类质同象元素，生物化学成因者常含各种机械混入物。

晶体结构： 斜方晶系；环状分子结构；D^{24}_{2h}—F_{ddd}；a_0=1.044 nm，b_0=1.285nm，c_0=2.437nm；Z=16。

形　　态： 晶体常呈双锥状或厚板状，集合体往往呈致密块状、粒状、条带状、疏松状、土状、粉末状、钟乳状等（彩图57）。

物理性质： 颜色为硫磺色（淡黄色），含杂质时，往往带有各种不同色调。晶面金刚光泽，断口油脂光泽，透明~半透明，硬度小于指甲，比重小，性脆，有硫臭味，易燃。

图14-5 自然硫

成因产状：主要形成于生物化学沉积作用和火山喷气作用过程中。

鉴定特征：以黄色、油脂光泽、低硬度、性脆、易熔、硫臭味为特征。

主要用途：制造硫酸。此外用于化肥、造纸、炸药、橡胶生产。

金刚石（Diamond）

C

化学组成：总是含有各种杂质和包裹体，其中N和B是最重要的杂质元素

晶体结构：等轴晶系；金刚石型结构；空间群O_h^7－Fd3m；a_0=0.356 nm； Z=8。

形态：多呈浑圆状八面体和菱形十二面体单晶（彩图58），也可见八面体、菱形十二面体、立方体、四六面体成聚形（彩图59）。

图14–6 金刚石的不同晶体形态

物理性质：无色透明，通常略带深浅不同的黄色色调，也有其他彩色，除了红色、粉红色、绿色、蓝色等彩色钻石为珍品外，以无色透明为佳。金刚光泽。解理｛111｝中等，性脆，抗磨性强。极高的硬度为10。相对密度为 3.52。经日光暴晒后置暗室发淡青蓝色磷光。

成因产状：金刚石仅形成于高温高压的条件下，为岩浆作用的产物。产于金伯利岩、钾镁煌斑岩及榴辉岩中。

鉴定特征：浑圆粒状，金刚光泽，硬度10，日光曝晒后，在暗处发淡青蓝色磷光，故有"夜明珠"之称。

主要用途：名贵宝石、切削工具、研磨材料、精密仪器的零件、钻头、尖端技术材料等。

石墨（Graphite）

C

化学组成：纯净的很少，常含有大量的氧化物、粘土矿物、沥青等混入物。

晶体结构：常见六方晶系；层状结构；2H和3R多型；空间群D^4_{6h}－P63/mmc；a_0=0.246 nm， c_0=0.680nm；Z=4。

形　　态：单体呈片状或板状，但完好晶体少见；一般为鳞片状、致密块状、土状

图14–7 石 墨

（彩图60）。

物理性质： 铁黑色—钢灰色，条痕亮黑色，金属光泽或半金属光泽。{0001}极完全解理，硬度小（1~2）。比重小，性软，有滑感，易污手，可书写。

成因产状： 高温变质作用下形成 。主要产于区域变质或接触变质矿床。

鉴定特征： 铁黑色，条痕亮黑色，一组极完全解理，硬度小，污手。与辉钼矿区别：石墨针扎后即破，辉钼矿扎后留有一小孔，素瓷板上石墨条痕为亮黑色，辉钼矿为亮灰色。

主要用途： 可用于制造冶炼用的高温坩埚、机械工业上润滑剂、原子工业上的减速剂、人工合成金刚石原料。

思考题

1. 自然金属元素矿物的晶体化学特征与形态、物理性质的关系。
2. 试以金刚石、石墨为例说明同质多象的概念。
3. 为什么金刚石和石墨同为C元素组成，但形态、物理性质截然不同?
4. 从石墨的结构特点解释其物理性质特征。

第十五章 硫化物及其类似化合物大类

本章概要

1. 简述硫化物矿物的主要化学成分、晶体结构类型、形态及物理性质特征、成因产状和分类等。

2. 方铅矿、闪锌矿、黄铜矿、黄铁矿等几个代表性的硫化物矿物鉴定特征。

第一节 概 述

目前，已发现的矿物种达370种左右，约占矿物总数的 1/10，其中硫化物占2/3以上，为有色金属矿床的主要矿物。本类矿物类质同象替代极广泛，矿物成分复杂，Ga、Ge、In、Re等稀有分散元素呈类质同象混入物存在，具重要经济价值。

一、化学成分

组成本大类矿物的阴离子主要是S及少量Se、Te、Se、As、Sb、Bi等，阳离子主要为铜型离子（Cu、Pb、Zn、Ag、Hg）及靠近铜型离子一边的过渡型离子（Fe、Co、Ni、Mo）组成硫化物以及碲化物、砷化物、锑化物、铋化物等。由于后者数量较少，而统称为类似化合物。

本大类矿物的组成元素类质同象广泛而多样。其类质同象代换元素的含量和元素对的比值可作为矿物形成环境的重要指标，有些硫化物矿物组成元素被稀有分散元素类质同象代换后其经济价值大大提高。如辉钼矿中的Mo 常被 Re所代换，S常被 Se（25%）所代换，闪锌矿中的Zn 常被Ga、In、Tl、Ge、Se所代换。因此，本身经济价值并非很高的辉钼矿和闪锌矿常是寻找经济价值高昂的上述分散元素的目标矿物。

二、晶体化学

结构型 本大类多数矿物的晶体结构可视为阴离子作紧密堆积，阳离子充填于四面体或八面体空隙中，所构成的配位型结构（如方铅矿呈八面体配位型，闪锌矿呈四面体配位型）或架状型结构（如辉银矿、黝铜矿）；部分矿物中存在络阴离子团或强键分布的方向性明显，构成岛状（如黄铁矿、白铁矿、毒砂等）、环状（分子型）（如雄黄），链状（如辉锑矿、辉铋矿、辰砂等）和层状（如辉钼矿、铜蓝、雌黄）等多键型结构（表15–1）。

表15–1 硫化物主要结构类型及主要矿物

结构型		常见的主要矿物
岛状		黄铁矿、白铁矿、毒砂
环状		雄黄
链状		辉锑矿、辉铋矿、辰砂
层状		辉钼矿、铜蓝、雄黄
架状		辉银矿、黝铜矿
配位型	四面体配位型	闪锌矿、斑铜矿、黄铜矿
	八面体配位型	方铅矿、磁黄铁矿、红砷镍矿
	混合型配位型	镍黄铁矿、辉铜矿

化学键：本大类矿物的阴离子的半径较大、电负性较低，易被极化；阳离子的半径小、电价较高，极化能力强。常可看作 S^{2-}等作最紧密堆积，阳离子充填四面体或八面体空隙。矿物的化学键由离子键向共价键或金属键过渡。岛状、链状、层状、架状结构的矿物具多种化学键。

同质多象：本大类同质多象现象普遍，主要取决于形成温度及成矿溶液的酸碱度等。通常温度升高时，形成对称程度较高的变体。

多　型：本大类中的层状结构矿物常呈不同多型，如辉钼矿具有2H、3R或（2H+3R）混合型多型变体，纤维锌矿则有154种多型变体。

三、形态及物理性质

形　态：简单硫化物，组分简单，对称程度一般较高，多为等轴或六方晶系，少数属斜方或单斜晶系，组分复杂的硫盐主要为单斜或斜方晶系。具配位型、岛状和环状结构的硫化物多呈粒状（如方铅矿、闪锌矿、黄铁矿、雄黄），具链状结构的硫化物呈柱状或针状（如辉锑矿和辉铋矿），具层状结构的矿物多呈片状（如辉钼矿、雌黄等）；大多数硫化物的晶形较好，特别是复硫化物更常见完好晶形，如黄铁矿、毒砂等；硫盐主要呈粒状或块状集合体。

物理性质：主要取决于矿物的成分、结构及键力特征。

具明显金属键的硫化物（方铅矿、黄铜矿等）呈金属色，条痕深色，金属光泽，不透明，强导电性和导热性。矿物的化学键由离子键向共价键或金属键过渡。

具明显共价键的矿物（闪锌矿、辰砂等）鲜艳彩色，条痕为浅色或彩色，金刚光泽，半透明。电和热的不良导体。

简单硫化物解理发育，复硫化物解理不完全或无解理。

本大类硬度变化较大：简单硫化物的硬度较低，一般在2～4，层状结构者（辉钼矿、雌黄等）为1～2；但复硫化物具较高的硬度，一般 5～6.5，个别达7～8 。

本大类矿物的熔点低，相对密度较大，一般在4以上。

四、成因产状

本大类绝大多数矿物主要是热液作用的产物。但形成的温度是很大的，有的形成于高温高压环境中，如产于基性、超基性岩中铜镍硫化物。

本大类矿物在地表氧化环境中很不稳定，易被氧化，从而在地表形成硫化物矿床的氧化带和硫化物的次生富集带。

五、分　类

根据阴离子特点分为以下三类：

1. 简单硫化物

阴离子硫呈S^{2-}与铜型或过渡型离子（Cu、Pb、Zn、Ag、Hg、Fe、Co、Ni）结合而成，如方铅矿（PbS）、闪锌矿（ZnS）、黄铜矿（$CuFeS_2$）等。常见的主要矿物为方铅矿、辉铜矿、闪锌矿、黄铜矿、辰砂、磁黄铁矿、辉钼矿、辉锑矿、雌黄、雄黄等。

2. 复硫化物

阴离子呈哑铃状对硫 $[S_2]^{2-}$、对砷$[AS_2]^{2-}$及$[AsS]^{2-}$、$[SbS]^{2-}$等与Fe、Co、Ni等过渡型离子结合而成。如黄铁矿（FeS_2）、毒砂（FeAsS）等。

3. 硫　盐

S 与半金属元素As、Sb、Bi结合组成络阴离子$[AsS_3]^{3-}$、$[SbS_3]^{3-}$等，与铜型离子 Cu、Pb、Ag 结合成较复杂的化合物。如黝铜矿— 砷黝铜矿（$Cu_{12}Sb_4S_{13}$—$Cu_{12}As_4S_{13}$）等。常见的主要矿物黝铜矿–砷黝铜矿、硫砷银矿、硫锑银矿、脆硫锑铅矿等。

第二节　硫化物矿物类

一、简单硫化物类

方铅矿（Galena）

PbS

化学组成：Pb含量为86.6%，S含量为13.40%。混入物中以Ag最为常见，其次为Cu、Zn等。

晶体结构：等轴晶系；NaCl型结构；空间群O_h^5－Fm3m；a_0=0.593 nm；Z=4。

形态: 晶体常呈立方体（参见彩图61）、八面体或二者的聚形，集合体常呈粒状或致密块状（彩图62）。

（a）

（b）

图15-1 方铅矿

（a）立方体单晶体；（b）粒状集合体

物理性质：铅灰色，条痕黑色，强金属光泽。{100}三组完全解理（立方体完全解理），硬度2～3。相对密度7.4～7.6。加 KI 及$KHSO_4$与矿物一起研磨后显黄色。

成因产状： 主要产于中温热液多金属硫化物矿床中，常与闪锌矿、黄铁矿、黄铜矿等共生。

鉴定特征：铅灰色，强金属光泽，立方体完全解理，相对密度大，硬度小。

主要用途：最主要的铅矿石矿物。含银多时可以提取银。

闪锌矿（Sphalerite）

ZnS

化学组成：通常含有Fe、Mn、In、Ag 、Ga、 Ge等类质同象混入物。其中Fe替代Zn十分普遍，Fe的含量可高达26.2%.

晶体结构：等轴晶系；闪锌矿型结构；空间群T_d^2－F43m；a_0=0.540 nm； Z=4。

形　　态：单体呈四面体或菱形十二面体，一般多呈粒状集合体产出，少见肾状、葡萄状等胶体形态（彩图63）。

图15-2 闪锌矿

物理性质：铁的含量直接影响到闪锌矿的颜色、条痕、光泽和透明度。颜色可以为浅黄、棕褐、黑色（铁闪锌矿）。条痕由白色至褐色；树脂光泽至半金属光泽；透明至半透明。解理平行{110}六组完全解理（故称多向解理）。硬度3.5～4。相对密度3.9～4.2。不导电。

成因产状： 是分布最广的锌矿物。常见各种高、中温热液矿床中。高温热液成因者富含Fe，In，Se和Sn，与毒砂、磁黄铁矿、黄铜矿共生；中低温热液成因者富含 Cd，Ga，Ge 和Tl，往往与方铅矿、硫锑铅矿共生。

鉴定特征： 颜色变化大，多呈粒状集合体，多组完全解理，硬度小。常与方铅矿共生。

主要用途： 最重要的锌矿石矿物和寻找镉、铟、镓、锗、铊、硒等分散元素的目标矿物。

黄铜矿（Chalcopyrite）

$CuFeS_2$

化学组成： Cu的含量为34.56%，Fe的含量为30.52%，S的含量为34.92%。常含贵金属、半金属和分散元素。

晶体结构： 四方晶系；闪锌矿结构的衍生结构；空间群D^{12}_{2d}－I42d；a_0=0.524 nm，b_0=1.032 nm；Z=4。

形　　态： 单晶呈四方四面体（假四面体）（见彩图64），但少见。通常为致密块状（彩图65）或分散粒状集合体。

（a）　　　　（b）

图15-3　黄铜矿

（a）假四面体晶形；（b）致密块状集合体

物理性质： 黄铜黄色，表面常有蓝、紫红、褐等色的斑状锖色，条痕绿黑色，金属光泽，不透明。解理不完全。硬度3～4。相对密度4.1～4.3性脆。能导电。

成因产状： 分布较广泛，主要产在与基性超基性岩有关的铜镍硫化物或钒钛磁铁矿矿床中、接触交代型矿床及中温热液型矿床中，与黄铁矿密切共生。在地表易氧化成孔雀石、蓝铜矿。

鉴定特征： 与黄铁矿相似，但颜色较深，硬度较之低、比重较之小。表面氧化色为斑状锖色。以脆性与自然金的（强延展性）区别。

主要用途： 重要的铜矿石矿物。

二、 复硫化物和硫盐类

黄铁矿（Pyrite）

FeS_2

化学组成：Fe含量为46.55%，S含量为53.45%。常见Co 和Ni呈类质同象代替Fe；As，Se，Te代替S。常含Au、Ag、Cu、Pb、Zn等细分散机械混入物。Au往往以明金、显微金、超显微金等状态附存于黄铁矿的裂隙、解理面或晶格缺陷中，使黄铁矿成为重要的载金矿物。

晶体结构：等轴晶系；NaCl型结构的衍生结构；空间群T_h^6－Pa3；a_0=0.542nm；Z=4。

形　　态：常见完好的立方体、五角十二面体、八面体及其聚形，晶面上常具三组互相垂直的聚形条纹。还可以常见穿插双晶，称为铁十字。集合体常呈粒状、致密快状、浸染状、球状等（图15–4）。

（a）

（b）

图15–4　黄铁矿

（a）立方体晶形；（b）五角十二面晶形

物理性质：浅黄铜黄色，表面常带有黄褐色的锖色；条痕绿黑色；强金属光泽，无解理，参差状断口，硬度大6～6.5，性脆，无磁性。

成因产状：形成于各种地质作用，见于各种岩石和矿石中。为分布最广的硫化物。

鉴定特征：根据其晶形、晶面条纹、颜色、硬度等可与相似的黄铜矿、磁黄铁矿相区别。

主要用途：为制造硫酸的主要矿物原料，也可用于提炼硫磺。当Au、Ag或 Co 、Ni较高时可综合利用。

思考题

1. 简单硫化物和复硫化物的物理性质有什么不同？
2. 为什么大多数硫化物的光泽强，硬度低、相对密度大？
3. 硫化物主要形成于哪种地质作用中？

第十六章 氧化物和氢氧化物大类

本章概要

1. 氧化物和氢氧化物矿物的主要化学成分、晶体化学、形态物性和成因产状等一般特征。

2. 常见的氧化物和氢氧化物主要矿物鉴定特征。

第一节 概 述

本大类是指金属阳离子和某些非金属阳离子（如Si等）与O^{2-}或（OH）$^-$化合而成的矿物。目前已知的本大类矿物超过300种，其中氧化物200余种，氢氧化物有80多种矿物。

在地壳中分布广泛，仅次于含氧盐矿物大类。占地壳总重量的17%左右；其中石英族矿物分布最广，占12.6%，最常见的石英是主要的造岩矿物；铁的氧化物和氢氧化物占3.9%；次有Al、Mn、Ti、Cr 等的氧化物和氢氧化物。

本大类有些矿物可为提取黑色金属和有色金属（Fe、Mn、Cr、Al、Sn等）、稀有金属（Ti、Nb、Ta等）、放射性金属（U、 Th、Y、TR等）的重要矿石矿物，如磁铁矿、钛铁矿、铬铁矿、软锰矿、硬锰矿、锡石、晶质铀矿、金红石等。有些矿物的晶体可直接为工业所用，如做仪表轴承或研磨材料的刚玉、无线电工业原料的石英、有些还是工艺美术原料及宝石的重要来源，如刚玉、尖晶石、玛瑙、水晶等。

一、化学成分

组成本大类矿物的阴离子主要是O^{2-}或（OH）$^-$，少数矿物有附加阴离子F^-、Cl^-，如烧绿石 。阳离子主要为惰性气体型离子（如Si^{4+}，Al^{3+}，Mg^{2+}）和过渡型离子（Ti^{4+}、Cr^{3+}、La^{3+}、Th^{4+}、U^{4+}、Nb^{5+}、Ta^{5+}、Fe^{3+}、Mn^{2+}），铜型离子中仅Sn^{4+}较重要，其他铜型离子的氧化物（如砷华、铋华、锑华）主要以硫化物的次生变化产物出现。

氧化物的类质同象代替非常广泛，氢氧化物的类质同象替代有限，但因其有强的吸附作用而使其化学组成发生复杂变化。

二、晶体化学

结构型　氧化物有岛状分子型、层状、架状、配位型（表16-1），氢氧化物有链状、层状、架状（表16-2）等。

化学键　氧化物以离子键为主。氢氧化物中除离子键外，还常存在氢键，加之（OH）$^-$比O^{2-}的电价低，与阳离子的键力较弱，因而与相应的氧化物比较，其相对密度和硬度都较小。

表16-1　　氧化物矿物主要结构类型及常见矿物

结构型	常见矿物
岛状	砷华
链状	金红石、锡石、软锰矿、锑华、黑钨矿
层状	钼华、板钛矿
架状	石英、锐钛矿、赤铜矿、易解石、钙钛矿等
配位型	刚玉、尖晶石、金绿宝石、烧绿石、晶质铀矿、方镁石等

表16-2　　氢氧化物矿物的主要结构型及常见矿物

结构型	常见矿物
链状	硬水铝石、针铁矿、水锰矿、硬锰矿
层状	三水铝石、水镁石
架状	羟铁矿

三、形态及物理性质

氧化物矿物常形成完好的晶形，也常见致密块状、粒状及其他集合体形态。含惰性离子的氧化物中，一般表现为无色或浅色，透明~半透明，玻璃光泽为主。若含铜型离子的氧化物中，矿物颜色加深，半透明至不透明，金刚光泽、半金属~金属光泽。氧化物矿物的硬度一般大于5.5。相对密度随原子量的不同有很大的变化。

氧化物还具有熔点高、溶解度低、物理和化学性质稳定的特点。含铁、钛、铬等元素的矿物具有强弱不等的磁性，含放射性元素铀、钍等的矿物具有放射性。

氢氧化物矿物多属三方、六方、斜方或单斜晶系，晶体呈板状、细小鳞片状或针状，但常见为细分散胶态混合物，呈鲕状、豆状、肾状、葡萄状、钟乳状、多孔状、土状、致密块状等。光学性质上与氧化物相似，由于键力较弱，往往具有一组完全至极完全解理。与氧化物相比，硬度、相对密度和折射率都有所降低。

四、成因产状

多数氧化物形成于内生、外生和变质作用中，常见代表矿物如：刚玉、赤铁矿、磁铁矿、石英、锡石、金红石、尖晶石、黑钨矿、铬铁矿、钛铁矿、软锰矿。

氢氧化物主要成因产状为风化型和化学沉积型，大多数为表生作用的产物，少数产于热液或接触交代作用。主要矿物为铝土矿、褐铁矿、硬锰矿等。

五、分 类

本大类的矿物按阴离子类型可划分为氧化物和氢氧化物两类。根据各类结构特征，将氧化物可进一步划分为岛状、链状、层状、架状、配位型5个亚类，将氢氧化物分为链状、层状和架状3个亚类。

氧化物主要矿物有：赤铜矿、刚玉、赤铁矿、金红石、锡石、软锰矿、石英、蛋白石、钛铁矿、尖晶石、磁铁矿、铬铁矿、黑钨矿、褐钇铌矿、铌钽铁矿等。

氢氧化物主要矿物有：水镁石、三水铝石、一水硬铝石、一水软铝石、针铁矿、纤铁矿、水锰矿、硬锰矿等。

第二节 氧化物类

刚玉（Corundum）

Al_2O_3

化学组成：有时含微量Fe、Ti、Cr、Mn、V、Si等，以类质同象置换或机械混入物形式存在于刚玉中。

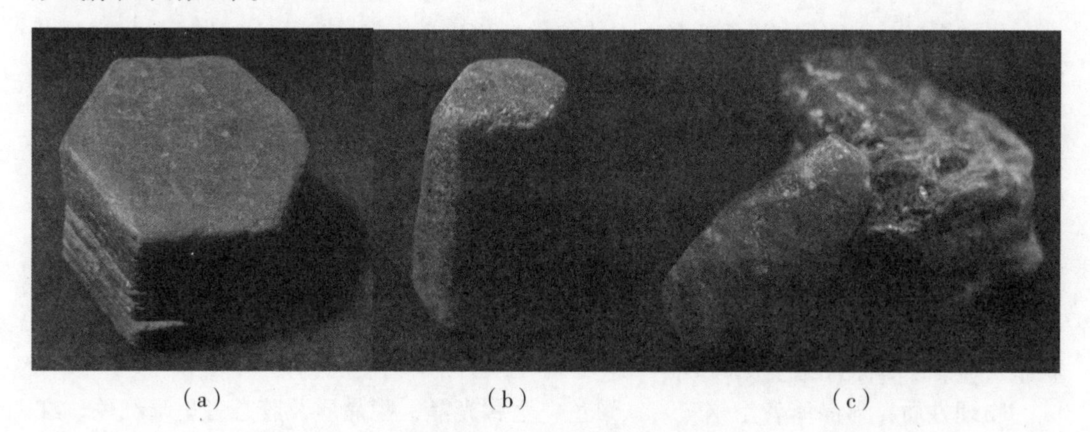

（a） （b） （c）

图16-1 刚玉的单晶体形态

（a）短柱状；（b）桶状；（c）腰鼓状

晶体结构：三方晶系；刚玉型结构；空间群D^6_{3d}－R3c；a_0=0.477 nm，b_0=1.304 nm；Z=6。

形　　态：晶体常呈完好的短柱状、桶状或腰鼓状（彩图68，69,70）。常依（$10\bar{1}1$）呈聚片双晶。晶面（锥面和柱面上）常见斜的或横的条纹。

物理性质：通常呈蓝灰、黄灰色，含色素离子可呈各种颜色，也可有不同的变种：含Co、V、Ni呈绿色（绿色蓝宝石）；含Ni呈黄色（黄色蓝宝石）；含Fe^{3+}、Mn^{2+}呈玫瑰红色，含Cr呈红色（红宝石）；含Ti 和Fe^{2+}呈蓝色（蓝宝石）；含Fe^{2+}、Fe^{3+}呈黑色（铁刚玉），无色透明者（无色蓝宝石）。玻璃光泽；透明～半透明；硬度 9。无解理；常因聚片双晶或微细包裹体而产生｛0001｝或｛$10\bar{1}1$｝的裂开（彩图71）。

图16-2　｛0001｝的裂理面，｛$10\bar{1}1$｝的裂理纹

在某些红（蓝）宝石的｛0001｝面上可见因含有定向分布的针状金红石包裹体而呈现的六射星光，称为星光红（蓝）宝石。

鉴定特征：以其晶形、双晶条纹和高硬度及裂开作为鉴定特征。

成因产状：各种成因。多形成于高温、富Al贫Si的条件下。可由岩浆结晶作用形成；也产于碱性伟晶岩中；可形成于岩浆岩与石灰岩的接触带；可产于粘土质岩经区域变质而成的结晶片岩中；也见于砂岩中。

主要用途：作研磨材料及精密仪器、仪表和钟表的轴承；色泽美丽透明的晶体可作宝石；合成红宝石单晶可作激光材料。

赤铁矿（Hematite）

Fe_2O_3

化学组成：Fe的含量为69.94%，O的含量为30.06%。常见Ti、Al、Mn、Fe^{2+}、Mg、Ga、Co等类质同象混入物。常含金红石和钛铁矿微晶包裹体。

晶体结构：三方晶系；刚玉型结构；空间群D^6_{3d}－R3c；a_0=0.503nm，b_0=1.376nm；Z=6。

形　　态：常呈显晶质的板状、片状、鳞片状及隐晶质的致密块状、鲕状、豆状、肾状、粉末状等集合体形态（彩图72，73）。具金属光泽的片状集合体称为镜铁矿，呈玫瑰花状者称 铁玫瑰（彩图74）；具金属光泽的细小鳞片状集合体者称为云母赤铁矿；呈红色土状（粉末状）集合体者称为铁赭石（彩图75）；表面光滑明亮的红色钟乳状赤铁矿集合体称为红色玻璃头。

物理性质：显晶质者呈钢灰～铁黑色，金属光泽；隐晶质及胶态者呈暗红色、红褐色。条痕樱红色或红棕色，半金属光泽或土状光泽。硬度 5.5～6，土状者显著降低。无解理，无磁性，性脆。

（a）（b）（c）

图16-3 赤铁矿

（a）肾状赤铁矿；（b）致密块状赤铁矿；（c）铁赭石

成因产状：形成于各种地质作用。主要有热液成因、沉积成因（著名产地有河北宣化、湖南宁乡等）和沉积变质成因（著名产地如辽宁鞍山等）。

鉴定特征：樱红色或红棕色条痕为其特征。此外，各种形态和无磁性可与相似的磁铁矿、钛铁矿相区别

主要用途：提炼铁的矿物原料之一；纯净的粉末状赤铁矿是天然的矿物颜料；可综合利用成分中的Ti、Ga、Co等。

金红石（Rutile）

TiO_2

化学组成：Ti含量为60%，O含量为40%。常含Fe^{2+}、Fe^{3+}、Nb^{5+}、Ta^{5+}、Sn^{4+}等类质同象混入物。富含Fe的黑色变种称铁金红石，根据Nb、Ta、Fe的含量多少又可分为铌铁金红石、钽铁金红石。金红石具成分标型性：碱性岩中富Nb；基性岩和岩浆成因的碳酸岩中的含V；伟晶岩及热液矿床中者往往富Sn；月岩中的金红石富 Nb 和 Cr。

晶体结构：四方晶系；金红石型结构；空间群D^{14}_{4h}－$P4_2/mnm$；a_0=0.459nm，c_0=0.296nm；Z=2。

形　　态：晶体呈短柱状、长柱状或针状（针状、纤维状晶体常以水晶和刚玉的包体形式存在）（参见彩图76，77）， 柱面有纵纹。双晶依 （101） 成膝状双晶（彩图78）、三连晶或环状双晶。致密块状集合体。

物理性质：通常为褐红、暗红或褐色，富Fe者黑色；条痕浅褐色～黄褐色；金刚光泽；微透明。｛110｝完全解理；硬度6～6.5。比重4.2～4.3。铁金红石相对密度4.4，铌铁金红石相对密度可达5.6

成因产状：高温成因。主要产于伟晶岩和区域变质岩系的含金红石石英脉中及砂矿床中。

鉴定特征：四方柱晶形、膝状双晶、带红的褐色及柱面解理完全为其特征。溶于热磷酸冷却稀释后，加Na_2O_2可使溶液变成黄褐色（钛的反应）。

主要用途：提炼Ti的主要原料。Ti具密度小、强度高、耐腐蚀、抗高温等优良性

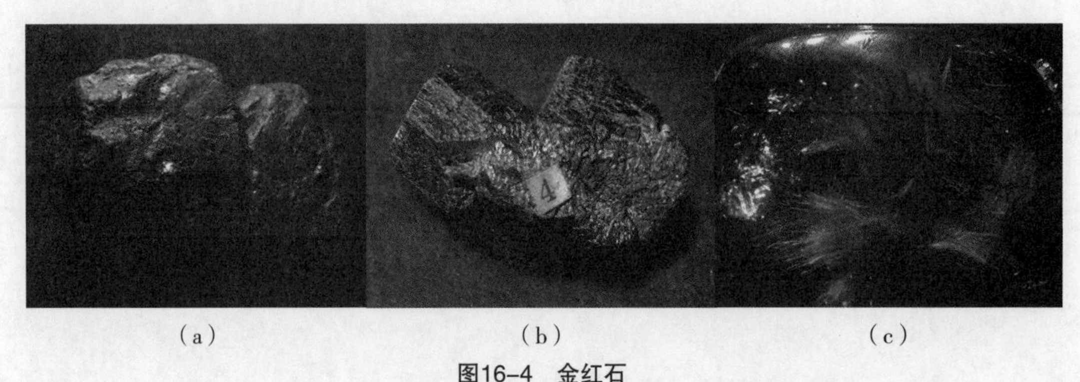

（a）　（b）　（c）

图16-4　金红石

（a）短柱状单晶体；（b）膝状双晶；（c）纤维状

能；钛合金广泛应用于化工、军事和空间技术中（用于喷气发动机、飞机机体、导弹火箭）等；也用于碱工业等用的反应塔、蒸馏塔、热交换器、阀门等设备和部件上。钛白粉可作高级白色油漆、涂料、人造丝的减光剂、白色橡胶和高级纸张的填料。金红石可作半导体检波器。人造金红石可制作优质电焊条。

锡石（Cassiterite）

SnO_2

化学组成：Sn 78.8%，O 21.2%。常含Fe、Ti、Nb、Ta等元素。伟晶岩中的锡石富含Nb和Ta，一般Ta多于Nb；气化高温热液锡石中的Nb和 Ta含量不超过1%，一般Nb多于Ta；锡石硫化物矿床中的锡石富含分散元素In。

晶体结构：四方晶系；金红石型结构；空间群$D^{14}_{4h}-P4_2/mnm$；a_0=0.474nm，c_0=0.319nm；Z=2。

形　　态：晶体常呈双锥状、双锥柱状（彩图79），有时呈针状。柱面有细纵纹，膝状双晶常见（彩图80）。集合体大多呈不规则粒状（彩图81）。外壳呈葡萄状而内部具同心放射纤维状构造的，称木锡石。

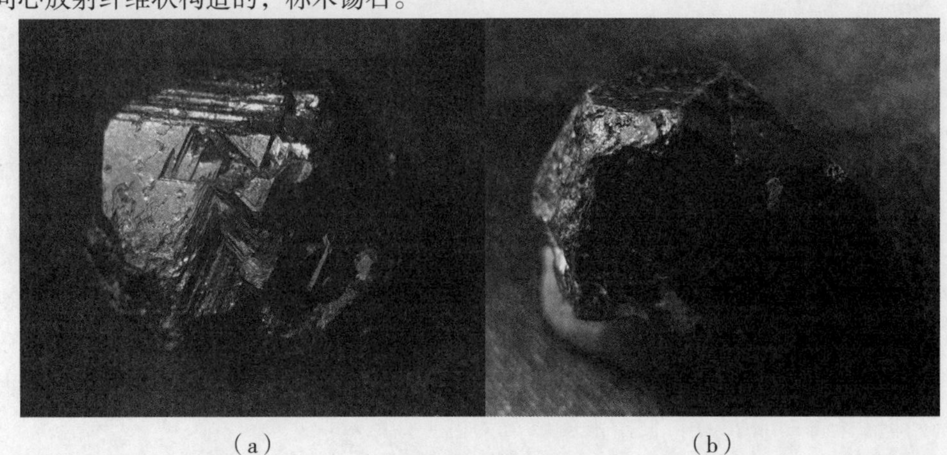

（a）　（b）

图16-5　锡　石

物理性质： 纯净的锡石几乎无色，但一般多呈褐色；含Nb，Ta者呈沥青黑色。条痕白色~淡黄色。金刚光泽，断口上油脂光泽。硬度6~7。比重6.8~7.1。

成因产状： 主要产在酸性火成岩（主要是花岗岩）演化生成的高温气液型石英脉和热液型硫化物脉中，在伟晶岩和花岗岩中也常有分布。由于它硬度高，比重大，抗化学风化力强，故常富集成砂矿，称为砂锡。我国云南个旧及岭南一带盛产锡石。

鉴定特征： 相对密度大是锡石区别于金红石、锆石、磷钇矿的主要特征。细粒者置于锌片上加HCl，数分钟后表面形成一层锡白色的金属锡薄膜，其相似矿物均无此反应。

主要用途： 为锡的最重要的矿石矿物。透明者可做宝石加工成首饰（彩图82）。

软锰矿（Pyrolusite）

MnO_2

化学组成： Mn 含量为63.19%，O含量为36.81%。细粒集合体中常含有Fe_2O_3和SiO_2等机械混入物和水。

晶体结构： 四方晶系；金红石型结构；空间群D^{14}_{4h} - $P4_2/mnm$；a_0=0.439nm，c_0=0.286nm；Z=2。

矿物形态： 常呈肾状、结核状、块状或烟灰状集合体，有时呈针状、放射状集合体（彩图83）。

图16-6 软锰矿

物理性质： 钢灰—黑色，表面常带浅蓝的锖色；条痕黑色；半金属光泽至土状光泽。硬度6~2（隐晶质块体较低）。{110}解理完全。性脆。相对密度为4.5~5。

成因产状： 是沉积作用和风化作用的产物，主要见于沉积锰矿床和风化矿床中。大量见于我国湖南、广西、辽宁、四川等地的沉积锰矿床。

鉴定特征： 以其晶形、解理、条痕和硬度与其他黑色锰矿相区别。

主要用途： 重要的锰矿石矿物。

石英（Quartz）

SiO_2

化学组成： Si 含量为46.7%。常含各种气态、液态和固态包裹体。

晶体结构： 三方晶系；架状结构；空间群D^4_3 - $P3_121$；a_0=0.491nm，c_0=0.541nm；Z=3。

形　　态： 常呈柱状晶体，六方柱面上具横纹，为{$10\bar{1}0$}和{$10\bar{1}1$}之聚形纹。常见道芬双晶和巴西双晶。显晶集合体呈梳状、粒状、致密块状或晶簇状（参见彩

图31）；在透明水晶中常见金红石、电气石、角闪石、阳起石等包裹体呈细小针状、毛发状、纤维状包裹体（通常称为发晶）。隐晶集合体呈肾状、葡萄状、钟乳状（石髓或玉髓）、瘤状（燧石）、多色同心带状（玛瑙，按颜色、形状又可分条纹玛瑙、苔纹玛瑙、缟玛瑙、截子玛瑙、水胆玛瑙等）、多色致密块状（碧玉）。

（a）　（b）　（c）

图16–7　显晶质石英变种

（a）墨晶；（b）乳石英；（c）紫水晶

物理性质：通常为无色、乳白色、灰白色，因含杂质色心或细分散包裹体而呈各种颜色；晶面玻璃光泽，断面油脂光泽，贝壳状断口；透明~半透明。无解理；硬度 7，比重 2.65。具压电性。

显晶石英按颜色变化，分以下变种：无色透明者称为水晶（参见彩图20）；乳白色半透明者称为乳石英（参见彩图84）；紫色透明或半透明者称为紫水晶（参见彩图85）；烟色或褐色透明者称为烟水晶；黑色半透明者称为墨晶（参见彩图86）；浅玫瑰色半透明者称为蔷薇石英（或芙蓉石）（参见彩图87）；金黄色或柠檬黄色者称为黄水晶。

隐晶石英变种有：含绿色针状阳起石包裹体而呈浅绿色者称为葱绿石髓；由石英交代纤维石棉而呈不同深浅色调、具丝绢光泽者称为虎睛石（黄褐色）（参见彩图88）或鹰睛石（蓝绿色）；呈红、黄褐、绿色不透明的致密块体称为碧玉（参见彩图89）；绿色碧玉中含有红色斑点者称血玉髓（又叫血滴石）（参见彩图90）。

（a）　（b）　（c）

图16–8　隐晶质石英变种

（a）虎睛石；（b）碧玉；（c）血玉髓

成因产状： α-石英分布广泛，是三大岩类许多岩石的主要造岩矿物，为花岗伟晶岩脉和大多数热液脉的主要矿物成分。

压电水晶和宝石原料（包括各种水晶）主要源自伟晶岩脉晶洞及热液脉中，紫水晶的形成温度相当低；烟水晶只在较高的温度下形成。水晶也见于残坡积及冲积砂矿中。

花岗伟晶岩的核心部位常见有蔷薇石英大块体。乳石英见于各种石英脉和石英岩中。蓝石英 产于岩浆岩和高变质相的变质岩中。 玉髓有低温热液成因（常产于喷出岩气孔或热液脉及温泉沉积物中）和表生成因（见于风化壳和氧化带）。

玛瑙为低温热液之胶体成因，主要产于喷出岩气孔中；也见于残坡积及冲积层中。碧玉广泛产于沉积岩、变质岩中。燧石主要产于石灰岩及白垩层中，多为成岩交代成因。

鉴定特征： 晶形、无解理，贝壳断口硬度7。

主要用途： 纯净的一般石英大量用作玻璃、陶瓷、混凝土、冶炼硅钢的原料，以及硅质耐火材料、建筑材料、研磨材料、瓷器配料等。还可用于提取单晶硅以制造太阳能电池。无裂隙、双晶和包裹体等缺陷的无色透明晶体（不小于6mm×6mm×6mm）作压电材料用于无线电工业中振荡器元件及光学仪器材料（用以制光谱棱镜、透镜等）、耐酸耐高温的器材。

颜色美丽者可作工艺品及宝石原料。色泽差的玛瑙和玉髓可作研磨器具。熔炼水晶是电子工业和技术的矿物材料。

蛋白石（Opal）

$SiO_2 \cdot nH_2O$

化学组成： SiO_2含量为65%~90%，H_2O含量为4%~20%，Al_2O_3含量可达9%，Fe_2O_3含量可达3%，Mn含量可达10%，有机质可达3.9%。

晶体结构： 为胶体矿物，由方石英雏晶和吸附水组成。贵蛋白石的SiO_2小球呈六方最紧密堆积。

形　　态： 常呈肉冻状（彩图91）、钟乳状、皮壳状等（彩图92）。

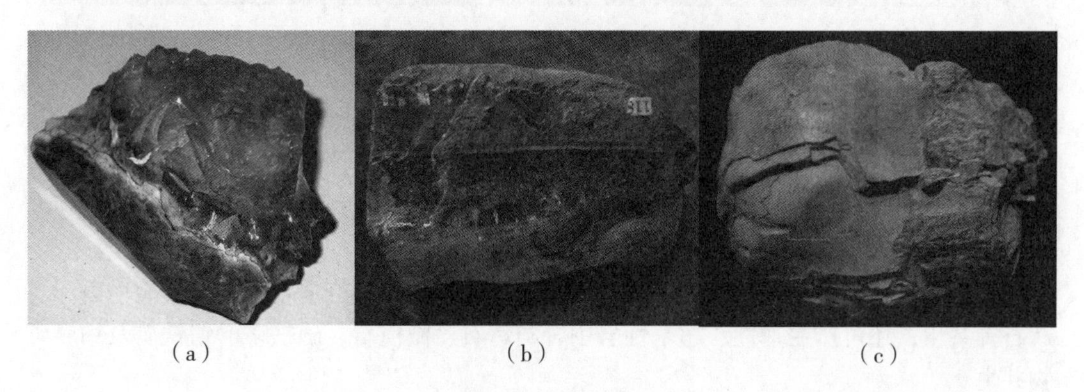

（a）　　（b）　　（c）

图16-9　蛋白石

（a）肉冻状；（b）贵蛋白石；（c）普通蛋白石（皮壳状）

物理性质：常呈蛋白色，含杂质者呈不同颜色；玻璃光泽或蛋白光泽；一般微透明。硬度5~5.5.相对密度为1.9~2.3.无色透明者称晶质蛋白石；半透明无变彩或少量变彩的橙红、红色蛋白石称为火蛋白石（火欧泊）；半透明带乳光呈红、橙、绿、蓝等变彩的蛋白石称为贵蛋白石（彩图93）。

成因产状：可从温泉、浅成热液或地面水的硅质溶液中通过凝胶作用生成，常与低温石英、磷石英、方石英等伴生。海藻、放射虫等海相生物的硅质骨骼堆积也可以形成一种特殊的蛋白石–硅藻土。

鉴定特征：蛋白光彩和变彩。有时类似于石髓，但硬度较低。

主要用途：优质者俗称“欧泊”，可作为宝玉石材料，如贵蛋白石、火蛋白石等可作名贵雕刻品材料。硅藻土则用于制作过滤剂，又是重要的建筑和隔音材料。

尖晶石（Spinel）

$MgAl_2O_4$

化学组成：MgO含量为28.2%，Al_2O_3含量为71.8%。常含FeO、ZnO、MnO、Fe_2O_3、Cr_2O_3等组分。与铁尖晶石和镁铬铁矿具完全类质同象关系。常见变种有：富铁尖晶石、镁铬尖晶石、铬镁尖晶石等

晶体结构：等轴晶系；正尖晶石型结构；空间群O^7_h – Fd3m；a_0=0.808 nm，Z=8。

形　　态：晶体常呈八面体，常具有尖晶石律双晶（彩图94，95）。

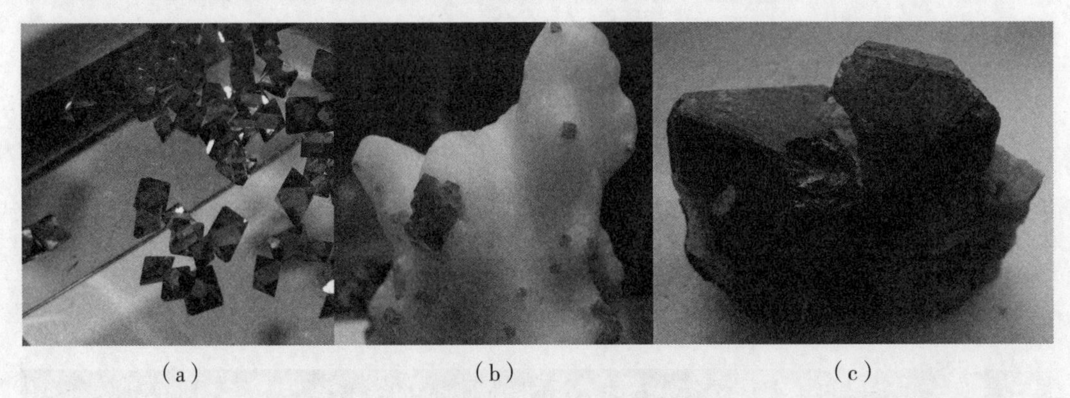

（a）　　（b）　　（c）

图16–10　尖晶石

（a）八面体单晶体；（b）大理岩中的尖晶石；（c）锌铁尖晶石

物理性质：颜色变化较大，从无色、红色、绿色、蓝色、黑色等，玻璃光泽。硬度8。无解理。相对密度3.55。

成因产状：常产于镁质灰岩与酸性岩浆岩侵入岩的接触变质带中，与镁橄榄石和透辉石等共生；还可产在基性、超基性岩中，与辉石、橄榄石、磁铁矿、铬铁矿及铂族矿物共生。

鉴定特征：八面体晶形，尖晶石律双晶，无解理，高硬度。

主要用途：透明色美者可做宝石。

磁铁矿（Magnetite）

$FeFe_2O_4$

化学组成： FeO含量为31.03%，Fe_2O_3含量为68.97%。常含Mg、Mn、Ti、V、Cr等类质同象元素。一般，岩浆成因者TiO_2含量为12%～16%，常形成钛磁铁矿；其他成因的磁铁矿钛的含量较低。V^{3+}类质同象置换磁铁矿中的Fe^{3+}而形成钒磁铁矿，其中V_2O_3含量可达到8.8%。在磁铁矿–铬铁矿类质同象系列中Cr_2O_3含量可达12%。

晶体结构： 等轴晶系；反尖晶石型结构；空间群O^7_h－Fd3m；a_0=0.8396nm，Z=8。

形　　态： 晶体常为八面体｛111｝（彩图96）或菱形十二面体｛110｝，在｛110｝的晶面上常可见有沿长对角线方向的条纹。常见致密块状和粒状集合体（彩图97）。

图16–11　磁铁矿

物理性质： 铁黑色，条痕黑色，半金属光泽，不透明。 硬度6，无解理，有时具｛111｝裂开，性脆。相对密度5.2，具强磁性。

成因产状： 主要有岩浆成因（如四川攀枝花）、接触交代成因（如湖北大冶）、气化—高温热液成因、沉积变质成因（如辽宁鞍山）、火山作用成因。也常见于砂矿中。是各类岩浆岩和变质岩中常见的副矿物。

鉴定特征： 常见八面体晶形，铁黑色，黑色条痕，无解理，具强磁性。

主要用途： 提炼铁的最重要的矿物原料之一；可综合利用V、Ti、Cr。

铬铁矿（Chromite）

$FeCr_2O_4$

化学组成： Cr_2O_3含量为50%～65%；广泛存在Cr_2O_3、Al_2O_3、Fe_2O_3、FeO、MgO等5种组分间的类质同象置换。

晶体结构： 等轴晶系；正尖晶石型结构；空间群O^7_h－Fd3m；a_0=0.831~0.834nm。

Z=8。

形　　态：单晶呈八面体，但少见，通常呈粒状或致密块状集合体（彩图98）。

物理性质：暗褐至铁黑色，条痕棕色、褐色，半金属光泽，不透明。硬度5.5~6.5，无解理，不平坦状断口。相对密度4.3 ~ 4.8，具弱磁性。

成因产状：岩浆成因矿物，常产于超基性岩中，也见于砂矿中。我国主要产地在甘肃、西藏、青海、四川等。

图16-12　铬铁矿

鉴定特征：暗褐色至铁黑色，褐色条纹，具弱磁性，高硬度，产于超基性岩。常与橄榄石共生。

主要用途：提炼Cr的唯一矿石矿物：Cr用以炼特种钢（铬钢和铬镍钢）；金属表面镀铬可防腐蚀；Cr也用于化学工业制稳定颜料、铬酸和重铬酸盐。低品位（含Cr_2O_3少，而FeO、Fe_2O_3多）的铬铁矿矿石可作耐火材料、化工原料等。

黑钨矿（钨锰铁矿）（Wolframite）

（Mn，Fe）WO_4

化学组成：黑钨矿实际上是钨铁矿（$FeWO_4$）和钨锰矿（Mn WO_4）完全类质同象系列的中间成员。常含Mg、Ca、Nb、Ta、Sc、Y、Sn、Zn等类质同象或机械混入物。

晶体结构：单斜晶系；似层状-链状结构；空间群C^4_{2h} - P2/c；a_0=0.479 nm，b_0=0.574 nm，c_0=0.499nm；β =90° 26′；Z=2。

形　　态：晶体常呈厚板状或短柱状（彩图99），集合体多为板状（彩图100）。

（a）　　（b）

图16-13　黑钨矿

（a）厚板状晶体；（b）柱状集合体

物理性质：颜色为褐黑至黑色，条痕均较颜色浅，为黄褐~黑色，树脂光泽~半金属光泽，一组｛010｝完全解理，硬度4~5.5，相对密度7.12（钨锰矿）~7.51（钨铁矿）。

成因产状：主要产于高温热液石英脉内及云英岩化围岩中。常与石英、锡石、辉钼矿、辉铋矿、毒砂、黄玉、萤石、电气石、绿柱石等共生。

鉴定特征：板状晶形，褐黑色，｛010｝完全解理，相对密度大。

主要用途：最重要的钨矿石矿物之一。其中黑钨矿产量居世界第一。我国江西南部钨锡矿床中较为常见，是世界著名的钨都（我国钨精矿占世界钨矿产量的40%。）

第三节* 氢氧化物类

水镁石（氢氧镁石）（Brucite）

Mg（OH）$_2$

化学组成：MgO含量69.12%， H_2O含量30.88%。有时含类质同象元素Fe、Mn、Zn很高。

晶体结构：三方晶系；层状结构——水镁石型，空间群 D^4_{2h}－P3m1；a_0=0.313nm，c_0=0.474nm；Z=1。

形　　态：厚板状或叶片状。常见片状集合体，有时呈纤维状集合体（彩图101），称为“纤水镁石”。

图16-14 水镁石

物理性质：白色、淡绿色，含锰或铁者呈红褐色；条痕白色；玻璃、珍珠或丝绢光泽。硬度2.5；解理｛0001｝极完全。

成因产状：典型的低温热液蚀变矿物，见于蛇纹岩或白云岩中。

鉴定特征：板片状、低硬度、｛0001｝极完全解理。以易溶于盐酸与滑石、叶蜡石及三水铝石相区别。

主要用途：提炼镁的矿物原料。纤水镁石是重要的非金属矿物材料，是温石棉的理想代用品。

三水铝石（Gibbsite）

Al（OH）$_3$

化学组成：Al_2O_3含量65.35%，H_2O含量34.65%。少量的Fe^{2+}和Ga^{3+}呈类质同象替换Al^{3+}.

晶体结构：单斜晶系；层状结构；空间群C^5_{2h}－$P2_1/n$；a_0=0.864 nm，b_0=0.507 nm，

c_0=0.972nm；β =94° 34′；Z=8。

形　　态：假六方片状（彩图102）。常呈结核状、豆状集合体或隐晶质块体。

物理性质：白色，常为灰、绿和褐色；条痕白色；玻璃光泽；解理面珍珠光泽，集合体和隐晶质者光泽暗淡；透明或半透明。硬度2.5～3.5；解理｛001｝极完全；性脆。相对密度为2.30～2.43。

成因产状：主要由长石等铝硅酸盐分解和水解而成；部分为低温热液成因。

主要用途：铝的主要矿石矿物和耐火材料及高铝水泥原料。

思考题

1. 对比氧化物类与硫化物类矿物在成分、结构、物理性质、成因和应用等方面的主要差异。

2. 为什么石英、刚玉、尖晶石的硬度特别高？

3. 为什么刚玉能成为价值昂贵的红宝石、蓝宝石和星光宝石？

4. 如何区别金红石和锡石；钛铁矿、铬铁矿和磁铁矿？

第十七章　含氧盐大类（一）硅酸盐类

本章概要

1. 从化学成分、晶体化学、物理性质及分类等方面简述了本大类的一般特征。
2. 硅酸盐矿物硅氧骨干类型、特点；铝的作用及成因意义。
3. 硅酸盐矿物晶体化学对形态、物性的约束。
4. 对常见的主要的硅酸盐亚类矿物特征进行了重点叙述。

第一节　含氧盐大类概述

含氧盐矿物是指金属阳离子与各种含氧酸根络阴离子结合而成的盐类化合物。本大类矿物种数约占已知矿物总数的2/3，重量超过地壳总重量的4/5，是地壳分布最广泛、最常见的一大类矿物，国民经济中许多重要的矿物原料，特别是非金属矿物原料，包括许多贵重宝石，都来自含氧盐矿物。

一、化学成分

阳离子： 惰性气体型离子最为重要；其次为部分过渡型离子。

络阴离子： $[SiO_4]^{4-}$、$[SO_4]^{2-}$、$[CO_3]^{2-}$、$[PO_4]^{3-}$、$[WO_4]^{2-}$、$[BO_4]^{3-}$、$[AsO_4]^{3-}$、$[VO_4]^{3-}$、$[MoO_4]^{2-}$、$[NO_3]^{-}$、$[CrO_4]^{2-}$……

二、晶体化学

络阴离子内中心阳离子的半径小、电价高，主要以共价键与O^{2-}牢固相联，是晶体结构中的独立单位；络阴离子主要藉助O^{2-}与外部金属阳离子以离子键结合；层状结构者层间以分子键联系，总体看含氧盐属离子晶格。

三、物理性质

本大类矿物具离子晶格的特性，通常为浅色，条痕白色，透明，玻璃光泽；少数为金刚光泽、半金属光泽。硬度变化极大（1～8）：无水的含氧盐特别是硅酸盐（层状硅酸盐除外）矿物一般具较高的硬度和熔点，一般不溶于水；其他矿物硬度较小。相对密度中等—轻。不同类矿物及同一类矿物不同矿物种，其解理发育不同。导热性差，不导电。

四、分 类

以络阴离子种类为依据，可将含氧盐矿物分为硅酸盐、碳酸盐、硫酸盐、磷酸盐、砷酸盐、钒酸盐、钨酸盐、钼酸盐、铬酸盐、硼酸盐及硝酸盐等矿物类。其中以硅酸盐是整个矿物系统中种类最多，分布最广的一类矿物，将在本章专门介绍。其他含氧盐可统称为杂盐，以碳酸盐、硫酸盐和磷酸盐分布最广，详见下一章的论述。

第二节 硅酸盐概述

硅酸盐矿物是指金属阳离子与各种硅酸根相结合而成的含氧盐矿物。

本类矿物在地壳中分布最广泛，目前已发现的有800多种，约占矿物总种数的1/5，其重量约占地壳总重量的85%。它们是三大类岩石的主要造岩矿物，是组成地壳的物质基础；对研究岩石或矿床的成因、划分构造带均有特殊意义；许多硅酸盐矿物本身，作为非金属矿物原料或特种非金属材料，广泛用于工业、国防、尖端技术及其他领域，并日益发挥重要作用。

本类矿物还是许多金属元素特别是稀有金属Be、Li、Rb、Cs、Zr、Hf等的主要或唯一来源。另外，不少硅酸盐矿物还是珍贵的宝玉石矿物，如绿柱石（祖母绿和海蓝宝石）、硬玉（翡翠）、软玉、电气石（碧玺）、黄玉、石榴子石（紫牙乌）等。

一、化学成分

阳离子主要是惰性气体型离子及部分过渡型离子；铜型离子很少见。最主要为Al、Fe、Ca、Mg、Na、K，其次有Mn、Ti、Li、Be、Zr等。阴离子主要由**Si**和**O**组成的各种络阴离子。附加阴离子主要有 F^-、Cl^-、$(OH)^-$、O^{2-} 及 S^{2-}、$[CO_3]^{2-}$、$[SO_4]^{2-}$、H_2O。

硅酸盐中的水，常为$(OH)^-$和H_2O；$(H_3O)^+$只在某些层状硅酸盐中少量存在，且易于转变为H^++H_2O。H_2O多呈沸石水或层间水，仅在少数硅酸盐中才以结晶水的形式存在，起着充填空隙或水化阳离子的作用。

此外，各种不同元素间和各种附加阴离子之间普遍存在类质同象。

二、晶体化学特征

1.硅氧骨干

$[SiO_4]^{4-}$四面体是硅酸盐矿物的基本构造单位，可孤立地存在；也可以角顶相联形成多种复杂的络阴离子，即各种形式的硅氧骨干，再与金属阳离子结合形成多种硅酸盐矿物。

硅氧骨干的基本形式：硅酸盐矿物晶体结构中的络阴离子骨干，因［SiO_4］$^{4-}$的联结方式的不同而异。目前已发现的硅氧骨干有几十种，常见的基本形式主要有五种（表17-1）：

表17-1 硅氧骨干基本类型及主要特征

骨干类型	骨干形态	［SiO_4］共用氧数	络阴离子组成	n_{Si}/n_o	举例
岛状	四面体	0	［SiO_4］$^{4-}$	1/ 4	榍石CaTi［SiO_4］O
	双四面体	1	［Si_2O_7］$^{6-}$	2/7	硅钙石Ca_3［Si_2O_7］
环状	三方环	2	［Si_3O_9］$^{6-}$	1/3	蓝锥矿BaTi［Si_3O_9］
	四方环	2	［Si_4O_{12}］$^{8-}$	1/3	铁斧石$Ca_2Fe^{2+}Al_2$［Bo_3］［Si_4O_{12}］（OH）
	六方环	2	［Si_6O_{18}］$^{12-}$	1/3	绿柱石Be_3Al_2［Si_6O_{18}］
链状	单链	2	［Si_2O_6］$^{4-}$	1/3	透辉石CaMg［Si_2O_6］
	双链	2，3	［Si_4O_{11}］$^{6-}$	4/11	透闪石Ca_2Mg_5［Si_4O_{11}］$(OH)_2$
层状	平面层	3	［Si_4O_{10}］$^{4-}$	4/10	蛇纹石Mg_5［Si_4O_{10}］$(OH)_8$
架状	骨架	4	［$AlSi_3O_8$］$^-$ ［$AlSiO_4$］$^-$	1/2	钾长石K_3［$AlSi_3O_8$］ 霞石（Na，K）［$AlSiO_4$］

化学键：硅氧骨干内部Si与O之间主要是共价键，硅氧骨干与金属阳离子间则以离子键为主。

2. 铝的作用

Al在硅酸盐结构中起着特殊的双重作用。

（1）Al^{3+}呈六次配位，形成铝的硅酸盐，如高岭石Al_4［Si_4O_{10}］$(OH)_8$，黄玉Al_2［SiO_4］$(F，OH)_2$。

（2）Al^{3+}呈四次配位，构成铝硅酸盐，如钾长石K［$AlSi_3O_8$］。

（3）有时，Al可在同一晶体结构中，同时呈四次和六次配位，形成铝的铝硅酸盐，如白云母KAl_2［$AlSi_3O_{10}$］$(OH)_2$。

3. 铝的氧化物的两性

酸性条件下Al 起阳离子的作用，CN=6；碱性条件下形成铝酸根，CN=4 。高温或碱性条件下易形成铝硅酸盐，如矽线石Al［$AlSiO_5$］；高压或酸性条件下易形成铝的硅酸盐，如蓝晶石Al_2［SiO_4］。

三、形态及物理性质

1. 形 态

硅酸盐矿物晶体形态主要受硅氧骨干类型和骨干外阳离子配位多面体（特别是

［AlO_6］八面体）的联结方式影响。

岛状硅酸盐多具三向等长习性，如石榴子石、橄榄石等，但有的呈短柱状，如红柱石、绿帘石，有的呈板状如蓝晶石，这主要是与骨干外［AlO_6］共棱成链状或成层有关。红柱石和绿帘石中的［AlO_6］八面体分别沿c轴和b轴成链，蓝晶石中的［AlO_6］八面体沿（100）成层排列，故它们的形态分别为平行c轴和b轴的柱状，或平行（100）的板状。

环状硅酸盐常呈柱状或板状，柱的延长方向垂直于硅氧骨干的平面，如绿柱石呈六方柱状或板状，电气石呈复三方柱状。

链状硅酸盐常呈平行硅氧骨干延长方向的柱状或针状，如辉石为短柱状，角闪石和硅灰石为长柱状。

层状硅酸盐的形态呈平行硅氧骨干层的板状、片状，如云母、绿泥石。

架状硅酸盐的形态取决于架内强键的分布，如钠沸石骨干中存在较强的链，从而平行此链成柱状；片沸石骨干中存在较强的层，故平行此层呈片状；方沸石骨干各向键力均等，故为粒状。在长石的架状结构中平行a轴和c轴有较强的链，因此形成平行a轴和c轴的板条状晶体。

2. 光学性质

硅酸盐矿物的硅酸盐骨干与骨干外阳离子以离子键相连，一般具离子晶格的特性。其颜色深浅主要取决于所含的色素离子。含铁族元素的硅酸盐往往带色，而岛状、环状、链状和层状硅酸盐中此类矿物很多，常为深色；架状硅酸盐含色素离子较少，多浅色。尽管硅酸盐矿物的颜色深浅有别，但其条痕色却都呈白色或灰白色，极少例外。硅酸盐为玻璃或金刚光泽，不出现半金属和金属光泽；所有硅酸盐矿物几乎都透明。

3. 解　理

硅酸盐矿物的解理发育机理与晶体形态类似，也取决于硅氧骨干的类型和骨干外阳离子配位多面体（特别是［AlO_6］八面体）的联结方式。层状硅酸盐常发育平行骨干的极完全解理，如云母、滑石等。链状硅酸盐常出现平行链体的中等–完全解理，如辉石、角闪石等。岛状和架状硅酸盐的解理取决结构中强键的分布，如蓝晶石、绿帘石和矽线石分别发育｛100｝、｛001｝和｛010｝完全解理，长石则发育｛010｝和｛001｝两组完全解理。环状硅酸盐一般不发育解理，出现时多平行环面（绿柱石、电气石的｛0001｝不完全解理）或柱面（如堇青石的｛010｝中等解理）。

4. 硬　度

除层状硅酸盐外，其他硅酸盐矿物的硬度均较高，仅次于无水氧化物。其中，岛状硅酸盐因结构紧密，阳离子电荷高，硬度可达6～8；环状硅酸盐大体相似；链状者稍低，在5～6之间；架状硅酸盐虽结构疏松，但［SiO_4］四面体的联结都很牢固，故大多硬度并不低，约5～6，只有沸石族矿物因含水而出现弱的氢键，硬度可以低到3.5～5。层状骨干的硅酸盐硬度很小，多为1（如滑石、累托石）～3（如蛇纹石、云母），这是由于层间键的联结力极弱所致；结构为层—架过渡类型的葡萄石硬度可达6～6.5。

5. 密　度

硅酸盐矿物的相对密度与结构紧密程度和主要阳离子的半径及相对原子质量有关。

岛状硅酸盐为紧密堆积，阳离子半径小而质量大（Zr^{4+}和Ti^{4+}），故相对密度较大，常在3.5以上。架状硅酸盐结构疏松，阳离子（以K^+，Na^+，Ca^{2+}为主）半径大而质量小，相对密度多低于3。环状、链状和层状硅酸盐的结构紧密程度介于岛状和架状之间，它们的相对密度也多在3～3.5之间。在同种结构的硅酸盐中，含水者相对密度较小。

四、成因产状

内生、外生、变质作用均可形成：大部分不含水的硅酸盐矿物主要形成于较高的温度、压力条件下；含水（OH^-、H_2O）者形成的温度、压力较低，甚至在地表条件下也能大量形成。

岩浆作用：在岩浆演化过程中，随着岩浆分异的发展，硅酸盐矿物的结晶有依岛、链、层、架的顺序逐渐由贫硅富铁镁矿物向富硅贫铁镁矿物依次晶出的趋势。在伟晶作用中，除生成长石、云母等一般硅酸盐矿物外，尚有半径过小（如Li和Be）或过大（如Rb 和Cs）离子的硅酸盐（如绿柱石）和含挥发份（B和F）的硅酸盐矿物（如电气石）形成。

热液作用：硅酸盐矿物主要在热液作用的较高温阶段通过对围岩的交代蚀变生成，也可以从热液中直接结晶出来充填到围岩的裂隙中。较常见的热液硅酸盐蚀变作用包括钾长石化、钠长石化、绢云母化、伊利石化、高岭石化、滑石化、蛇纹石化、绿帘石化、阳起石化、绿泥石化等。这些是重要的找矿标志。

变质作用：接触变质和区域变质作用中有大量硅酸盐矿物形成。在区域进变质作用（温度压力增大）中，密度小和结构疏松的矿物向密度大、结构紧密的矿物转化，含水矿物向无水矿物转化，出现十字石、红柱石、蓝晶石、石榴子石等变质矿物；角闪石转化为辉石；许多层状含水硅酸盐矿物如黑云母、绿泥石、高岭石等逐渐消失。如果出现退变质作用（温度压力下降），情况则恰恰相反；辉石向角闪石转化，角闪石又向黑云母转化。这种转化大体也遵循由岛状经链状向层状过渡的趋势。

外生作用：外生作用所形成的硅酸盐矿物主要为层状含水矿物，如蒙脱石、伊利石、高岭石、蛭石、海泡石、海绿石、坡缕石、埃洛石及硅孔雀石等，也有少数其他结构的含水矿物如岛状的异极矿。岛状和架状硅酸盐抗风化能力强，在表生条件下一般能够以碎屑矿物稳定存在于沉积岩（物）中，许多砂岩中的白云母鳞片则是顺水漂流沉积的产物

五、分　类

通常据硅氧骨干的形式分五个亚类：岛状结构硅酸盐、环状结构硅酸盐、链状结构硅酸盐、层状结构硅酸盐、架状结构硅酸盐（表17–2）。

表17-2　硅酸盐矿物亚类划分及其常见的主要矿物种属

亚类	常见主要矿物种属
岛状硅酸盐	锆石、橄榄石、石榴子石、红柱石、蓝晶石、黄玉、十字石、榍石、绿帘石、符山石、异极矿等
环状硅酸盐	绿柱石、电气石、堇青石等
链状硅酸盐	普通辉石、透辉石、硬玉、锂辉石、硅灰石、蔷薇辉石、矽线石、透闪石、阳起石、普通角闪石等
层状硅酸盐	滑石、叶蜡石、白云母、黑云母、金云母、锂云母、高岭石、蛇纹石、伊利石、蒙脱石、葡萄石等
架状硅酸盐	正长石、微斜长石、斜长石、白榴石、霞石、方钠石、方柱石、沸石族矿物、

第三节　亚类分述

一、岛状结构硅酸盐亚类

本亚类包括具单四面体［SiO_4］结构、双四面体［Si_2O_7］结构的矿物。

岛状硅酸盐矿物结构紧密；其化学键在骨干内以共价键为主，骨干外以离子键为主，故显示离子晶格的特性。

一般晶形完好。具孤立［SiO_4］$^{4-}$者呈等轴粒状或短柱状；具［Si_2O_7］$^{6-}$者多呈柱状。多呈无色或浅色，若含Fe^{2+}、Fe^{3+}、Mn^{2+}、Cr^{3+}，则常呈绿、褐、红等色。透明—半透明，玻璃或金刚光泽，硬度高（6～8），相对密度较大（>3），折射率很高。

岛状硅酸盐矿物主要形成于内生和变质作用中，在表生中形成的很少。

锆石（zircon）

Zr［SiO_4］

化学组成：ZrO含量为67.22%，SiO_2 32.78%，常含Hf，Th，U，TR等类质同象组分和水等混入物。锆石中Hf的含量变化具有标型意义，不同类型的岩石中的锆石ZrO_2／HfO_2比值不同。产于碱性岩中的锆石，其ZrO_2／HfO_2比值最大（多>60）；至基性岩—中性岩—酸性岩，ZrO_2／HfO_2比值依次降低。富铪锆石是寻找Nb和Ta等稀有元素矿床的标志。

晶体结构：四方晶系；单岛状结构；空间群$D^{19}_{4h}-I4_1/amd$；a_0=0.662nm，c_0=0.602nm；Z=4。

形　　态：晶体常呈四方双锥、柱状（彩图102），并具标型性：碱性岩中者，锥面发育，柱面不发育，晶体呈双锥状或短柱状；酸性岩中者，柱面锥面皆发育，晶体呈柱状。

图17-1 锆 石

物理性质：通常呈黄～红棕色，金刚～玻璃光泽，断口油脂光泽。柱面不完全解理；硬度7.5～8。相对密度 4.4 ～ 4.8。

成因产状：为岩浆作用晚期的产物，主要产于霞石正长岩及其伟晶岩中，与长石、霞石、磷灰石及含TR、Th、U、Nb、Ta的矿物共生；可作为副矿物出现于各类岩浆岩中；常可形成漂砂矿床；常作为碎屑物质见于碎屑岩及变质岩中。

鉴定特征：晶形、高硬度、金刚光泽。与金红石区别是硬度较大，无｛110｝完全解理；与锡石区别是相对密度较小，在锌板上遇盐酸无锡膜反应。

主要用途：提取Zr、Hf的主要矿物原料；色美而透明无瑕者可作宝石；锆石的形态、颜色、Zr/Hf等具标型性，可用于对比岩体或地层；利用锆石以研究沉积物中碎屑物质的来源。

橄榄石（Olivine）

$(Mg, Fe)_2[SiO_4]$

化学组成：成分中除Mg和Fe呈完全类质同象外，还可以有Fe^{3+}，Mn，Ca，Ti，Ni等次要的类质同象组分。镁橄榄石端员MgO含量57.29%，SiO_2含量为42.71%；铁橄榄石端员FeO的含量70.51%，SiO_2含量为29.49%。

晶体结构：斜方晶系；单岛状结构；空间群D^{16}_{2h}－Pbnm；其中镁橄榄石$Mg_2[SiO_4]$的a_0=0.4754nm，b_0=1.0197nm，c_0=0.59861nm；铁橄榄石$Fe_2[SiO_4]$的a_0=0.48261 nm，b_0=1.0478 nm，c_0=0.6089 nm；Z=4。

形　　态：柱状或厚板状（彩图103）。常见他形粒状集合体（彩图104）或散粒状分布于其他矿物中。

物理性质：通常为橄榄绿色，镁橄榄石为淡黄、淡绿色；铁橄榄石为绿色、墨绿色。玻璃光泽；透明至半透明。硬度6.5～7；解理中等；常见贝壳断口。相对密度为3.27～4.37，随Fe^{2+}的含量增加而增大。

成因产状：形成与深部岩浆作用有关，是超基性岩及基性岩的主要造岩矿物。是地幔岩和石陨石的主要矿物之一。也有接触变质和区域变质成因。

（a）　　（b）　　（c）

图17–2　橄榄石

（a）板状单晶体；（b）他形粒状；（c）粒状集合体

鉴定特征： 橄榄绿色、粒状、解理性差、贝壳状断口。

主要用途： 富Mg的橄榄石可作镁质耐火材料；颗粒粗大（>8mm）而透明者可作宝石。

石榴子石（Garnet）

通式为$A_3B_2[SiO_4]_3$

化学组成： 通式中A代表2价阴离子Mg^{2+}、Fe^{2+}、Mn^{2+}、Ca^{2+}、及Y^{+}、K^{+}、Na^{+}等，B代表3价阴离子Al^{3+}、Fe^{3+}、Cr^{3+}、V^{3+}及Ti^{4+}、Zr^{4+}等。按阳离子间的关系将本族矿物分为铝系和钙系两个完全类质同象系列（表17–3）。

铝系： 镁铝榴石、铁铝榴石、锰铝榴石、

钙系： 钙铝榴石、钙铁榴石、钙铬榴石、钙钒榴石、钙锆榴石等

表17–3　　石榴子石族矿物化学成分及结构特征

系列	矿物名称	英文名	化学式	化学成分WB/%	a_0/m
铝系	镁铝榴石	Pyrope	$Mg_3Al_2[SiO_4]_3$	MgO 29.8，Al_2O_3 25.4，$SiO_2$44.8	1.1459
	铁铝榴石	Almandite	$Fe_3Al_2[SiO_4]_3$	FeO 43.3，Al_2O_3 20.5，$SiO_2$36.2	1.1526
	锰铝榴石	Spessartite	$Mn_3Al_2[SiO_4]_3$	MnO 43.0，Al_2O_3 20.6，$SiO_2$36.4	1.1621
钙系	钙铝榴石	Grossular	$Ca_3Al_2[SiO_4]_3$	CaO 37.3，Al_2O_3 22.7，$SiO_2$40.0	1.1851
	钙铁榴石	Andradite	$Ca_3Fe_2[SiO_4]_3$	CaO 33.0，Fe_2O_3 31.5，$SiO_2$36.5	1.2048
	钙铬榴石	Uvarovite	$Ca_3Cr_2[SiO_4]_3$	CaO 33.5，Cr_2O_3 30.6，$SiO_2$35.9	1.2000
	钙钒榴石	Goldmanite	$Ca_3V_2[SiO_4]_3$	CaO 30.9，V_2O_5 27.5，$SiO_2$41.6	1.2035
	钙锆榴石	Kimzeyite	$Ca_3Zr_2[SiO_4]_3$		1.2460

晶体结构： 等轴晶系；岛状结构；空间群O^{10}_h-Ia3d；a_0=1.1459 ~1.248nm，Z=8。

形　　态： 晶体常呈菱形十二面体｛110｝、四角三八面体｛211｝或二者之聚形。通常富Ca岩石（如矽卡岩）中，多形成钙系石榴子石，以｛110｝为主（彩图106），次为｛211｝；而在富Al岩石（尤其是花岗伟晶岩）中，多形成铝系石榴子石，往往呈｛211｝，如镁铝榴石、锰铝榴石（参见彩图107，108）。

（a）　　（b）　　（c）

图17-3　石榴石

（a）铁铝榴石；（b）锰铝榴石；（c）钙铝榴石

物理性质：钙系石榴石的颜色一般偏各种绿色较多，而铝系石榴石的颜色多呈各种红色，玻璃光泽，断口油脂光泽。无解理，硬度6.5～7.5，性脆。

成因产状：广泛分布于各种地质作用产物中（表17-4），由于物化性质稳定，砂矿中常见。受热液蚀变和强风化后可转变成绿泥石、绢云母、褐铁矿。

表17-4　　石榴子石族矿物主要物理性质及成因产状

矿物名称	颜色	硬度	相对密度	主要成因产状
镁铝榴石	紫红色、血红、橙红、玫瑰红	7.5	3.582	榴辉岩、金伯利岩、橄榄岩、蛇纹岩
铁铝榴石	褐红、棕红、橙红、粉红	7～7.5	4.318	中级变质岩、花岗岩、伟晶岩
锰铝榴石	深红、橘红、玫瑰红、褐	7～7.5	4.190	低级变质岩、花岗伟晶岩、锰矿床
钙铝榴石	红褐、黄褐、蜜黄、黄绿	6.5～7	3.594	矽卡岩、热液脉
钙铁榴石	黄绿、褐黑	7	3.589	
钙铬榴石	鲜绿	7.5	3.9	超基性岩、矽卡岩
钙钒榴石	翠绿、暗绿、棕绿	6.5	3.68	碱性岩、角岩
钙锆榴石	暗棕色	7.25	4.0	碱性岩、伟晶岩

鉴定特征：等轴状的晶形、油脂光泽、缺乏解理、硬度高。

主要用途：作研磨材料、钟表钻头。色美、粒大（>8mm，绿色者>3mm）、透明而无杂质者可作宝石原料；最有意义的是镁铝榴石，可用于指导找金刚石。

红柱石（Andalusite）

$Al^{VI}Al^{V}[SiO_4]O$

化学组成：Al可被Fe^{3+}（≤9.6%）和Mn（≤7.7%）类质同象置换。

晶体结构：斜方晶系；含［AlO_6］链-岛状结构；空间群D^{12}_{2h}－Pnnm；a_0=0.778 nm，b_0=0.792nm，c_0=0.557 nm；Z=2。

形态：柱状晶体，横断面近正方形（彩图109）。有时含定向排列的碳质包裹体，横断面呈黑十字形（空晶石）（彩图110）。集合体常呈平行状或放射状。放射状集合体因形似菊花，而称为菊花石（彩图111）。

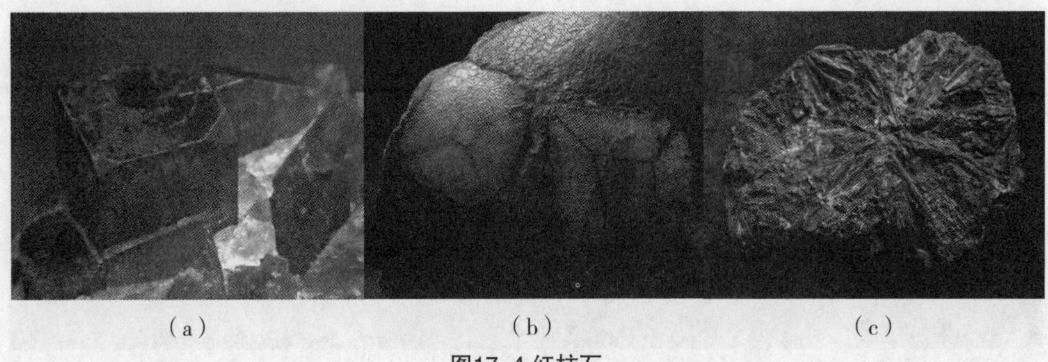

（a）　　（b）　　（c）

图17–4 红柱石

（a） 柱状晶体；（b）空晶石；（c）放射状集合体（菊花石）

物理性质：常呈灰白色，新鲜面呈肉红色。//｛110｝ 中等解理。硬度6.5～7.5 。相对密度3.15～3.16。

成因产状：主要为变质成因矿物，可见于富铝的泥质片岩中，也见于泥质岩与侵入岩的接触带中，是典型的接触热变质的产物。

鉴定特征：灰色，肉红色，柱状，近正方形横截面，//｛110｝两组解理中等。

主要用途：制造高级耐火材料、雷达天线罩原料，用于陶瓷工业。空晶石、菊花石可做观赏石或装饰材料。色好、透明、粒度大者可做宝石。

蓝晶石（kyanite）

$Al^{VI}_2[SiO_4]O$

化学组成：Al_2SiO_5有三种同质多像变体：即：蓝晶石$Al^{VI}_2[SiO_4]O$、红柱石、$Al^{VI}Al^{V}[SiO_4]O$、矽线石 $Al^{VI}[Al^{IV}SiO_5]$。组分与红柱石相同，可含Cr^{3+}（≤12.8%）和Fe_2O_3（1%～2%，有时可达7%）以及少量CaO，MgO，FeO，TiO_2等混入物。

晶体结构：三斜晶系；层—岛状结构；空间群$C^1_i-P\bar{1}$；a_0=0.710nm，b_0=0.774nm，c_0=0.557 nm；β=90° 06′；γ=105° 45′；Z=4。

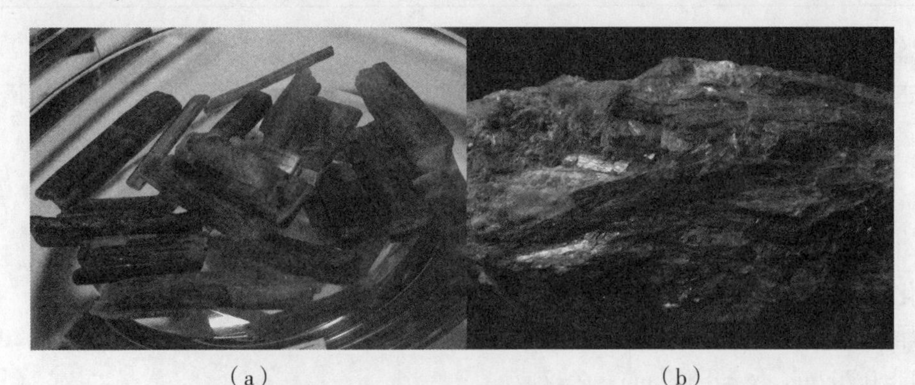

（a）　　（b）

图17–5　蓝晶石

（a） 柱状晶体；（b）柱状集合体

矿物形态：晶体常呈∥c轴的扁平柱状、板条状或片状（彩图112，113），有时呈放射状集合体。

物理性质：常呈浅蓝色，也有蓝绿色、灰白色，{100}一组完全解理，解理面上珍珠光泽。硬度明显异向性4.5～6，∥柱状方向为4.5，⊥柱状的方向为6，比重中等3.53～3.65。

成因产状：为区域变质作用产物，是结晶片岩中典型的变质矿物。

鉴定特征：颜色、明显的硬度异向性、产于结晶片岩中。

主要用途：制造耐火材料及高强度轻质硅铝合金材料，也可从中提取铝。色泽好，透明且晶粒粗大者可作宝石原料。

托帕石（Topaz）

又名黄玉、黄晶。

$Al_2[SiO_4](F, OH)_2$

化学组成：Al_2O_3含量55.4%，SiO_2含量为32.6%，F含量为20.7%。从伟晶岩→云英岩→热液脉，n（F）/n（OH）比值从大→小（约3→1）。

晶体结构：斜方晶系；岛状结构；空间群D_{2h}^{16}－Pbnm；a_0=0.465nm，b_0=0.880nm，c_0=0.840 nm；Z=4。

图17-6 托帕石

形　　态：斜方柱状晶形，横断面呈菱形，柱面常有纵纹（彩图114）。集合体不规则粒状、块状。

物理性质：常见、无色、淡蓝色或酒黄色，玻璃光泽，透明。{001}完全解理 。硬度8。相对密度3.52～ 3.57。

成因产状：典型气成热液矿物。主要见于花岗伟晶岩、云英岩、高温气成热液脉中。

鉴定特征：柱状、横断面为菱形、柱面有纵纹、{001}完全解理 、硬度8。

主要用途：可作研磨材料、精密仪表轴承等。透明色美者可作宝石原料。

榍石（Sphene）

CaTi［SiO_4］O

化学组成：CaO含量为28.6%，TiO含量为40.8% SiO含量为30.6%。Ca可被Na、TR、Mn、Sr、Ba代替；Ti可被Al、Fe^{3+}、Nb、Ta、Sn、Cr代替；O可被（OH）、F、Cl代替。

晶体结构：单斜晶系;岛状结构；空间群C^6_{2h}－C2/c；a_0=0.655 nm，b_0=0.870nm，c_0=0.743nm；β=119° 43′；Z=4。

形　　态：常呈扁平信封状或楔状晶体，横断面呈楔形（彩图115）。

物理性质：常见蜜黄或褐色，金刚光泽，断口松脂光泽。透明至半透明。相对密度3.29～3.60. 硬度5～5.5。

成因产状：中、酸性岩浆岩和碱性岩中常见副矿物之一。碱性伟晶岩中常见较大晶体。

鉴定特征：以特有的扁平信封状晶形和楔形横截面与其他蜜黄色矿物相区别。

主要用途：大量时可作钛矿石，也可作为稀土元素矿床的找矿标志。色泽美丽透明者也可用作宝石原料。

图17-7　榍　石

绿帘石（Epidote）

Ca_2Al_2Fe［Si_2O_7］［SiO_4］O（OH）

化学组成：绿帘石与斜黝帘石可形成完全类质同象。类质同象替代除了Fe^{3+}以外还有Mn、Mg、Ti、Fe^{2+}、Na、K等。

晶体结构：单斜晶系;链－岛状结构；空间群C^2_{2h}－$P2_1/m$；a_0=0.888~0.898nm，b_0=0.561~0.566nm，c_0=1.015~1.030 nm；β=115° 25′~115° 24′；Z=2。

形　　态：晶体常呈柱状晶形、晶面具有明显的纵纹（彩图116），集合体常呈柱状、放射状、晶簇状（彩图117）。

图17-8　绿帘石

物理性质：常见黄绿色，含Fe多时呈绿黑色，玻璃光泽。｛001｝一组完全解理；硬度6～6.5。相对密度为3.38～3.49。

成因产状：生成主要与热液（中温）作用有关，广泛见于各种岩石中。

鉴定特征：以柱状、晶面具纵纹、特征的黄绿色、｛001｝一组完全解理可与相似的橄榄石及角闪石相区别。

主要用途：色美、透明、粒粗者可做宝石。

异极矿（Hemimorphite）

$Zn[Si_2O_7][OH]_2 \cdot H_2O$

化学组成：ZnO含量为67%，SiO含量为25%，H_2O 7.5%。常含有Fe、Al、Pb和Ca等。

晶体结构：斜方晶系；岛状结构；空间群C^{20}_{2V}－Imm2；a_0=0.8370nm，b_0=1.0719nm，c_0=0.5120 nm；Z=2。

形态：晶体较小，呈板状，在直立轴C轴方向呈异极象。通常呈板粒状、皮壳状、肾状、葡萄状、钟乳状以及土状等集合体（彩图36，118）。

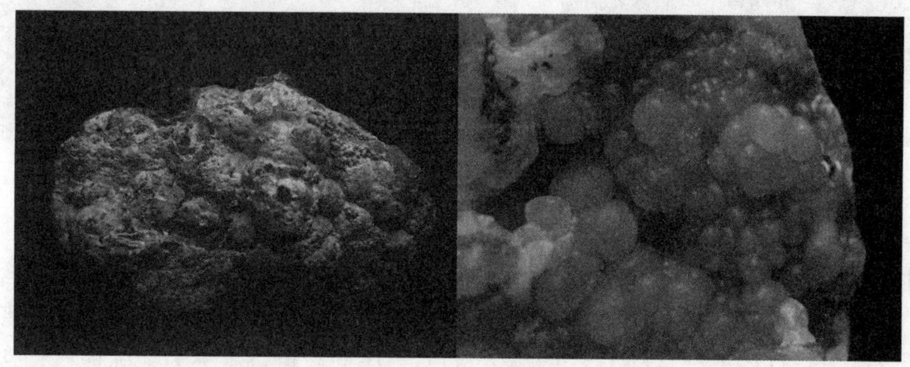

图17-9 异极矿

物理性质：无色，集合体呈白色、灰色，并带黄、褐、绿、蓝等色调；透明；玻璃光泽。解理｛011｝完全；硬度4～5。相对密度为3.40～3.50。晶体具焦电性，加热时晶体直立轴的两端出现不同电荷。

成因产状：产于铅锌硫化物矿床的氧化带常与菱锌矿、白铅矿和褐铁矿等共生。也可按菱锌矿、方解石、白云石、萤石、磷氯铅矿和方铅矿假象产出。

鉴定特征：溶于酸、产生硅胶、不析出CO_2，可与菱锌矿相区别。

主要用途：大量富集时可作为锌矿开采，也可作为找矿标志，颜色艳丽者可作为观赏石。

二、环状结构硅酸盐亚类

垂直环平面（沿c轴）的方向上环与环之间的联结力一般较强，晶体常呈柱状形态，往往属三方、六方晶系，如电气石、绿柱石。颜色常呈深色，玻璃光泽，透明~半透明。一般解理不发育。硬度较高，密度中等。

绿柱石（Beryl）

$Be_3Al_2[Si_6O_{18}]$

化学组成：BeO含量为13.96%，Al_2O_3含量为18.97%，SiO_2含量为67.07%。常含有铬、铯、钒、铁、镍等色素离子。

晶体结构：六方晶系；典型六方环状结构；空间群D^2_{6h}－P6/mcc；a_0=0.9188 nm，c_0=0.9189nm；Z=2。

形态：晶体多呈六方柱状，柱面上常有纵纹（彩图119）。富碱金属者，呈短柱状或{0001}更发育的板状；不含碱者晶面条纹较明显。

a. 海蓝宝

b. 摩根石

图17-10 绿柱石

物理性质：纯者无色透明，常见各种色调的绿色，颜色因所含杂质而异：含微量Cr_2O_3或V_2O_5，翠绿色者称为祖母绿（参见彩图11）；含$Fe^{2+}O$，海蓝色，透明者称为海蓝宝石（彩图119）；含Fe_2O_3、Cl，金黄色、浅柠檬黄色者称为金绿柱石；含较多Cs_2O，粉红色、玫瑰红色者称为铯绿柱石。玻璃光泽。硬度7.5～8；{0001}、{$10\bar{1}0$}不完全解理。相对密度为2.6～2.9。

成因产状：典型气成热液矿物，产于花岗伟晶岩、云英岩及高温热液脉中。

鉴定特征：柱状晶形、高硬度、解理不发育。

主要用途：提取Be的主要矿物原料，Be及其合金广泛用于航空、宇航、导弹、原子能工业及机械工业；色泽美丽且透明无瑕者可作中、高档宝石原料。

电气石（Tourmaline）

$Na(Mg, Fe, Mn, Li, Al)_3Al_6[Si_6O_{18}][BO_3]_3(OH, F)_4$

化学组成：电气石是一种硼硅酸盐矿物。成分中类质同象广泛，可以在镁电气石-黑电气石之间以及黑电气石-锂电气石之间形成两个完全类质同象系列，镁电气石和锂电气石之间为不完全类质同象。富含Cr_2O_3（可达10.86%）称为铬电气石。

晶体结构：三方晶系；复三方环状结构；空间群C^5_{3V}－R3m；a_0=1.584~1.603nm，c_0=0.709~0722 nm；Z=3。

形　　态：柱状（或针状）晶体，两端具不同的三方单锥晶面，柱面常有纵纹，横断面呈球面三角形（彩图121）。

图17-11　电气石

物理性质：颜色随成分而异：富含Fe^{2+}者，呈黑色，称黑电气石；富含Li^{+}、Cs^{+}、Mn^{2+}者，呈玫瑰红色、绿色、浅蓝色，统称彩色电气石；富含Mg^{2+}，常呈黄色、褐色；富含Cr^{3+}，呈深绿色。此外，常具色带现象，如西瓜电气石（参见彩图122）。玻璃光泽。无解理，有时可见｛0001｝裂开；硬度7～7.5。相对密度3.03～3.25。具热电性和压电性。

成因产状：典型气成热液矿物，主要产于花岗伟晶岩及气成热液矿脉或其蚀变围岩中，与白云母、石英、黄玉等共生；也见于矽卡岩中；可呈碎屑矿物出现于漂砂及沉积岩中。

鉴定特征：柱状、柱面纵纹、球面三角形横断面、无解理、高硬度。

主要用途：可作宝石原料（碧玺）；热电性及压电性良好的晶体可用于无线电工业。

三、链状结构硅酸盐亚类

包括单链（如透辉石、蔷薇辉石等）、双链（如角闪石、矽线石等）。一般呈柱状、针状、纤维状。含惰性气体型阳离子者一般为无色或浅色，含过渡型阳离子者为深彩色。玻璃光泽。//链延伸方向的解理中等至完全。硬度较高。密度中等。

普通辉石（Augite）

$Ca(Mg, Fe^{2+}, Fe^{3+}, Ti, Al)[(Si, Al)_2O_6]$

化学组成：Al^{3+}代替Si^{4+}的量多数超过5%，Ti^{4+}和Fe^{3+}也可代替Si^{4+}，次要成分常含有Ti、Na、Cr、Ni、Mn等，TiO_2含量一般为3%~5%，有的高达8.97%，称为钛辉石。

晶体结构：单斜晶系;二重单链状结构;空间群 $C^6_{2h}-C2/c$；Z=4。合成无Al者a_0=0.970~0.982 nm，b_0=0.889~0.903nm，c_0=0.524~0.525 nm；β=105°~107°。一般a_0和b_0随Al增高而减少，c_0、β随Al增高而增大。

形　　态：晶体常为短柱状，横断面近正八边形。集合体呈粒状或块状（彩图123）。

图17-12　普通辉石

物理性质：绿黑色、褐黑色或黑色，玻璃光泽。柱面｛110｝解理完全或中等，夹角为87°和93°。硬度5.5~6。相对密度为3.23~3.52。

成因产状：内生作用的产物。为基性、超基性岩的主要造岩矿物，与 橄榄石、斜长石等共生。也见于变质岩中。

鉴定特征：绿黑色、短柱状、解理。

主要用途：具有矿物学和岩石学意义。

透辉石（Diopside）— 钙铁辉石（Hedenbergite）

$CaMg[Si_2O_6]$—$CaFe[Si_2O_6]$

化学成分：透辉石和钙铁辉石为完全类质同象系列。成分中有Na、Al、Cr、Ti、Ni、Mn、Zn、Fe^{3+}等类质同象代替和磁铁矿、钛铁矿等机械混入物，成分复杂，可形成许多变种，主要为含Cr较多的铬透辉石或铬次透辉石。

晶体结构：单斜晶系；空间群$C^6_{2h}-C2/c$；a_0=0.9746~0.9845nm，b_0=0.8899~0.9024nm，c_0=0.5251~0.5245 nm；β=105°38′~104°44′；Z=4。

形　　态：短柱状晶体，横断面呈正方形或正八边形。集合体粒状、放射状（彩图124）。

图17-13　透辉石

物理性质：透辉石呈无色～浅绿色，条痕无色；钙铁辉石为深绿～墨绿色，氧化后呈褐色或褐黑色，条痕浅绿～深绿。玻璃光泽。硬度 5.5～6.5；｛110｝解理中等～完全，夹角87°。相对密度3.22～3.56。

成因产状：为矽卡岩矿物之一，与石榴子石共生。透辉石也是基性和超基性岩的常见矿物；高级区域变质和热变质作用也可形成。钙铁辉石也可见于热变质的含铁沉积物中。

鉴定特征：颜色、晶形、产状。

主要用途：可用于陶瓷工业，降低熔点，节约能源。色绿、透明、颗粒大或含管状或纤维状包裹体的透辉石具星光效应或猫眼效应者可作宝石原料。

蔷薇辉石（Rhodonite）

$(Mn,Ca)_5[Si_5O_{15}]$

化学组成：MnO含量为46%～30%，FeO含量为2%～12%，CaO含量为4%～6.5%，SiO_2含量为45%～48%。$CaSiO_3$固溶体含量不超过20%。含MgO达6.24%的变种为西湖村石。富Fe和Zn者分别称铁蔷薇辉石、锌蔷薇辉石。

晶体结构：三斜晶系；平行C轴的五重单链状结构；空间群C^1_i-P1；a_0=0.668nm，b_0=0.766nm，c_0=1.220 nm；α=111°01′，β=86°00′，γ=93°02′；Z=2。

形　　态：平行厚板状、三向等长或一向拉长粒状。晶面粗糙，晶棱弯曲。常呈粒状或致密块状（彩图125）。

物理性质： 蔷薇红色，表面常因氧化而呈黑色的氢氧化锰被膜或细脉。玻璃光泽，｛110｝和｛110｝两组解理完全，｛001｝解理不完全。三组解理交角近于90°。硬度5.5~6.5。相对密度3.4~3.75.

成因产状： 主要常见于片岩和其他变质岩中，与锰铝榴石、菱锰矿等共生。表生条件下极易氧化为软锰矿、菱锰矿等。

鉴定特征： 致密块状、蔷薇红色、黑色被膜。以硬度和加HCl不起泡与菱锰矿区别。

主要用途： 致密块状者可做细工石料，雕刻工艺品，别称玫瑰石。北京昌平产的蔷薇辉石称京粉翠或桃花石。

图17–14　蔷薇辉石

硬玉（Jadeite）

$NaAl[Si_2O_6]$

化学组成： Na_2O含量为15.2%，Al_2O_3含量为25.2%，SiO_2含量为59.4%。一般较纯。

晶体结构： 单斜晶系；二重单链状结构；空间群$C^6_{2h}-C2/c$；a_0=0.9480nm，b_0=0.8562nm，c_0=0.5219~0.5223 nm；β=107° 58′~107° 56′；Z=4。

形　　态： 晶体极少见，通常呈致密粒状或纤维状集合体（彩图126）。

物理性质： 无色、白色，含铬、铁、锰者呈浅绿或苹果绿色。玻璃光泽。硬度6.5~7，刺状断口，质地坚韧。相对密度为3.24~3.43.

成因产状： 为高压变质的标型矿物，主要产于碱性变质岩中。也见于碱性岩浆岩中。

鉴定特征： 致密块状、高硬度、极坚韧，见于碱性变质岩中。

主要用途： 隐晶集合体称翡翠，是品质极佳的高档玉石材料。

图17–15　硬　玉

锂辉石（Spodumene）

$LiAl[Si_2O_6]$

化学组成： Li_2O含量为8.07%，Al_2O_3 27.44%，SiO_2含量为64.49%。常有少量Fe^{3+}和Mn^{3+}代替Al^{VI}，Na^+代替Li^+；可含稀有稀土元素及Cs等。

晶体结构： 单斜晶系；空间群C^3_2-C2或$C2/c$；a_0=0.9463 nm，b_0=0.8392nm，c_0=0.5218 nm；β=110° 11′；Z=4。

形　　态：呈柱状，柱面常具纵纹（彩图127），有时可见巨大晶体（长达16米）。集合体成板柱状，棒状，也可呈致密隐晶块体。

物理性质：灰白色、灰绿色；含Cr的翠绿色者称翠绿锂辉石，含Mn呈紫色者称紫色锂辉石。玻璃光泽，解理面微显珍珠晕彩。硬度6.5～7，{110}柱面解理完全或中等，相对密度3.13～3.2。

成因产状：富Li花岗伟晶岩的标型矿物。常与石英、微斜长石、钠长石、白云母等共生。

鉴定特征：颜色、晶形、及其产状。吹管烧之膨胀，并染火焰成浅红色（Li）。

图17-16　锂辉石单晶体和双晶

主要用途：是提取Li的原料。透明色美者可做宝石。在陶瓷和玻璃工业中做助熔剂。

普通角闪石（Hornblende）

$NaCa_2(Mg, Fe, Al)_5[(Si, Al)_4O_{11}]_2(OH)_2$

化学组成：阳离子广泛出现类质同象替代。铝以Al^{IV}和Al^{VI}两种方式存在，K含量可超过Na，常含TiO_2含量为0.1%～25%。

晶体结构：单斜晶系；二重双链状结构，空间群$C^3_{2h}-C2/m$；a_0=0.979nm，b_0=1.790nm，c_0=0.528 nm；β=105° 31′；Z=2。

形　　态：晶体呈较长的柱状或针状，横断面呈假六边形或菱形，集合体常呈柱状或纤维状（彩图128）。

物理性质：常带不同色调的绿色：浅绿～深绿或黑绿色，玻璃光泽。硬度5～6；柱面解理{110}完全，两组解理夹角124°或56°。相对密度3.1～3.3。

成因产状：为各种中酸性岩浆岩（如闪长岩、正长岩、花岗岩）的主要造岩矿物之一；在基性喷出岩中富含Fe_2O_3和TiO_2的变种称为玄武角闪石。也是区域变质岩角闪岩相（如角闪岩、角闪片岩、角闪片麻岩）的主要组成矿物之一。

图17-17　普通角闪石

鉴定特征：柱状、颜色、解理。以124°或56°解理夹角、菱形或近菱形断面可与普通辉石区别。

主要用途：同角闪石石棉。

透闪石（Tremolite）—阳起石（Actinolite）

$Ca_2Mg_5[Si_4O_{11}]_2(OH)_2$—$Ca_2(Mg,Fe)_5[Si_4O_{11}]_2(OH)_2$

化学组成：Mg和Fe为完全类质同象替代系列。透闪石可含少量Fe，当FeO含量在6%～13%时，称阳起石。

晶体结构：单斜晶系；二重双链状结构；空间群C^3_{2h}－C2/m；a_0=0.989nm，b_0=1.814nm，c_0=0.5361 nm；β=105° 48′；Z=2。

形　　态：晶体常呈长柱状或针状，集合体成细长柱状、针状、放射状、纤维状，或粒状、致密块状（彩图129，130）。纤维状透闪石集合体称为透闪石石棉。纤维状阳起石集合体称为阳起石石棉。致密坚韧并具刺状断口的透闪石—阳起石隐晶质块体称为软玉。

（a）　　　　　　　　　　　　　　（b）

图17–18　透闪石和阳起石

（a）透闪石；（b）阳起石

物理性质：透闪石常呈白色或灰白色；阳起石为浅绿色~墨绿色，因Fe含量之多少而异。 玻璃光泽，纤维状者具丝绢光泽，致密隐晶块体者油脂或蜡状光泽。硬度5～6；｛110｝柱面完全解理。相对密度3.02～3.44，随铁的含量增加而增加。

成因产状：主要为变质及热液成因。产于矽卡岩、结晶片岩及区域变质的泥质大理岩中。

鉴定特征：颜色、形态及解理。

主要用途：透闪石可作为玻璃材料、冶金保护渣、涂料填料。石棉可作工业用的绝热、绝缘材料。不同色调的软玉可作为玉石材料，也为和田玉的主要矿物成分，是上好的玉料。

矽线石（Sillimanite）

$Al^{VI}[Al^{IV}SiO_5]$

化学组成：Al_2O_3含量为69.93%，SiO_2 37.07%。又称为硅线石，是红柱石、蓝晶石的同质多象变体。常有少量Fe^{3+}代替Al，有时含微量Ti、Ca、Mg等。

晶体结构：斜方晶系；空间群$D^{16}_{2h}-Pbnm$；a_0=0.743 nm，b_0=0.758nm，c_0=0.574 nm；Z=4。

形　　态：长针状或针状晶形，常呈纤维状或放射状集合体（彩图131）。有时呈毛发状（细矽线石）包裹于石英、长石晶体中。

图17-19　矽线石的纤维状集合体

物理性质：白、灰或浅褐、浅绿色。{010}完全解理。硬度6.5～7.5。相对密度为3.23～3.27。

成因产状：产于高温接触变质带的铝质岩和结晶片岩及片麻岩中。加热到1545℃转变为莫来石和石英。莫来石是一种重要的陶瓷材料。

鉴定特征：棒状、针状晶形，在接触变质带和变质岩中产出。

主要用途：制造高铝耐火材料和耐酸材料，用于技术陶瓷、内燃机火花塞的绝缘体及飞机、汽车、船舰部件的硅铝合金。具有猫眼效应者可作宝石原料。

四、层状结构硅酸盐亚类

层状硅酸盐矿物的形态和许多性质特征都是由其结构和不同结构位置的成分所决定的。四面体片与八面体片、二八面体型与三八面体型结构、TO 型与TOT型结构单元、层间域及其组成、结构水及层间水等内容，是理解层状硅酸盐矿物之所以具有假六方板、片状或短柱状形态、一组极完全底面解理、低硬度，小密度、具弹性或挠性、具吸附性、具膨胀性和可塑性、具离子交换性，甚至多在表生条件下稳定等内在属性的关键内容。

1．晶体化学特点

本亚类矿物的络阴离子为$[Si_4O_{10}]^{4-}$，与其相配位的阳离子有Mg^{2+}、Fe^{2+}、Al^{3+}、Fe^{3+}、Li^{+}、Cr^{3+}等。矿物普遍含结构水，有的还具层间水。

四面体片（T）：每个$[SiO_4]^{4-}$均以3个角顶分别与相邻的3个$[SiO_4]^{4-}$相联结而成的二维延展的网层，最常见六边形网。

八面体片（O）：四面体片中六边形网要求Mg^{2+}、Fe^{2+}、Al^{3+}、Fe^{3+}、Li^{+}、Cr^{3+}等阳离子 与之相适应，CN = 6，与O和OH 形成配位八面体，并彼此共棱相连构成八面体片。

结构单元层：由八面体片和硅氧四面体片 通过共用活性氧相互连结而组成。结构单元层彼此堆垛相连构成矿物的晶体结构，是层状硅酸盐矿物中的最小重复单位。

层间域：结构单元层之间的区域。结构单元层的基本类型：

（1）TO型（1∶1型）：由1个四面体片（T）和1个八面体片（O）组成。

（2）TOT型（2∶1型）：由2个四面体片（T）夹1个八面体片（O）组成。即夹心饼干式。

在八面体片与四面体片相匹配中，对应于四面体片中的一个六方环 范围内有3个共棱八面体，其公共角顶位置正好是位于六方环中心的附加阴离子（OH）$^-$之所在。

（1）三八面体型结构：在1：1型或2：1型结构单元层中，基于电价平衡的要求，每个八面体位置均为二价阳离子（如 Mg^{2+}、Fe^{2+}等）所占据。

（2）二八面体型结构：若仅有2/3的八面体位置为三价阳离子（如Al、Fe^{3+}等）占据，电价即可达平衡，其余1/3的八面体位置则空位。

层状结构硅酸盐矿物结构的4种类型：

（1）高岭石型：高岭石（$Al_4[Si_4O_{10}](OH)_8$）属1：1型的二八面体型结构；蛇纹石（$Mg_6[Si_4O_{10}](OH)_8$）属1：1型的三八面体型结构。

（2）叶蜡石型：叶蜡石（$Al_2[Si_4O_{10}](OH)_2$）属2：1型的二八面体型结构；滑石（$Mg_3[Si_4O_{10}](OH)_2$）属2：1型的三八面体型结构。

（3）云母型：云母的结构是典型的2：1型，与滑石、叶蜡石相似，只是在四面体片中有部分的Si^{4+}被Al^{3+}所替代，在结构单元层间出现K^+以平衡层电荷。主要根据八面体片中的金属阳离子的占位情况、种别和含量分为三八面体型和二八面体型。

（4）绿泥石型：绿泥石的结构为2：1：1型，相当于2：1型结构单元层（滑石层）与［$Mg(OH)_6$］八面体层（水镁石层）交替排列而成。其滑石层中因$R^{3+}\rightarrow Si^{4+}$而引起的负层电荷，与水镁石层中因$R^{3+}\rightarrow R^{2+}$所致的过剩正电荷彼此中和。

2. 形态、物理性质

矿物晶体//结构层的方向而成多呈单斜晶系的假六方板状、片状或短柱状或鳞片状。如滑石，云母，还有部分层状硅酸盐呈很细的粘土矿物（粒径≤2μm）产出如高岭石、蒙脱石、伊利石等。常发育//结构层极完全解理。解理面上珍珠光泽；薄片具弹性或挠性，少数具脆性；硬度很小1～3，相对密度中等。

3. 成因产状

各种地质作用中均可形成，但以表生条件最为有利且较稳定。许多非层状结构的硅酸盐矿物风化蚀变的最终的稳定产物即层状结构硅酸盐。层状结构硅酸盐矿物特别是粘土矿物分布很广。各类热液矿床中均存在交代蚀变成因的粘土矿物。

4. 粘土矿物及其特性

粘土矿物是指产于粘土和粘土岩中的、结晶极细（一般<2mm）的、以Al、Mg、Fe等为主的含水层状结构硅酸盐矿物。具良好的吸附性、可塑性、膨胀性及离子交换等特殊性能，广泛用作陶瓷、耐火材料，应用于石油、建筑、纺织、造纸、油漆等工业。

粘土矿物主要包括高岭石族、伊利石族、蒙脱石族、蛭石族（包括海绿石）及海泡石族等矿物。

常见的粘土矿物：高岭石（地开石）、蒙脱石、伊利石、蛭石、海绿石、水云母等。

粘土矿物是土壤的主要组成成分之一。土壤中的粘土类型、含量和集聚状态对土壤储纳水分、空气、营养元素、微生物及有机质等方面的能力影响巨大，是土壤质量评价的重要指标。

粘土矿物在农业、工业、地质找矿及环境研究等许多方面都有着极其重要的意义。

滑石（Talc）

$Mg_3[Si_4O_{10}](OH)_2$

化学组成：MgO含量为31.72%，SiO_2含量为63.52%，H_2O含量为4.76%。化学成分较稳定，Si有时被Al代替，Mg有时可被Fe、Mn、Ni、Al代替。

晶体结构：单斜晶系；多型以2M1型较为可能；TOT型—三八面型层状结构；空间群$C^6_{2h}-C2/c$；a_0=0.527 nm，b_0=0.912nm，c_0=1.855 nm；β=100°；Z=4。

形　　态：假六方或菱形板片状微晶，很少见。通常呈致密块状、片状、鳞片状、放射状集合体（彩图132，133）。

图17-20　滑　石

物理性质：白色或浅黄、浅红、浅绿色，玻璃光泽，硬度1，{001}解理完全，薄片具挠性，相对密度2.58～2.83.富有滑腻感。绝缘、耐热及抗酸性能良好。

成因产状：典型的热液蚀变的矿物，为富Mg的超基性岩或白云岩经热液蚀变而成；区域变质作用也可形成。

鉴定特征：低硬度、具滑感、片状异种具极完全解理。与叶蜡石相似区别方法在于用硝酸钴法：滑石灼烧后与硝酸钴作用变为玫瑰红色；而叶蜡石则呈蓝色。

主要用途：作为填料用于造纸、橡胶、涂料、塑料、化工等部门；块滑石、滑石粉可用作陶瓷原料；块滑石瓷具良好的介电性能和机械强度，作高频电瓷绝缘材料；块滑石可作工艺美术品的雕刻石料；可用作润滑剂、镁质矿物肥料等。

叶蜡石（Pyrophyllite）

$Al2[Si_4O_{10}](OH)_2$

化学组成：Al_2O_3含量为28.3%，SiO_2含量为66.7%，H_2O含量为5.0%。Al^{3+}可以被少量的Fe^{2+}、Fe^{3+}、Mg^{2+}代替，可有少量的Al代替Si。

晶体结构：有单斜和三斜两种多型。单斜晶系的叶蜡石较为常见。TOT型–二八面体型层状结构，单斜多型2M较常见；空间群$C^6_{2h}-C2/c$；a_0=0.515 nm，b_0=0.892nm，c_0=1.895nm；β=99°55′；Z=2。三斜多型1Tc：空间群C^1_i-P1/c；a_0=0.5173 nm，b_0=0.8960nm，c_0=0.9360 nm；α=91.2°，β=100.4°，γ=90.0°；Z=4。

形　　态：晶体罕见，常呈叶片状、鳞片状、放射叶片状或隐晶致密块状集合体（彩图134）。

物理性质：白色、浅绿、浅黄、淡灰色，玻璃光泽。致密块体呈油脂光泽。硬度1～2。解理{001}完全，解理面上珍珠光泽。相对密度：2.65～2.90。叶片柔软具挠性，有滑感。

成因产状：多系由富Al的岩石（主要是中酸性喷出岩、凝灰岩或酸性结晶片岩）经热液作用变质而成；低温热液含金石英脉中也可出现。

图17-21 叶蜡石

鉴定特征：主要用途为填料或载体用于造纸、橡胶、油漆、日用化工、农药等部门；与高岭石一同用作陶瓷原料；与耐火粘土混合制成耐火砖，用于钢铁及铸造工业；航天工业上用作发动机喷管的密封材料；合成金刚石工艺中用作制造模具；为著名的图章石“青田石”的主要成分。色彩瑰丽、石质脂润者主要用于雕刻工艺品和印章。

白云母（Muscovite）

$KAl_2[AlSi_3O_{10}](OH)_2$

化学组成：K_2O含量为11.8%，Al_2O_3含量为38.5%，SiO_2 含量为45.2%，H_2O 含量为4.5%。类质同象代替较为广泛，常见混入物：Ba、Na、Rb、Fe^{3+}、Cr、V、Fe^{2+}、Mg、Li、Ca、F等，形成多种成分变种如钡白云母、铬云母等。

晶体结构：单斜晶系，常见$2M_1$多型，TOT型——二八面体型层状结构。空间群$C^6_{2h}-C2/c$；a_0=0.519 nm，b_0=0.900nm，c_0=2.010 nm；β=95° 11′；Z=4。

形　　态：晶体呈假六方板状、短柱状或片状（彩图135）。集合体呈片状、鳞片状（彩图136）。呈极细小鳞片状集合体并具丝绢光泽者称绢云母。晶体大者可达几平方米。

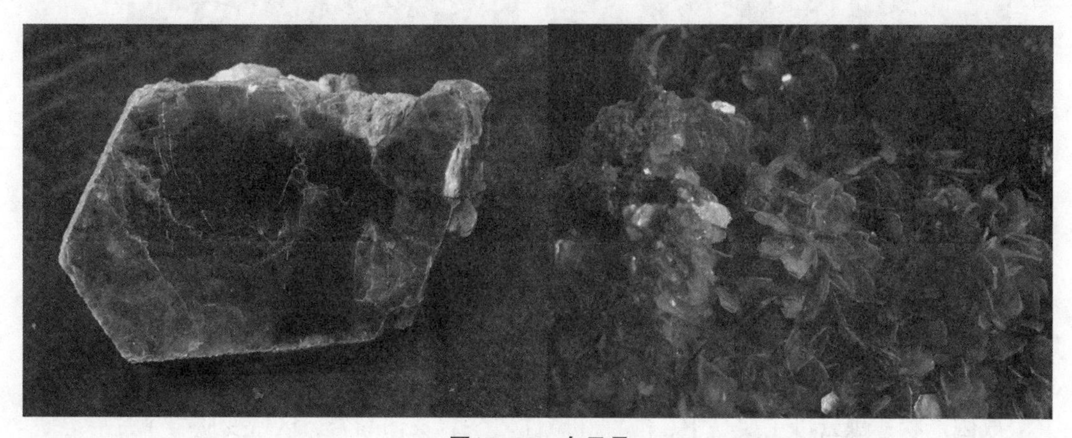
图17-22 白云母

物理性质：一般无色透明，含杂质者微具 浅黄、浅绿等色，玻璃光泽，解理面上珍珠光泽。硬度2.5～3，{001}极完全解理，薄片具弹性。相对密度2.76～3.00。具良好的绝缘性、隔热性及抗酸、抗碱、抗压性强。

成因产状：各种地质作用均可形成，常产于中酸性岩浆岩及伟晶岩、片岩、片麻岩中。具工业价值的白云母主要产于花岗伟晶岩中，常与石英、长石及稀土、稀有、放射性等矿物共生。

鉴定特征：无色透明，片状或鳞片状及产状。

主要用途：作绝缘材料广泛用于电器工业；云母粉作建筑材料、造纸、颜料、涂料、油漆、塑料、橡胶等的填充剂。用于制云母陶瓷、云母纸。

黑云母（Biotite）— 金云母（Phlogopite）

$K\{(Mg, Fe)_3[AlSi_3O_{10}](OH)_2\}$ -- $K\{(Mg)_3[AlSi_3O_{10}](OH)_2\}$

化学组成：类质同象置换广泛，尤其是Mg-Fe间的完全置换，使其成分很不稳定，而且在相当大的范围内变化，当Mg：Fe＜2：1时为黑云母，当Mg：Fe＞2：1时称为金云母。可有Na、Ca、Rb、Cs、Ba代替K；有Al和Fe^{3+}代替Mg、Fe、Mn、Li，还有F、Cl代替OH。

晶体结构：单斜晶系，常见1M多型，TOT型——三八面体型层状结构；空间群C_s^3-Cm；a_0=0.53nm，b_0=0.92nm，c_0=1.02 nm；β =100°；Z=2。

形　　态：晶体呈假六方板状或锥形短柱状，通常为片状或鳞片状集合体（彩图137）。

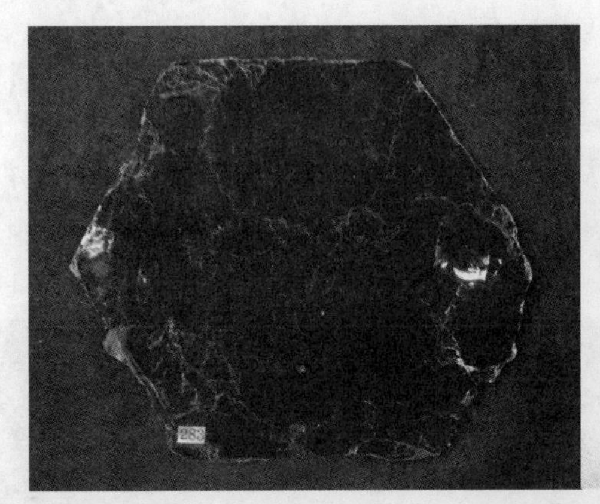

图17-23　黑云母

物理性质：黑云母以黑色、深褐色为主，富Ti者浅红褐色，富Fe^{3+}者绿色；金云母以棕色、浅黄色为主。玻璃光泽，解理面上珍珠光泽或晕彩，透明～半透明。硬度2.5；一组{001}极完全解理，薄片具弹性，相对密度金云母为2.7～2.85，黑云母为3.02～3.12。

成因产状：黑云母主要是中、酸性和碱性岩浆岩及伟晶岩、区域变质岩（片麻岩、片岩）的重要造岩矿物之一。黑云母经热液作用易蚀变为绿泥石、白云母和绢云母等其他矿物，受风化易分解为水黑云母、蛭石、高岭石。

金云母产于超基性侵入岩、伟晶岩及酸性侵入体与富镁贫硅碳酸盐岩接触交代带，与透辉石、镁橄榄石、尖晶石等共生。

鉴定特征：颜色、形状、产状。

主要用途：鳞片状黑云母常用作建筑材料充填物（如云母沥青毡）。金云母的用途与白云母相当，其热稳定性优于白云母，具耐酸、耐碱、耐化学腐蚀、耐各种辐射的性能，但化学性质不如白云母稳定，抗拉、抗压、抗剪强度较白云母低。

锂云母（Lepidolite）

$K\{Li_{2-X}Al_{1+X}[Al_{2x}Si_{4-2x}O_{10}](F,OH)_2\}$

化学组成：成分变化较大，置换K的有Na、Rb、Cs；置换Li和Al的有Fe^{2+}、Mn、Ca、Mg和Ti。Li含量与F含量成正比。一般将Li_2O含量高于35%的列入锂云母范围，低于这一含量者称为铁白云母；富铁的称为铁锂云母。

晶体结构：具有单斜晶系、三方晶系两种类型。多型主要是1M和2M型，为单斜晶系。TOT型——三八面体型层状结构（表17-5）。

表17-5 不同多型锂云母的晶体结构

多型	对称	a_0/nm	b_0/nm	c_0/nm	β	空间群
1M	单斜	0.53	0.92	1.02	100°	Cm或C2/m
2M	单斜	0.92	0.53	2.00	98°	C2/c
3T	三方	0.53	—	3.00	—	$P3_112$或$P3_212$

形　态：晶体呈假六方形，发育完好晶体很少见，常呈片状、细小鳞片状集合体（彩图138），故又名鳞云母。

物理性质：玫瑰色，浅紫色，有时为白色；含锰时呈桃红色。风化后有些成暗褐色，透明；玻璃光泽，解理面珍珠光泽。硬度2～3，｛001｝极完全解理，薄片具弹性，相对密度2.8～2.9。

成因产状：主要产于花岗伟晶岩，与长石、石英、锂辉石、白云母、电气石等共生。

鉴定特征：颜色、形态、产状。

图17-24 锂云母

主要用途：是提取稀有金属锂及Rb和Cs的主要原料。细粒集合体可作玉石材料（工艺名称为丁香紫）。也可用于陶瓷工业。

蛇纹石（Serpentine）

$Mg_6[Si_4O_{10}](OH)_8$

化学组成：MgO 含量为43.6%，SiO_2含量为43.4%，H_2O含量为13.0%。代替Mg的Fe，Mn，Cr，Ni，Al等，从而可以形成相应的成分变种。主要变种有纤蛇纹石、利蛇纹石、叶蛇纹石。

晶体结构：主要为单斜晶系；TO型–三八面体型层状结构；空间群Cm，C2或C2/m；a_0=0.53 nm，b_0=0.92nm，c_0=n×0.73 nm；β=90°～93°；Z=2。

形　　态：单晶体极罕见，纤蛇纹石多为纤维状集合体（称为温石棉Chrysotile asbestos）（彩图139），利蛇纹石和叶蛇纹石为细粒或致密块状集合体（彩图140）。有时表面会出现波状揉皱。

（a）　　（b）　　（c）

图17–25　蛇纹石

（a）纤蛇纹石（温石棉）；（b）块状集合体；（c）致密块状集合体（岫玉）

物理性质：深绿、黑绿、黄绿色，也有呈白色、灰色、浅黄、蓝绿色，常有青、绿色斑纹似蛇皮状。铁的代入使颜色加深，密度加大。常见的块状体呈油脂或蜡状光泽，纤维状者呈丝绢光泽。硬度2.5～3.5。相对密度2.2～3.6。蛇纹石石棉的抗拉强度高，热稳定性好、热导率低，耐碱性强但耐酸性差。

成因产状：主要由富Mg的超基性岩、基性岩及白云岩等经热液蚀变而形成，广泛产在接触变质的镁质大理岩中。我国四川石棉县的温石棉纤维最长可达2米。

鉴定特征：纤维状或块状、颜色、光泽、硬度、产状。

主要用途：温石棉抗拉强度比角闪石石棉高，被广泛应用于建筑、化工、医药、冶金等部门，主要用作隔热、保温、防火、耐热、防腐材料，以纤维的长短作为评价标志。非石棉状的蛇纹石具耐热、耐磨、隔音、质轻等特点，可作不吸水、不燃烧、热绝缘性好、热容量大的高强特种材料或建筑石料。而色泽鲜艳、致密光润的块状者称为蛇纹石质玉（彩图141），属中档玉石，产地较多，其中最著名的是辽宁的岫岩县产出的岫玉。

绿泥石（Chlorite）

$(Mg, Fe^{2+}, Fe^{3+}, Al)_6[(Si, Al)_4O_{10}](OH)_8$

化学组成：成分变化很大，还可以有Ni和Cr等进入八面体片。

晶体结构：多型非常复杂，常见的属单斜晶系；TOT型–三/二八面体型层状结构；空间群C^3_{2h}–C2/m；a_0=0.52 nm，b_0=0.9261nm，c_0=1.43 nm；β=97°；Z=4。

形　　态：假六方片状或板状，少数呈桶状，但晶体少见。常呈鳞片状集合体，也见鲕状（鲕绿泥石）、土状集合体（彩图142）。

物理性质：通常呈灰绿～蓝绿色。颜色因成分而异但主要呈各种色调的绿色：富

Mg者浅蓝绿色；含Fe高者深绿～黑绿色；含Mn者橙红～浅褐色；含Cr者浅紫～玫瑰色。玻璃光泽，解理面上珍珠光泽。{001}完全解理，薄片具挠性。硬度2～3。相对密度2.68～3.40。

成因产状：为辉石、角闪石或黑云母等富Mg、Fe的矿物经低温热液蚀变的产物（绿泥石化）；也可是富Mg、Fe的基性岩浆岩及粘土质的原岩经低级区域变质作用形成（绿泥石片岩）；鲕绿泥石主要产于沉积岩中。

图17-26 绿泥石

鉴定特征：颜色、形态、产状。

主要用途：具矿物学和岩石学意义，也能指示矿化。

葡萄石（Prehnite）

$Ca_2Al[AlSi_3O_{10}](OH)_2$

化学组成：CaO含量为27.16%，Al_2O_3含量为24.78%，SiO_2含量为43.69%，H_2O含量为4.37%。常有Fe^{3+}替换Al^{3+}，有时达11%。

晶体结构：斜方晶系，层状过渡型结构。空间群D^7_{2h}–Pncm；a_0=0.464nm，b_0=0.550nm，c_0=1.840 nm；Z=2。

矿物形态：晶体呈柱状、板状，但少见。常呈板状、片状集合体、葡萄状、放射状、肾状或致密块状集合体（彩图143）。

物理性质：白色，浅黄色，肉红色，或带各种色调的绿色，硬度6~6.5，相对密度为2.80–2.95。

成因产状：见于斜长岩热液蚀变带，玄武岩气孔、矽卡岩、低级区域变质的葡萄石–绿纤石相岩石中。

图17-27 葡萄石

鉴定特征：葡萄状、肾状的形态、淡绿色及产状。

主要用途：绿色半透明者可做宝石。

五、架状结构硅酸盐亚类

主要包括长石族、似长石、沸石族

形态取决于结构特征，可呈粒状、片状或柱状等。通常为浅色透明，多呈玻璃光泽，含杂质时可染成深色。个别矿物解理很发育，解理面上珍珠光泽。硬度较高（绝大多数不含水矿物硬度>5；含水者稍低）。相对密度较低（一般<3；含水者更低，有的仅2±），个别含Ba、Sr或Fe、Zn者例外。

除沸石外，几乎均形成于高温条件下，其中绝大多数皆为岩浆作用的产物：长石族矿物可产于各类岩浆岩和某些变质岩中；霞石族、白榴石族和方钠石族无水矿物主要见于碱性岩浆岩中；方柱石族矿物形成于变质条件下；沸石族矿物为低温热液及表生作用的产物。

（一）长石族

长石族矿物是地壳中分布最广的矿物，约占地壳总重量的50%，是多数火成岩、变质岩及某些沉积岩的主要造岩矿物。许多岩石主要依据长石的种类和含量进行分类命名。

长石族晶体化学特征主要为K、Na、Ca和Ba的铝硅酸盐。大多数长石均包括在$K[AlSi_3O_8]$—$Na[AlSi_3O_8]$—$Ca[Al_2Si_2O_8]$之三成分系中。

铝硅酸盐：在硅酸盐类中，Al^{3+}以四次配位的形式，进入到$[SiO_4]$四面体中，替代一部分Si^{4+}，这种硅酸盐称为铝硅酸盐。

长石的有序—无序：主要指长石晶体结构的$[TO_4]$四面体中，T（T= Si、Al…）位置上Al^{3+}/Si^{4+}的比值、分布和替代规律。有序—无序程度直接影响晶体的对称性和轴长。长石有序—无序的结构状态以有序度和三斜度表示。

形态及物性特征：晶体呈∥a轴的柱状或厚板状（{001}和{010}发育），或∥c轴的柱状（{110}和{010}发育）。双晶很发育，常见多种类型的双晶，被用作鉴定长石类别的重要依据。浅色，常见灰白色或肉红色。玻璃光泽。{001}和{010}完全解理，夹角等于或近于90°（单斜晶系为90°，三斜晶系近于90°）。硬度较大6~6.5。相对密度较小（2.5~2.7）。

成因产状及用途：广泛产于各种成因类型的岩石中，在岩浆岩、变质岩（主要为结晶片岩和片麻岩）、沉积岩（主要为碎屑岩和泥质岩）中分别约占60%、30%、10%。主要为变质岩和岩浆岩的重要造岩矿物。在伟晶岩中可成巨大晶体。

长石经风化作用或热液蚀变易转变为高岭石、绢云母、沸石、方柱石、黝帘石、葡萄石、方解石等。

主要用于陶瓷、玻璃原料、建筑石材；色泽美丽者可作装饰品或工艺美术细工石料及宝玉石；钾钠长石还可用作生产钾肥的原料；含Rb、Cs者可用作提取Rb、Cs的原料。

亚族：碱性长石亚族（透长石、正长石、微斜长石、冰长石、歪长石）、钡长石亚族（钡长石）、斜长石亚族（斜长石）。

正长石（Orthoclase）

$K[AlSi_3O_8]$

化学组成：K_2O含量为16.9%，Al_2O_3含量为18.4%，SiO_2含量为64.7%，常含Ab（钠

长石)分子，有时可达30%；可含微量元素 Fe，Ba，Rb，Cs 等混入物。

晶体结构： 单斜晶系；架状结构；空间群C^3_{2h}–C2/m；a_0=0.8562nm，b_0=1.2996nm，c_0=0.7193 nm；β=116°；Z=4。Al–Si有序度大于0.33。

形　　态： 晶体常呈完好的短柱状或//{010}的厚板状(彩图144)。常见卡斯巴律双晶，也可见巴温诺律或曼尼巴律双晶。集合体呈粒状、板状。

图17–28　正长石双晶

物理性质： 常为肉红色、粉红色、浅黄色、浅黄褐色等，有时可呈灰白或浅绿色，玻璃光泽。解理{001}完全、{010}完全~中等，夹角为90°；硬度6。相对密度为2.57。

成因产状： 为酸性及碱性岩浆岩的主要造岩矿物之一；也常见于片麻岩、混合岩等深变质岩及长石砂岩等岩石中。正长石受到风化或热液蚀变后，常变化为高岭石、其次是绢云母、有时也变化为沸石等。

鉴定特征： 以晶形、颜色、双晶、硬度、解理作为重要的鉴别标志。常与斜长石共生，二者区别详见表17–6。常以表面易风化(不干净)、有两组完全解理、晶形及双晶等特征与石英区别；以其两组完全解理与霞石区别。

主要用途： 较斜长石更为广泛。主要用作绝缘电瓷和陶瓷釉药的材料，以及玻璃和搪瓷的配料；可作为制造钾肥的材料。

表17–6　正长石与斜长石的肉眼鉴定特征

	正长石 K[$AlSi_3O_8$]	斜长石 $Na_{1-x}Ca_x$[($Al_{1+x}Si_{3-x}$)O_8]
晶形	粗短柱状	//{010}的板状
双晶	常见卡斯巴律双晶：在同一断面上可见有反光程度不同的两部分。晶面上无双晶纹。	常具聚片双晶：在底面或解理面上常见反光程度不一的密集的聚片双晶纹。
颜色	通常为肉红色或灰白色。	白色、灰色、偶见肉红色
解理	{001}完全，{010}完全—中等，夹角为90°	{001}和{010}完全，夹角86° ±
产状	常与石英、黑云母等共生，产于花岗岩、正长岩、伟晶岩等浅色岩石中。	常与普通辉石、橄榄石等共生，产于辉长岩、橄榄岩等深色岩石中。

微斜长石(Microcline)

K[$AlSi_3O_8$]

化学组成： 经常含有Ab分子，不超过20%。富含Rb和Cs(可达到4%)的绿色异种称为天河石(Amazonite)。

晶体结构： 三斜晶系；架状结构，空间群C_i^1–$P\bar{1}$；a_0=0.854nm，b_0=1.297nm，c_0=0.722nm；α=90°39′，β=115°56′，γ=87°39′；Z=4。Al–Si有序度S=0.33~1。

形　　态：晶体呈短柱状或板状（彩图145）。常形成粗大晶体（单晶体可重达若干吨）。常具由钠长石律和肖钠长石律两组聚片双晶相交而成的格子双晶。通常呈块状和粒状集合体。微斜长石在伟晶岩中常与石英构成文象结构。

（a）　　　　　　　　　　　　　　（b）

图17–29　微斜长石的变种

（a）条纹长石；（b）天河石

物理性质：常呈肉红色，有时呈浅黄或灰白色、淡绿色，玻璃光泽。｛001｝和｛010｝解理完全，夹角89° 40′ 。硬度6～6.5。相对密度为2.56。

成因产状：形成温度较正长石为低。为伟晶岩、长英岩及中酸性和碱性岩浆岩的主要造岩矿物之一；在酸性岩和碱性岩中比正长石分布更广，但喷出岩中则少见。也可见于片岩、片麻岩、混合岩、接触交代变质岩中。还可搬运到碎屑沉积岩中。热液蚀变过程中的钾长石化，多为微斜长石，常见于高温石英脉的两侧。

在微斜长石的晶粒中，常含有因固溶体离溶而成的钠长石条片嵌晶，称为条纹长石（彩图146）。其绿色至蓝绿色的变种称为天河石。

鉴定特征：据产状与正长石相区别，据产状和颜色与斜长石相区别。天河石可以根据解理与绿柱石、磷灰石区别。

主要用途：同正长石。天河石大量产出时可作为提取Rb、Cs的原料；色泽美丽者如天河石或月光石可作宝石材料或装饰石料。

斜长石（plagioclase）

$Na_{1-x}Ca_x$［（$Al_{1+x}Si_{3-x}$）O_8］

化学组成：常含Or分子，一般含An越高则含Or越少。还可含少量的Ti^{4+}、Fe^{3+}、Fe^{2+}、Mn^{2+}、Mg^{2+}、Sr^{2+}等，Ti^{4+}及Fe^{3+}应置换Al^{3+}，其他离子若不是混入物的话，则应置换Ca^{2+}。习惯上，据斜长石中An分子的百分含量，可分为：钠长石（Abite）、奥（更）长石（Oligoclase）、中长石（Andesine）、拉长石（Labradorite）、培长石（Bytownite）、钙长石（Anorthite）等6个亚种。

晶体结构：三斜晶系；架状结构；钠长石：空间群C_i^1–C1；　a_0=0.8135 nm，

b_0=1.2788nm，c_0=0.7154nm；α=94° 13′，β=116° 31′，γ=87° 42′；Z=4。钙长石：空间群C_i^1–P1；a_0=0.8177nm，b_0=1.2877nm，c_0=1.4169 nm；α=93° 10′，β=115° 51′，γ=91° 13′；Z=8。

形　态：晶体常呈//｛010｝的板状，有时沿a轴延伸。常见各种双晶，最常见钠长石律和肖钠长石律聚片双晶：其单体均很薄（以μm计），新鲜的斜长石在（001）解理面上肉眼可见明暗相间的密集聚片双晶纹（彩图147）。此外，也可见钠长石–卡斯巴复合双晶。斜长石在岩石中多呈板状或不规则粒状，集合体呈粒状或块状（彩图148）。

（a）　　（b）

图17–30　斜长石

（a）拉长石；（b）钠长石

物理性质：通常呈白色、灰白色或无色，少数为浅绿、浅蓝，偶尔呈肉红色、浅红色。有些拉长石由于聚片双晶使光发生干涉而产生蓝、紫等色彩的彩虹效应（晕彩），有些拉长石由于分布均匀定向排列的微细包裹体（赤铁矿、针铁矿、绿云母等）而产生闪光效应的称为日光石。玻璃光泽，透明。｛001｝和｛010｝两组柱面解理完全，夹角为86° ±，硬度6～6.5。相对密度2.61～2.76，随An含量增多而增大。

成因产状：为岩浆岩和变质岩的主要造岩矿物之一。随着岩浆岩由基性→酸性演化，斜长石中An（钙长石）分子的含量趋于减小。伟晶岩中一般仅见钠长石或奥长石。变质岩中的斜长石，其An分子的含量随变质作用的加深而增高。沉积岩可有钠长石作为自生矿物：比其他岩石中的纯净得多，不具条纹结构，大多具简单双晶，一般无聚片双晶。

斜长石经热液蚀变或风化作用形成高岭石、绢云母等矿物，基性斜长石最易变化，钠长石最稳定。

鉴定特征：肉眼观察斜长石时，应注意其形态、双晶、颜色、硬度及解理。

主要用途：钠长石用作陶瓷器釉药的材料及玻璃和搪瓷的配料。具晕彩的拉长石可作为宝玉石材料。

斜长石可作建筑材料。斜长石为岩浆岩分类命名的重要依据。

（二）似长石族

似长石矿物是指组分类似长石，但Si：Al<3：1（碱性长石中为3：1）的无水架状结构的硅酸盐矿物。与长石相比，这些矿物具有以下特点：

（1）SiO_2含量较低而碱金属K或Na含量较高，n（K或Na）/ n（Si+Al）比值在长石中是1：4，在似长石族中的霞石为1：2，白榴石为1：3，故似长石矿物多数是在富碱贫硅的介质中形成的，一般不与石英共生。

（2）结构开阔松弛，具较大的空洞，可容纳大半径阳离子K^+、Na^+、Ca^{2+}、Li^+、Cs^+等和较大的附加阴离子F^-、Cl^-、$(OH)^-$、$(CO)^{2-}$等。

（3）相对密度较低，一般为2.3～2.6，硬度较小，约为5～6.5。折射率低，一般为1.480～1.541。

常见矿物有霞石、方钠石、日光榴石、方柱石、白榴石等。

方钠石（Sodalite）

$Na_8[AlSiO_4]_6Cl_2$

化学组成：SiO_2含量为37.2%，Al_2O_3含量为31.6%，Na_2O含量为25.6%，Cl含量为7.3%。总量为101.7，应减去（O=2Cl）1.7=100。微量的Na可被K和Ca替代，一般不超过1%。

晶体结构：等轴晶系；笼型架状结构；空间群Td^4–P43n；a_0=0.887 nm，Z=1。

形　　态：菱形十二面体状或与立方体成聚形。通常呈粒状或块状集合体（彩图149）。

物理性质：无色或蓝、灰、红、黄、绿等色，常见颜色为浅蓝色到深蓝色，硬度5.5～6，断口油脂光泽，透明，相对密度2.13～2.29。

成因产状：一般产于某些富钠贫硅的碱性岩中，与霞石、黑榴石等共生。

鉴定特征：在紫外灯下发橘红色的荧光可与霞石长石区别。

主要用途：可作为宝石的原料，与青金石（属于方钠石族矿物）很相似，但其结晶颗粒较粗，质地不如青金石细腻，不含黄铁矿、方解石等其他矿物分布，相对密度明显小于青金石。

图17–31　方钠石

方柱石（Scapolite）

$(NaCa)_4[Al(AlSi)Si_2O_8]_3(Cl, F, CO_3, SO_4)$

化学组成： 成分复杂，类质同象广泛。

晶体结构： 四方晶系;四方柱–架状结构; 空间群C_{4h}^5–I4/m； a_0=1.207~1.213nm，c_0=0.7516~0.769 nm，Z=2。

形　　态： 柱状，常呈不规则柱状或粒状集合体（彩图150）。

图17–32　方柱石

物理性质： 一般呈灰色、灰黄色、灰绿色、浅黄绿色等，偶见玫瑰紫色、淡紫色、粉紫色、海蓝色等。火山岩中无色，结晶片岩和石灰岩中灰色，有时为海蓝色（海蓝柱石）；玻璃光泽；解理面具珍珠变彩。硬度5 ~ 6，随钙的增加而增大。相对密度为2.50 ~ 2.78。长波紫外线照射发鲜艳的橙色至黄色荧光。

成因产状： 气成作用产物。常见于酸性和碱性岩浆岩与石灰岩或白云岩之接触交代矿床中，与石榴子石、透辉石、磷灰石等共生，可构成方柱石岩。

鉴定特征： 以四方柱状晶形、中等解理、较小的硬度与长石区别。

主要用途： 主要作为宝石原料。宝石级方柱石要求颜色鲜艳，半透明—透明，晶体颗粒大，能加工成3mm × 4mm以上的裸石。

白榴石（Leucite）

$K[AlSi_2O_6]$

化学组成： SiO_2含量为55.02%， Al_2O_3 含量为23.40%，K_2O含量为21.58%。含微量Na，Ca和H_2O。

晶体结构： 四方晶系，常呈假等轴晶系；架状结构。空间群C_{4h}^6–$I4_1/a$；a_0=1.304nm，c_0=1.385 nm，Z=16。

形　　态： 常呈完善的四角三八面晶形（彩图151），且常呈斑晶出现。粒状集合体。

图17–33　白榴石（假等轴）

物理性质： 白色、灰色或炉灰色，有时带浅黄色调；玻璃光泽，断口油脂光泽；透明。硬度5.5 ~ 6，无解理。相对密度2.40 ~ 2.50。

成因产状： 产于某些富钾贫硅的喷出岩及浅成岩中（碱性喷出岩），为其主要造岩矿物。常与碱性辉石、霞石共生，而不与石英共生。

鉴定特征： 完整的四角三八面体晶形，炉灰色、成因产状。

主要用途： 提取钾和铝的原料。

（三）沸石族

沸石族矿物为含水的碱金属或碱土金属的架状结构铝硅酸盐矿物。由于受热时，结构中的水急速气化排出，状似沸腾，故名。

沸石的晶体结构与其他架状硅酸盐差别很大，沸石结构中具有宽阔的空洞和较宽的通道，并被K^{+}、Na^{+}、Ca^{2+}等离子和水分子——沸石水所占据。

各种沸石形态及物性的差别不大，多数沸石的形态多呈纤维状、束状或柱状，也可呈板状及菱面体、八面体、立方体等近三向等长的粒状。一般为无色、白色或浅色，含杂质而染色；玻璃光泽。硬度较低（3.5~ 5.5）。比重较小。折射率较低。沸石具特殊的构造和性能，具很强的吸附性和阳离子交换性能等。

沸石既有内生产物也有外生产物，主要常见于岩浆岩裂隙或杏仁体中，也多见于火山碎屑形成的沉积岩中。

现在已知沸石矿物种类约36种，人造沸石已经超过100种。其分布在数量上极不均衡。常见的沸石有丝光沸石、方沸石、菱沸石、辉沸石、片沸石、毛沸石等。

沸石的用途：在工业上用的沸石往往需经过加热，使其中的水分子逸去，称“活化”。脱水后的沸石，结构似疏松多孔的海绵体，具很强的吸附性，能吸附水分子、有机分子或其他物质，故可作清洁剂；同时，空洞中的金属阳离子因失去了与之配位的极性水分子，其活性大大增加，可用作触媒而广泛应用于化学工业。利用其特有分子筛、离子筛的功能，分离混合物质，可用于废气处理（清洁NH_3、CO_2、H_2S等气体）或石油净化等，广泛应用于近代工业、环保、尖端技术以及农牧业、轻工、水泥等方面。

沸石族矿物可藉助渗滤作用进行阳离子交换，可利用人造钠沸石除去硬水中的Ca，使之软化；可淡化海水，或从海水中提取K；也可用于废水处理，除去废水中的放射性元素、重金属离子、氨态氮（$NH_{3-}N$）及［PO_4］$^{3-}$等有害离子。利用吸附性和阳离子交换性能而 作为土壤改良剂、保持或提高土壤肥效。

丝光沸石（Mordenite）

（Na_2、K、Ca）［$AlSi_5O_{12}$］$_4$·$12H_2O$

化学组成：大多数情况下，碱金属元素多于Ca，而Na多于K。一般Na=Ca，K很少。Si/Al在4~6之间。

晶体结构：斜方晶系，链状结构。空间群D_{2h}^{17}–*C*mcm，C_{2h}^{12}–*C*mc2_1；a_0=1.813nm，b_0=2.049nm，c_0=0.752nm，Z=4。

形　　态：晶体呈针状或纤维状，集合体成放射状、束状、纤维状等（彩图152）。

物理性质：白色、淡黄色，或因含杂质成玫瑰色；透明；玻璃光泽或丝绢光泽；条痕无色或白色；解理｛010｝完全。硬度3~4，相对密度2.12~2.15。

成因产状：见于火山岩的杏仁及空洞中。也可在沉积岩中成自生矿物产出。

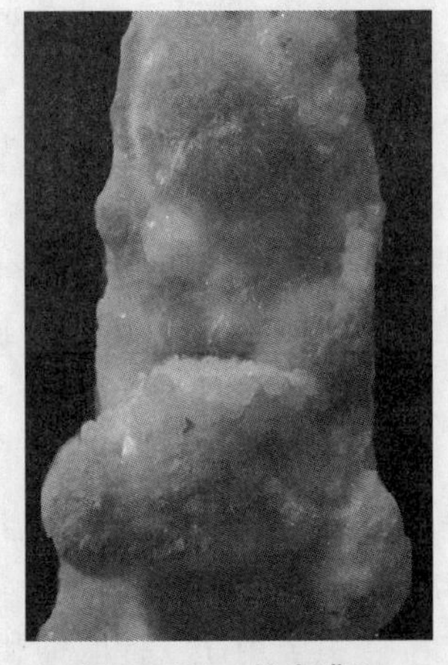

图17–34　丝光沸石

鉴定特征：晶形，颜色、产状。

主要用途：由于丝光沸石的硅铝比值高，故热稳定性好，耐酸力强，天然产量也较多，所以在工业上用途较广。

方沸石（Analcite）

$Na_2[AlSi_2O_6]_2\cdot 2H_2O$

化学组成：有时含K、Ca或少量的Mg。

晶体结构：等轴晶系，架状结构。空间群O_h^{10}–$Ia3d$；a_0=1.371nm，Z=4。

形　　态：晶体常呈四角三八面体或立方体与四角三八面体的聚形。集合体常呈粒状（彩图153）。

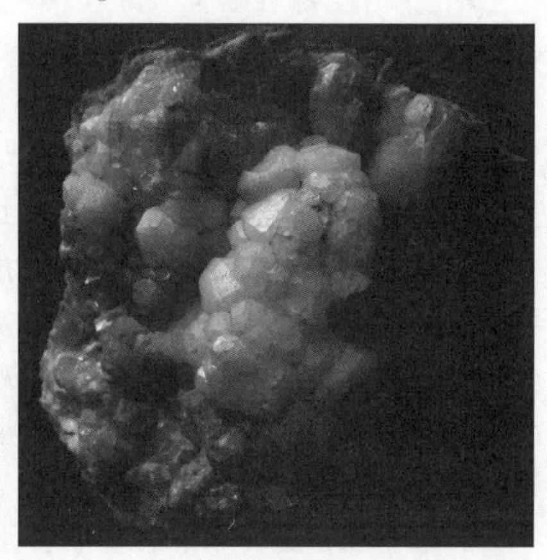

图17–35　方沸石

物理性质：无色、白色或淡红色、微灰、微绿色，透明；玻璃光泽，条痕无色或白色；断口具参差状或贝壳状。硬度5～5.5。相对密度2.24～2.29。

成因产状：同沸石族。一般被看作是一种高温沸石，形成的上限温度为525℃。

鉴定特征：四角三八面体的晶形，较大的硬度与其他沸石相区别。

主要用途：同沸石族。

菱沸石（Chabazite）

$(Ca, Na_2)[AlSi_2O_6]_2\cdot 6H_2O$

化学组成：类质同象代替式有：（Na，K）Si=Ca Al；Ca=2Na=2K，此外还有少量Sr=Ca，Ba=Ca等。

晶体结构：三方晶系，环状结构。空间群D_{3d}^5–$R3m$；a_0=1.38nm，c_0=1.503nm，Z=6。

形　　态：晶体常呈近于立方体的较复杂的菱面体晶形（彩图154）。常见穿插双晶。

图17–36　菱沸石（与针钠钙石共生）

物理性质：无色、白色或微带浅红或浅褐色，透明；玻璃光泽，条痕无色或白色；解理中等，硬度4～5。相对密度2.05～2.10。

成因产状：主要见于玄武岩、安山岩以及其他喷出岩的孔洞中，与其他沸石族矿物及方解石共生。

鉴定特征：特殊的晶形。

主要用途：同沸石族。

思考题

1. 何谓含氧盐？含氧盐与氧化物都含氧，二者有何区别？

2. 为什么硅酸盐矿物的数量最多？试从地壳的元素组成分析。

3. 硅酸盐矿物种类繁多，性质又相差悬殊，试从晶体结构特征分析。

4. 按石榴子石的化学成分可将其分为哪两个系列，其成分和成因各有何不同？

5. 电气石与绿柱石柱体的横截面有何不同？为什么？

6. 为什么绿柱石呈六方柱状或板状形态，其硬度高而相对密度小？

7. 简述岛状和链状两亚类硅酸盐矿物在结构、成分、物理性质上的主要差异。

8. 普通辉石和普通角闪石的成分有何特点？

9. 何谓粘土矿物？它们有哪些特殊的性质？

10. 什么叫温石棉？其特性和工业应用主要是什么？

11. 层状硅酸盐的成因、产状有何特点？

12. 为什么在硅酸盐中架状硅酸盐矿物相对密度最小，但硬度较大？

13. 架状硅酸盐矿物有哪些常见的矿物？哪些可作为宝石矿物？

14. 长石的主要双晶类型有那些？正长石、斜长石主要发育哪些双晶？其特点是什么？

15. 如何区分下列相似矿物：①锆石、锡石；②橄榄石、绿帘石；③石榴子石、白榴石；④黄玉、石英；⑤绿柱石、磷灰石、电气石；⑥透辉石、透闪石；⑦普通辉石、普通角闪石；⑧叶蜡石、滑石；⑨正长石、微斜长石、斜长石；⑩、蔷薇辉石、菱锰矿。

16. 空晶石、祖母绿、碧玺的矿物学名称是什么？

17. 如果某矿区发现紫红、玫瑰红色的石榴子石，该矿区可能有什么矿？

18. 白云母的特性及工业应用是什么？

19. 简述沸石族的特性及工业用途。

第十八章 含氧盐（二）

本章概要

1. 杂盐的阳离子组成、晶格类型、物理性质及变化、控制物性变化的主要因素、成因特征。

2. 主要碳酸盐矿物的形态及物性、鉴定特征，与盐酸的相互作用及差异。

3. 主要硫酸盐矿物的形态及物性、鉴定特征，硫酸盐的矿物的解理和相对密度特征。

4. 主要磷酸盐矿物的形态及物性、鉴定特征。

5. 其他杂盐中的主要矿物及其鉴定特征。

本大类（二）简称杂盐，以碳酸盐、磷酸盐、硫酸盐为最重要。其次为硼酸盐及钨酸盐、硝酸盐等。其他含氧盐矿物还有砷酸盐、钒酸盐、钼酸盐和铬酸盐。

第一节 碳酸盐

一、概 述

碳酸盐（Carbonates）矿物是指金属阳离子与［CO_3］$^{2-}$结合形成的含氧盐矿物。已知该类矿物100余种。地壳中（特别是地表）分布很广，约占地壳总重量的1.7%。分布最广的是Ca、Mg的碳酸盐，常形成巨大的海相或湖相沉积地层（石灰岩、白云岩）。碳酸盐类矿物及岩石是重要的非金属原料。也是提取Fe、Mg、Mn、Zn、Cu等金属元素及放射性元素Th、U和稀土元素的重要矿物原料。

化学成分：矿物中的阴离子除［CO_3］$^{2-}$外，还有（OH）$^-$、F^-等附加阴离子；其金属阳离子约20余种，以Ca^{2+}、Mg^{2+}、Fe^{2+}、Mn^{2+}、Na^{2+}为主，其次为Cu^{2+}、Zn^{2+}、Pb^{2+}、Sr^{2+}、Ba^{2+}、TR^{2+}等，有的还有H^+。有些碳酸盐含有H_2O。含H^+的称为“酸性盐”，如天然碱Na_3H［CO_3］2・2H_2O；含（OH）$^-$的称为“基性盐”如孔雀石Cu_2［CO_3］（OH）$_2$。

晶体结构：基本结构单元为［CO_3］配位三角形。大多数常见碳酸盐矿物具岛状结构。多数碳酸盐矿物为单斜晶系或斜方晶系，次为三方或六方晶系。

形态及物理性质：晶体可呈柱状、针状、粒状等完好晶形，取决于晶体结构和形成条件。集合体呈块状、粒状、放射状、晶簇状、土状等。大多为无色或白色-灰白色。若含过渡型离子（色素离子 Cu、Mn、Fe、Co、U、TR），则常呈鲜艳透明的彩色：含Cu呈翠绿色或鲜蓝色；含Mn呈玫瑰红色；含Fe或TR呈褐色或浅黄色；含Co呈淡红色；含U呈黄色。玻璃光泽或金刚光泽。双折率很高，双折射现象明显。

硬度不大（3～5），一般3±；最大的是稀土碳酸盐矿物H≯4.5。大多矿物发育多组完全解理：属方解石型结构者均具菱面体完全解理。比重一般不大，仅Pb、Sr、Ba的碳酸盐较大。

所有矿物遇HCl或HNO_3或多或少均会起泡，反应的难易程度是区分某些碳酸盐矿物的重要标志。与酸反应的速度因离子不同而异：离子电位（电价/半径）越高的阳离子与$[CO_3]^{2-}$的结合越强，矿物遇酸时越难分解；仅Ba、Pb、Sr、Ca 的碳酸盐遇冷稀HCl（5%）时迅速分解而放出CO_2，起泡剧烈。

成因产状：主要有内生和外生成因。但外生成因的矿物分布远为广泛，如$Ca[CO_3]$、$Fe[CO_3]$、$CaMg[CO_3]_2$、$Mn[CO_3]$等可形成大面积分布及厚度很大的海相沉积地层。内生成因者多出现于热液作用中，也见于接触变质带和火山岩气孔中。

分类：根据结构中强键的分布，碳酸盐类矿物可分为岛状、链状和层状等亚类（表18-1），其中以岛状碳酸盐和链状碳酸盐最为重要。

表18-1　碳酸盐的亚类划分及其主要矿物种属

亚类	种属
岛状碳酸盐	方解石族：方解石、菱镁矿、菱铁矿、菱锰矿、菱锌矿；白云石族：白云石、文石族：文石、白铅矿。
链状碳酸盐	孔雀石族：孔雀石 $Cu_2[CO_3](OH)_2$、蓝铜矿 $Cu_3[CO_3]_2(OH)_2$
层状碳酸盐	天然碱族：天然碱 $Na_3H[CO_3]_2\cdot 2H_2O$、氟碳铈矿族：氟碳铈矿（Ce，La）$[CO_3]F$

二、主要矿物分述

方解石（Calcite）

$Ca[CO_3]$

化学组成：CaO含量为56.03%，CO_2含量为43.97%。常含Mn、Fe、Zn、Mg、Co、Pb、Sr、Ba、TR等类质同象组分，当他们达到一定程度时可形成锰方解石、铁方解石、锌方解石、镁方解石等变种。

晶体结构：三方晶系；方解石型结构；空间群$D_{3d}^6-R\bar{3}c$；a_{rh}=0.637nm，α=46° 07′；Z=2。如转换成双重体心的六方格子，则：a_h=0.499 nm；c_h=1.706nm；Z=6。

形　态：晶形完好，主要呈菱面体状、板状、复三方偏三角面体（彩图155）、六方柱、平行双面等单形（彩图2）。随形成温度由高→低，晶形从板状→柱状。常依{01$\bar{1}$2}成聚片双晶（机械双晶）及{0001}成接触双晶。

图18–1 方解石

（a）晶簇状集合体；（b）柱状状集合体；（c）钟乳状集合体

（d）土状集合体（白垩）；（e）鲕状集合体；（f）单晶体（冰洲石）

集合体常呈晶簇状（彩图30）、片状和板状（层解石）（彩图156）、纤维状（纤维方解石）、粒状（大理岩）（彩图157）、致密块状（石灰岩）、钟乳状（石钟乳）、土状（白垩）（彩图158）、多孔状（石灰华）、鲕状（鲕状灰岩）（彩图159）、豆状、结核状、葡萄状、被膜状等。纯净无色透明的方解石称为冰洲石，如图18–1（f），双折射现象显著。

物理性质：无色，一般呈白色，无色透明者称为冰洲石，含Fe，Co，Mn及Cu等元素者分别呈褐黑、浅黄、浅红、蓝绿等色调；条痕白色；玻璃光泽，透明至半透明。平行$\{10\bar{1}1\}$三组完全解理，菱形解理面上常见长对角线方向的聚片双晶纹。硬度为3。相对密度较小2.6～2.9。双折射率极高，块体加冷稀HCl剧烈起泡。某些方解石具发光性。

成因产状：方解石是地球分布最广的矿物之一，具有各种不同的成因类型。主要系沉积作用形成，也见于热液矿脉及变质岩中，是石灰岩、大理岩的主要矿物成分。也是生物介壳和珊瑚化石的主要矿物成分。常形成泉华台地、喀斯特溶洞等。

鉴定特征：晶形、聚片双晶、菱面体解理、硬度及相对密度较小。加冷稀HCl剧烈起泡。

主要用途：石灰岩用于烧制石灰、制造水泥、冶金工业作熔剂、建筑石料、提取固液态的碳酸等，高纯度的石灰岩是塑料、尼龙的重要原料。大理岩本身是一种玉石，纯白的大理岩俗称“汉白玉”。冰洲石可作为光学仪器的贵重材料如显微镜的棱镜、偏光仪及光度计等。主要由方解石构成的珊瑚是很好的有机宝石材料。

菱镁矿（Magnesite）

Mg［CO_3］

化学组成：MgO含量为47.81%，CO_2含量为52.19%。与Fe［CO_3］可形成完全类质同象，常含Mn、Ca、Ni、Co等类质同象元素。

晶体结构：三方晶系；方解石型结构；空间群D_{3d}^6–R3c；菱面体晶胞：a_{rh}=0.566nm，α=48° 10′；Z=2。六方晶胞：a_h=0.462nm，c_h=1.499nm；Z=6。

形　　态：菱面体状、短柱状或复三方偏三角面体状。常呈粒状、土状、致密块状集合体（彩图160）。

图18–2　菱镁矿

物理性质：白色或浅黄白色，富Fe者黄褐色，含Co者淡红色；陶瓷状菱镁矿大都是雪白色；条痕白色；玻璃光泽；透明～半透明。硬度3.5～4.5，解理｛$10\bar{1}1$｝完全；陶瓷状者具贝壳断口，性脆。相对密度2.98～3.48，以富Fe者较大。富Ni的翠绿色亚种称为“河西石”（Ni，Mg）［CO_3］。

成因产状：主要由含Mg热液交代白云石及超基性岩而成，也有沉积成因者。我国辽宁大石桥镁矿为世界著名的产地。

鉴定特征：与方解石相似，区别在于粉末加冷HCl不起泡或作用缓慢，加热HCl则剧烈起泡。

主要用途：主要用于制造耐火砖（可耐3000℃高温）、含镁水泥，或提取金属镁。

菱铁矿（Siderite）

Fe［CO_3］

化学组成：FeO含量为62.01%，CO_2含量为37.99%。常含Mg、Mn。

晶体结构：三方晶系；方解石型结构；空间群D_{3d}^6–R3c；菱面体晶胞：a_{rh}=0.576nm，α=47° 54′；Z=2。六方晶胞：a_h=0.468nm，c_h=1.526nm；Z=6。

形　　态：菱面体单晶常见，晶面多弯曲。集合体呈粒状、土状、结核状（彩图161）。

物理性质：黄至褐色；条痕灰白色，玻璃光泽；透明—半透明。硬度3.5～4.5，解理｛$10\bar{1}1$｝完全。相对密度约3.96。

成因产状：是Fe^{2+}的碳酸盐，是还原环境

图18–3　菱铁矿（罗马尼亚）

的产物。常见于热液脉或黑色岩系中，后者为生物沉积或化学沉积，称为“泥铁矿”。

鉴定特征：氧化后为褐色，菱面体解理，粉末加冷HCl缓慢起泡，灼烧后残渣显磁性。

主要用途：规模大的“泥铁矿”可作铁矿开采；其热液脉常是找金矿的标志。

菱锰矿（Rhodochrosite）

Mn［CO_3］

化学组成：MnO含量为61.71%，CO_2含量为38.29%。与菱铁矿、菱锌矿和方解石分别成完全类质同象系列。

晶体结构：三方晶系；方解石型结构；空间群D_{3d}^6–R3c；菱面体晶胞：a_{rh}=0.584nm，α=47° 46′；Z=2。六方晶胞：a_h=0.473 nm，c_h=1.549 nm；Z=6。

形　　态：菱面体单晶，晶面弯曲，多出现在热液脉空隙中。集合体粒状、块状、肾状、鲕状或土状（彩图162）。

图18–4　菱锰矿

物理性质：晶体呈淡玫瑰红色或紫红色，氧化后矿物表面为褐黑色，硬度较低3.5～4.5，解理｛$10\bar{1}1$｝完全。相对密度3.6～3.7。遇热盐酸起泡剧烈。

成因产状：形成于沉积、变质和热液作用中，以沉积成因为主。

鉴定特征：玫瑰红色，氧化后褐黑色，菱面体解理，粉末加冷HCl缓慢起泡，常与其他含锰矿物共生。

主要用途：提取锰的重要矿物原料。晶体透明或花纹漂亮者可做首饰。

菱锌矿（Smithsonite）

Zn［CO_3］

化学组成：ZnO含量为64.90%，CO_2含量为35.10%。与菱锰矿可成完全类质同象系列；亦常含铁。

晶体结构：三方晶系；方解石型结构；空间群D_{3d}^6–R3c；菱面体晶胞：a_{rh}=0.567nm，α=48° 26′；Z=2。六方晶胞：a_h=0.466 nm，c_h=1.499 nm；Z=6。

矿物形态：单晶少见，多为肾状、葡萄状、钟乳状、皮壳状或土状集合体（彩图163）。

图18–5　菱锌矿（纳米比亚）

物理性质：白色，但常被染成浅灰、淡黄（含铁）、浅绿（含铜）、浅褐（含铁）、肉红色等各种色调。硬度较大4.5～5，相对密度较大4～4.5，加酸起泡（据此可与异极矿区别）。

成因产状：主要产于铅锌矿床氧化带，由闪锌矿氧化分解形成。

鉴定特征：胶体形态、硬度和相对密度较大，加HCl起泡（异极矿不起泡）。

主要用途：大量聚集时，可做锌矿石，含锌量比闪锌矿高2–3倍。

白云石（Dolomite）

CaMg［CO_3］$_2$

化学组成：CaO含量为30.41%，MgO含量为21.86%，CO_2含量为47.33%。成分中的Mg可被Fe、Mn、Co、Zn替代；Ca可被Pb、Na替代。当Fe完全替代Mg时，称为铁白云石。

晶体结构：三方晶系；方解石结构的衍生结构；空间群C_{3i}^{2}–R3；菱面体晶胞：a_{rh}=0.6061nm，α =47° 37′；Z=1。六方晶胞：a_h=0.4861nm，c_h=1.601 nm；Z=3

形　　态：常呈菱面体｛$10\bar{1}1$｝，晶面常弯曲成马鞍状。因机械作用常依｛$02\bar{2}1$｝聚片双晶。集合体呈粒状、致密块状。有时呈多孔状或肾状（彩图164）。

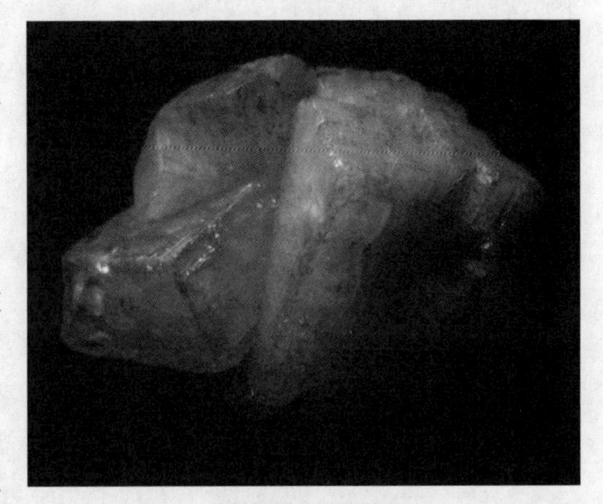

图18–6　白云石

物理性质：无色或白色，含铁者黄褐色，含锰者略显红色；玻璃光泽；透明。｛$10\bar{1}1$｝三组完全解理，解理面常弯曲，性脆；硬度3.5～4。相对密度为2.85。块体加冷稀HCl不起泡，加热则剧烈起泡；粉末加冷稀HCl缓慢冒泡，有嗞嗞声。

成因产状：在沉积岩中分布广泛，主要见于浅海相沉积物中；可由热液交代和变质作用形成；也有岩浆成因者。

主要用途：冶金工业中用作碱性耐火材料；作为炼钢、铁、铁合金的熔剂；部分白云石用于提取金属Mg；化学工业中，用于制造钙镁磷肥和硫酸镁等；用作玻璃、陶瓷、铸石（与辉绿岩一起）的配料及建筑石材，为蜜蜡黄玉（白云质大理岩）的主要成分。

文石（Aragomite）

Ca［CO_3］

化学组成：为方解石同质二象变体。CaO含量为56.03%，CO_2含量为43.97%。Ca常被Sr、Pb、Zn、TR所替代，形成锶文石、铅文石、锌文石、稀土文石等变种。又称霰石。

晶体结构：斜方晶系；文石型结构；空间群D_{2h}^{16}–Pmcn；a_0=0.495nm，b_0=0.796nm，c_0=0.573 nm；Z=4。

形　　态：晶体常呈柱状、矛状，但较少见。常依｛110｝成双晶或三连晶，三连晶常出现假六方对称。集合体常呈纤维状、柱状、晶簇状、皮壳状、钟乳状、珊瑚状、鲕状、豆状和球状等（参见彩图165~168）。软体动物贝壳内部的珍珠质部分是由极细的柱状文石的平行排列而成。

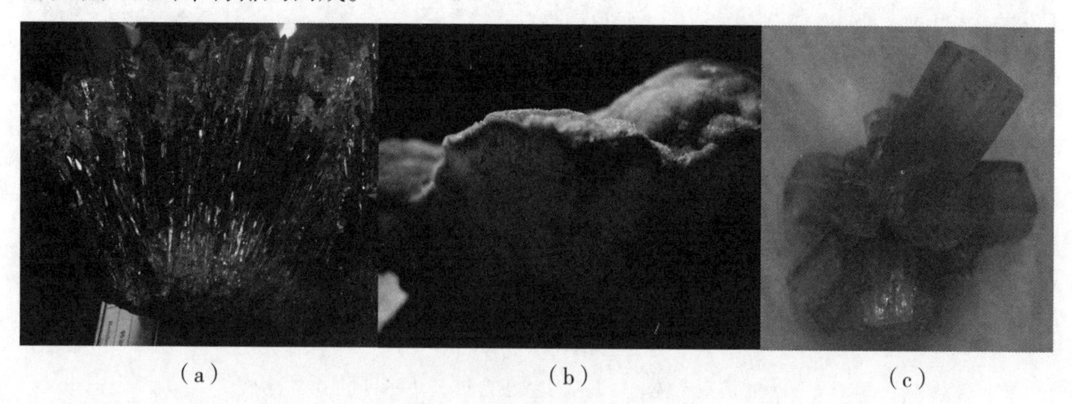

（a）　（b）　（c）

图18–7　文石的不同形态

（a）文石晶簇；（b）皮壳状集合体；（c）文石双晶

物理性质：白色或黄白色，有时呈浅绿、灰色等，玻璃光泽，断口为油脂光泽，透明，不具菱面体解理，贝壳状断口。硬度3.5～4.5。相对密度2.9～3.0。密度和硬度稍大于方解石，遇盐酸起泡剧烈。

成因产状：主要形成于外生作用条件下，产于近代海底沉积或粘土中、石灰岩洞穴中，也可形成于内生作用，产于温泉沉积及火山岩的裂隙和气孔中，是低温矿物。也有生物成因的，产于某些贝壳中。

鉴定特征：以其不具菱面体解理，柱状、矛状晶形、相对密度和硬度稍大区别于方解石。

主要用途：分布少，几乎无工业价值。具有装饰价值：品质较佳的文石，经加工打磨后呈现美丽的同心圆花纹，称为文石眼，可雕成文石工艺品等。鱼耳石中的文石有良好的环境标型属性。文石为主要成分的珍珠是珍贵的有机宝石。呈淡蓝色的含铜文石是很好的观赏石。

孔雀石（Malachite）

$Cu_2[CO_3](OH)_2$

化学组成：CuO含量为71.95%，CO_2 19.90%，H_2O 8.15%。Zn能类质同象替代Cu达12%，呈锌孔雀石。吸附或机械混入的杂质有Ca、Fe、Si、Ti、Na、Pb、Ba、Mn、V等。

晶体结构：单斜晶系；链状结构。空间群C_{2h}^5–$P2_1/c$；a_0=0.948nm，b_0=1.203nm，c_0=0.321nm；　β=98° 42′，Z=4。

形　　态：晶体少见，柱状、针状或纤维状。集合体常呈纤维状、肾状（彩图169，170）、葡萄状、皮壳状、钟乳状，少见晶簇状、充填脉状、粉末状或土状。在肾状集合体内具同心层状条纹或放射纤维状构造，由深浅不同的绿、白色带组成（彩图

171）。土状孔雀石称为铜绿或石绿。

（a）　　（b）　　（c）

图18-8　孔雀石

（a）纤维状集合体；（b）肾状集合体；（c）同心层状构造

物理性质：常呈孔雀绿色，色调从翠绿—暗绿色，条痕浅绿色，玻璃光泽～金刚光泽，纤维状者丝绢光泽。硬度3.5～4。解理｛201｝完全、｛010｝中等。相对密度4.0～4.5。加HCl起泡。

成因产状：外生作用产物，主要产于含铜硫化物矿床的氧化带，为含Cu硫化物矿物氧化而成的次生矿物，与褐铁矿、蓝铜矿等共生。

鉴定特征：孔雀绿色，肾状或葡萄状形态，硬度小于小刀，遇盐酸剧烈起泡。

主要用途：作为寻找原生含铜硫化物矿床的标志；量多时可作为提炼Cu的矿物原料；质纯色美者可作装饰品和工艺品；粉末可作绿色颜料。

蓝铜矿（Azurite）

$Cu_3[CO_3]_3(OH)_2$

化学组成：CuO含量为69.24%，CO_2含量为25.54%，H_2O含量为5.22%。成分稳定。

晶体结构：单斜晶系，空间群C_{2h}^5-$P2_1/c$；a_0=0.500nm，b_0=0.585nm，c_0=1.35nm；β=92° 20′，Z=2。

形　　态：短柱状、柱状或厚板状，集合体为粒状、晶簇状、放射状、钟乳状、皮壳状、薄膜状或土状等（彩图172）。

物理性质：深蓝色，土状块体呈浅蓝色；浅蓝色条痕；晶体呈玻璃光泽，土状块体呈土状光泽；透明至半透明。硬度3.5～4，解理｛011｝、｛100｝完全或中等。贝壳断口；性脆。相对密度3.7～3.9。

图18-9　蓝铜矿

成因产状：与孔雀石相似。风化作用使其CO_2减少而含水增加时变为孔雀石，故分布没有孔雀石广泛。

鉴定特征：蓝色，与孔雀石共生（以此区别于铜蓝），硬度小于小刀，遇盐酸剧烈起泡。

主要用途：提取铜；铜的找矿标志；观赏石；蓝色颜料。

第二节 磷酸盐

一、概 述

磷酸盐（Phosphates）矿物是金属阳离子与［PO_4］$^{3-}$形成的含氧盐矿物。已知的矿物约200种。仅磷灰石等极少数矿物在自然界分布广泛，可形成有工业价值的矿床，是制造磷肥、提取稀有和放射性元素的矿物原料。

化学成分：磷酸盐矿物中的磷酸根化合的金属阳离子30余种，以Fe^{2+}、Fe^{3+}、Al^{3+}、Ca^{2+}、Mn^{2+}、Cu^{2+}、Pb^{2+}、TR^{3+}为主，常有［UO_2］$^{2+}$络阳离子。阴离子除［PO_4］$^{3-}$外，还可有（OH）$^-$、F^-、Cl^-、O^{2-}等附加阴离子。半数磷酸盐矿物含有结晶水。

晶体化学：磷酸盐矿物的基本结构单元为［PO_4］配位四面体。［PO_4］四面体与TR^{3+}等较大半径三价阳离子结合成稳定的无水磷酸盐，如独居石（Ce、La）［PO_4］，磷钇矿Y［PO_4］等。与Ca^{2+}、Sr^{2+} 、Pb^{2+}等较大半径二价阳离子化合成稳定的磷酸盐，但常有附加阴离子（OH）$^-$，F^-，Cl^-，O^{2-}的加入，如磷灰石Ca［PO_4］$_3$（OH、F、Cl）；与半径较小的阳离子结合（Mg^{2+}、Fe^{2+}、Co^{2+}、Ni^{2+}、Cu^{2+}、Zn^{2+}）化合时，阳离子必须要包裹一层水分子，形成水合阳离子才能与［PO_4］$^{3+}$形成稳定化合物，如绿松石$CuAl_6$［PO_4］$_4$（OH）$_8$·$4H_2O$等。含铀酰［UO_2］$^{2+}$的磷酸盐均为含水化合物，如铜铀云母Cu［UO_2］$_2$［PO_4］·（8～12）H_2O等。

磷酸盐矿物晶体结构主要为岛状结构，其次为链状、层状和架状磷酸盐。本类矿物成分复杂，其结构对称程度较低；约3/4以上属于斜方和单斜晶系。其余多为三斜、三方、六方或四方晶系；属等轴晶系者极少。

物理性质：磷酸盐矿物具典型的离子晶格，其形态与物理性质主要为化学成分和结构型有关，凡含色素离子如铁、钴、镍、铜、铀者，均出现较为鲜艳的颜色；绝大多数为玻璃光泽；硬度低至中等，无水者可达5～6.5；相对密度变化较大，1.81（水磷铍石）～7.14（磷氯铅矿）。

成因产状：地壳中的磷几乎都以内生和外生磷酸盐矿物的出现。内生者多形成于岩浆作用和伟晶作用，少数形成于接触交代和热液作用；外生者或由复杂的生物化学作用形成，或由内生者变化而来。外生磷酸盐矿物种类多于内生磷酸盐矿物。

分类：根据结构中强键的分布，磷酸盐矿物可分岛状、链状、层状、架状等亚类（表18–2）。

表18-2　磷酸盐矿物的亚类划分及其主要常见矿物

亚类	常见矿物种属
岛状磷酸盐	独居石（Ce，La）［PO_4］，磷钇矿Y［PO_4］
链状磷酸盐	磷灰石、磷氯铅矿、钒铅矿等
层状磷酸盐	铜铀云母、蓝铁矿等
架状磷酸盐	绿松石、块磷铝石

二、主要矿物分述

磷灰石（Apatite）

Ca_5［PO_4］$_3$（F，Cl，OH）

化学组成：按Ca_5［PO_4］$_3$F计算，P_2O_5含量为42.22%，CaO含量为50.04%，CaF_2含量为7.74%。Ca^{2+}可被Ce^{3+}、Sr^{2+}、Na^+等类质同象替代。稀土含量一般不超过5%。［PO_4］$^{3-}$可被［CO_3］$^{2-}$，［SiO_4］$^{4-}$，［SO_4］$^{2-}$替代。

晶体结构：六方晶系；链状结构；空间群C_{6h}^2–P63/m；　a_0=0.943~0.938nm，c_0=0.688~0.686 nm；　Z=2。

形　　态：晶体常呈六方柱状、短柱状（彩图173）、厚板状，集合体多呈块状、粒状或结核状等，呈胶状或隐晶质集合体者称胶磷矿。

图18-10　磷灰石

物理性质：颜色多样：纯者无色透明，但常见黄、绿、黄绿、褐色、浅蓝、浅紫或灰、黑色等。玻璃光泽，参差状断口油脂光泽。｛0001｝不完全解理。硬度 5。紫外光或阴极射线照射下或加热后发磷光。

成因产状：形成于各种地质作用中：沉积岩、沉积变质岩、碱性岩中可形成巨大的有工业价值的矿床；呈副矿物产于各种岩浆岩中，花岗伟晶岩中常呈大晶体产出；也可见于热液矿脉中。

鉴定特征：六方柱或板状、硬度。以形态、硬度和解理与天河石相区别。试P反应： 在磷灰石上，加少许钼酸铵粉末，再滴一滴HNO_3（1∶1），则出现黄色磷钼酸铵沉淀。

主要用途：提取P的重要矿物原料，用以制造农田肥料、磷肥、磷酸及其他化工产品（各种磷盐）； 含TR、Y者可综合利用；氟磷灰石晶体可作激光发射材料；晶体好、具猫眼效应者可作宝石，斯里兰卡、缅甸、巴西。

绿松石（Turquoise）

$CuAl_6(PO_4)_4(OH)_8 \cdot 4H_2O$

化学组成：CuO含量为9.78%，Al_2O_3含量为37.60%，P_2O_5含量为34.90%，H_2O含量为17.72%。Al与Fe可完全类质同象替代，富铁端员称磷铜铁矿，Cu可被Zn不完全类质同象替代。

晶体结构：三斜晶系；架状结构。空间群C_i^1-P1；a_0=0.993nm，b_0 =0.993，c_0=0.767nm；α=111° 39′，β=115° 23′，γ=69° 26′；Z=1。

矿物形态：晶体少见，多为致密块状或结核状隐晶质集合体（彩图174）。

图18-11 绿松石

物理性质：鲜艳的天蓝、淡蓝、湖蓝、蓝绿和黄绿色，蓝色是基本色调。硬度5~6，比重较小2.6~2.8，玉石级的绿松石细腻柔润，质地致密，光洁似瓷（劣质者多孔粗糙），蜡状光泽强，条痕白色。

绿松石级别分类：

瓷松：天蓝色、结构致密、质地细腻，具有蜡状光泽，硬度大，5.5~6，密度高，是绿松石的上品。

绿色松石：蓝绿色到豆绿色，质感好，光泽强，硬度密度均较大，属中档绿松石。

铁线松石：氧化铁呈网状或浸染状分布在绿松石中。

面松（泡松）：月白色、浅蓝白色绿松石，因质地疏松、色欠佳、光泽差、硬度低4、手感轻，故属于一种低档绿松石。

成因产状：含铜硫化物和含磷、铝岩石风化淋滤产物。常与褐铁矿、高岭石、黄钾铁矾共生。我国玉石级绿松石主要产于早寒武世和早志留世碳质、硅质板岩的构造破碎带中，湖北竹山县、郧西县、郧县为著名产地。出产大国有伊朗、美国、和智利。

鉴定特征：颜色、光泽、硬度。

主要用途：制作中高档首饰、手镯、雕刻各种工艺品的高档玉料，又是藏族、蒙族喜欢的宝石。我国最早出土的绿松石鱼形饰物距今有4000~6000年。埃及5000年前就有绿松石包金首饰。

磷氯铅矿（Pyromorphite）

$Pb_5[PO_4]_3Cl$

化学组成：PbO含量为82.0%，P_2O_5 含量为15.4%，Cl含量为2.6%，有时含CaO（含量可达8%~9%）、As_2O_5（含量可达4%）、V_2O_5和Cr_2O_3等。

晶体结构：六方晶系；磷灰石型结构；空间群C_{6h}^2-P63/m；a_0=0.997nm，c_0=0.733nm；Z=2。

形　　态：晶体呈柱状，有时呈小圆桶状或针状。集合体呈晶簇状、粒状、球状、肾状等（彩图175）。

图18-12　磷氯铅矿

物理性质：各种不同深浅的绿色、黄色、褐色或灰色、白色等，含少量Cr_2O_3者呈鲜红色或桔红色；条痕白色带黄；树脂—金刚光泽；性脆；无解理；硬度3.5~4.相对密度大6.5~7.1。

成因产状：主要产于铅锌矿床氧化带，是由地表水所含的磷酸与铅矿物作用的产物。常与其他铅锌的次生矿物如白铅矿、铅钒、菱锌矿、异极矿、褐铁矿等伴生。

鉴定特征：晶形、颜色、相对密度及伴生矿物。

主要用途：量多时可作为铅矿石。在地质找矿上可作找铅矿的标志。形态好、颜色好者可作观赏石。

第三节　硫酸盐

一、概　述

硫酸盐（sulfates）矿物是指金属阳离子与$[SO_4]^{2-}$结合而成的含氧盐矿物。分布不很广，已知170余种，占地壳总重量的0.1%。

化学成分：矿物中与硫酸根化合的金属阳离子约20余种，以Ca^{2+}、Mg^{2+}、Ba^{2+}、Sr^{2+}、Pb^{2+}、K^+、Na^{2+}、Fe^{3+}、Al^{3+}、Cu^{2+}、$[SO_4]^{2-}$、$(OH)^-$、Cl^-、F^- $[CO_3]^{2-}$、$[AsO_4]^{3-}$、$[PO_4]^{3-}$等附加阴离子。许多硫酸盐矿物含有结晶水。

形态及物理性质：一般硫酸盐矿物经常有完好的晶形，以板状晶形居多。颜色一般呈无色、白色、灰白色、浅色，但含Fe呈黄褐或蓝绿色，含Cu呈蓝绿色，含Mn或Co呈红色。玻璃光泽，少数金刚光泽，透明～半透明。硬度较低（通常2～4），含水者更低（硬度=1～2）。比重一般不大（2～4±），含Ba、Pb者例外，可>4，甚至为6～7。普遍具完全解理，因矿物种而异。多数易溶于水，但Ca、Sr、Ba、 Pb的硫酸盐矿物难溶于水和酸。

成因产状：形成于氧浓度很高的低温环境，最常见于地表或近地表，有内生和外生成因： 主要为表生条件下的湖、海相化学沉积。沉积顺序是：Ca、Mg碳酸盐，Ca（Ba、Sr）、Mg、Na、K的硫酸盐，氯化物。其次是金属硫化物的氧化产物（矾类）。部分为低温热液成因产于近地表。

分类：根据结构中的键强的分布，硫酸盐类矿物可分为岛状、环状、链状和层状等亚类（表18-3），其中以岛状的硬石膏、重晶石和层状的石膏最为重要。

表18–3 硫酸盐矿物的亚类划分及其主要常见矿物

亚 类	种 属
岛状硫酸盐	重晶石、天青石、硬石膏、无水芒硝、明矾石、黄钾铁钒
环状硫酸盐	四水泻盐
层状硫酸盐	石膏

二、主要矿物分述

重晶石（Barite）

Ba［SO_4］

化学组成：BaO含量为65.7%，SO_3 34.3%。成分中常见Sr，Pb，Ca等类质同象替代。Sr和Ba可作完全类质同象替代形成Sr［SO_4］，称为天青石。

晶体结构：斜方晶系；重晶石型岛状结构；空间群D^{16}_{2h}–Pnma；a_0=0.888nm，b_0=0.545，c_0=0.715 nm；Z=4。1149℃以上转变为高温六方变体。Ba的配位数为12。

形　　态：通常为∥｛001｝的板状或厚板状，有时呈∥a或b轴的短柱状。集合体呈板状、晶簇状、块状、粒状、结核状等（彩图176）。

图18–13 重晶石

物理性质：纯者无色透明，一般为白色，含杂质者呈灰白、浅黄、淡褐、淡红等色。玻璃光泽，解理面珍珠光泽。｛001｝完全、｛210｝中等—完全、｛010｝不完全—中等，解理夹角（001）∧（210）= 90° ，硬度3 ~ 3.5，相对密度大4.3 ~ 4.5。与HCl不反应。

成因产状：主要为热液成因，产于中、低温热液金属矿脉中，与方铅矿、闪锌矿、黄铜矿、辰砂等共生，湖南、广西、山东、江西、青海产有巨大单一的重晶石矿脉。沉积成因者呈透镜体状或结核状见于沉积锰矿、铁矿和浅海相沉积中。

鉴定特征：板状晶形，三组中等至完全解理，解理块体在（100）面上呈菱形，而（001）∧（210）= 90° 。与HCl不反应可与碳酸盐相区别。以硬度小、相对密度大与长石区别。以Ba的黄绿色焰火反应与天青石的深紫色的Sr的焰火反应相区别。

主要用途：为提取金属Ba的重要矿物原料；重晶石细粉用作石油钻井泥浆的加重剂，以防井喷；可作白色颜料、涂料；作X射线防护剂，为X射线实验室墙壁喷漆的主要原料；作填充剂用于橡胶、造纸业，以增加重量及光滑程度；可作化学药品、医药化工原料。

天青石（Celestine）

Sr［SO_4］

化学组成： SrO含量为56.41%，SO_3 43.59%。Ba–Sr可以完全类质同象，成分中还可以有Pb，Ca，Ra等。

晶体结构： 斜方晶系；重晶石型结构；空间群D^{16}_{2h}–Pnma；a_0=0.836nm，b_0=0.535nm，c_0=0.687 nm；Z=4。1152℃以上转变为高温六方变体。Sr的配位数为12。

形　　态： 沿｛001｝成板状，有时呈柱状，少数为粒状（彩图177）。

物理性质： 淡天蓝色，故名天青石。暴露于天光中可退至白色；玻璃光泽，解理面珍珠光泽。硬度3～3.5，相对密度大3.9～4.0。

成因产状： 以沉积成因为主，与石膏、硬石膏、石盐、自然硫等共生。华南栖霞组沉积泥灰岩中呈放射状产出，俗称菊花石，作为观赏石开采已经有上百年历史。在热液脉中与硫化物矿物共生。

图18–14　天青石

鉴定特征： 淡天蓝色、相对密度较小、HCl浸湿后火焰呈深紫色区别于重晶石。与HCl不反应可与碳酸盐相区别。以硬度小，相对密度大与长石区别

主要用途： 为提取Sr的原料。放射状产出者可作为观赏石开采。

石膏 （Gypsum）

Ca［SO_4］·$2H_2O$

化学组成： CaO含量为32.5%，SO_3含量为46.6%，H_2O含量为20.9%。常含粘土和有机矿物。

晶体结构： 单斜晶系；层状结构；空间群C^{6}_{2h}–A2/a；a_0=0.568nm，b_0 =1.518，c_0=0.629 nm；β=113° 50′，Z=4。

形　　态： 晶体常沿｛010｝呈板状，常依（100）成燕尾双晶（彩图178），集合体多呈块状、纤维状、 细粒状、土状等。纤维状的石膏集合体称为纤维石膏。板状晶体交叉呈玫瑰花状称为沙漠玫瑰（彩图179）。

物理性质： 纯者无色透明，通常为白色，含杂质而染成灰、浅黄、浅褐等色，无色透明的晶体称为透石膏（彩图180）。玻璃光泽，解理面上珍珠光泽，纤维石膏呈丝绢光泽。解理｛010｝极完全，｛100｝和｛011｝中等；薄片具挠性。硬度2。比重小。与HCl不反应。

成因产状： 主要为海盆或湖盆中化学沉积作用的产物，常以巨大的矿层或透镜体与石灰岩、红色页岩、泥灰岩等成互层产出；硫化物矿床氧化带中可见风化作用形成的石膏；热液成因者较少见，通常产于某些低温热液硫化物矿床中；硬石膏在压力降低并与

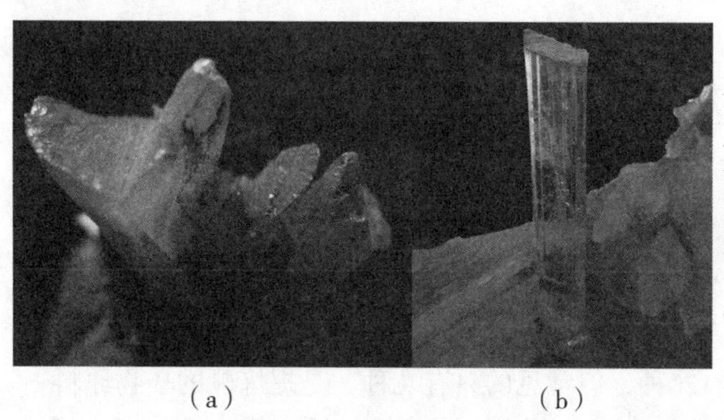

（a） （b） （c）

图18-15 石 膏

（a）石膏的燕尾双晶；（b）透石膏；（c）沙漠玫瑰

地下水相遇时也可形成石膏。

鉴定特征：特征形态、低硬度、一组极完全解理。雪花石膏以其遇盐酸不起泡区别于碳酸盐矿物。

主要用途：主要用于制造水泥、熟石膏及其制品。作填料用于造纸、陶瓷、塑料、油漆、化工等部门。用于生产硫酸和硫酸铵。用作肥料，改良碱性或盐性土壤，增加土壤中Ca、S的含量，以促进植物生长。透石膏用作光学仪器材料。

硬石膏（Anhydrite）

$Ca[SO_4]$

化学组成：CaO含量为41.19%，SO_3含量为58.81%，可有少量Sr，Ba代替Ca。

晶体结构：斜方晶系；岛状结构；空间群D^{17}_{2h}–Cmcm；a_0=0.699nm，b_0 =0.700，c_0=0.624 nm；Z=4。

形　　态：粒状或平行｛010｝厚板状。多呈纤维状、致密块状或隐晶块状集合体（彩图181）。

物理性质：无色或白色，常微带蓝、灰、红色调；白色条痕；玻璃光泽，解理珍珠光泽；透明。硬度3～3.5，解理｛010｝，｛100｝完全，｛001｝中等。相对密度2.8～3.0。

成因产状：大量形成于高盐度盐湖中，在地表易吸水变为石膏。在热液脉、火山熔岩孔洞内及某些含硫化物矿床氧化带可少量产出。

图18-16 硬石膏

鉴定特征：以相对密度小、三组解理互相垂直与重晶石族矿物相区别；以遇HCl不起泡与碳酸盐岩相区别（在地层中与白云岩相似）；以硬度较大与石膏区别。

主要用途：用于水泥、化工、造纸等工业。可以做宝石用。

第四节　硼酸盐

一、概　述

硼酸盐矿物类是指金属阳离子与硼酸根相化合形成的硼酸盐矿物。目前已知的硼酸盐矿物约120种，虽然已知矿物种类120种，但常见的只有几种，是提炼硼的矿物原料。

形成硼酸盐的金属阳离子元素约20余种，其中主要为镁、钙、钠、铁、锰、铝、铍、锡、锶、钾、钛等。

硼酸盐矿物呈离子晶格特性，多为无色或白色，只有含色素离子Fe^{2+}，Mn^{2+}，Cu^{2+}，Ti^{4+} Ta^{5+}，Nb^{2+}者呈各种鲜明的颜色。该类矿物硬度变化很大，最低者仅1.713（史硼钠石），最高者可达7.5（方硼石）；一般环状和含水的硼酸盐矿物硬度偏低。硼酸盐矿物除硼钽铌矿达7.86外，其他因阳离子多为轻金属而在4.28以下，且约半数低于2.5。

本类矿物主要形成于盐湖的沉积作用和接触交代变质过程中。前者可形成巨量富集，硼的来源往往与火山活动有关。

根据络阳离子骨干类型，可将硼酸盐分为岛状、环状、链状、层状和架状5个亚类（表18–4）。

表18–4　硼酸盐矿物的亚类划分及其主要矿物种属

亚　类	种　属
岛状硼酸盐	硼镁铁矿，硼铍石、硼铝镁石、氯硼钠石、硼镁石、柱硼镁石
环状硼酸盐	硼砂
链状硼酸盐	硬硼钙石
层状硼酸盐	图硼锶石
架状硼酸盐	方硼石

二、主要矿物分述

硼砂（Borax）

$Na_2[B_4O_5(OH)_4]\cdot 8H_2O$

化学组成：Na_2O含量为16.26%，B_2O_3含量为36.51%，H_2O含量为47.23%。

晶体结构：单斜晶系；环–链–层状过渡型结构；空间群C_{2h}^6–C2/c；a_0=1.184nm，b_0=1.063nm，c_0=1.232 nm；β=106°35′，Z=4。

形　　态：晶体呈短柱状或厚板状。集合体有晶簇、粒状、块状、泉华状、豆状、皮壳状等。

物理性质：无色或白色，有时微带浅灰、浅黄、浅蓝、浅绿色等。玻璃光泽。解理完全、不完全。性脆。贝壳状断口。硬度2～2.5。相对密度1.69～1.72。易溶于水。味甜略带咸。水溶液呈弱碱性。硼砂在空气可缓慢风化。熔融时成无色玻璃状物质。

成因产状：产于干旱地区盐湖和干盐湖的蒸发沉积物中，与石盐、天然碱、钠硼解石、无水芒硝、钾芒硝、钙芒硝、石膏、方解石、钠硝石、碳酸芒硝及其它少见的硫酸盐等伴生。在干燥的空气中，硼砂易失水变成白色粉末状的三方硼砂。

鉴定特征：无色透明、硬度小、相对密度低、易熔成透明玻璃球。

主要用途：是提取硼和硼化合物的主要矿物原料。在冶金工业中，硼砂用于煅、焊接及金属试验，又是良好的熔剂。此外，还广泛用于玻璃、陶瓷、医药、肥料、纺织等工业。

第五节* 钨酸盐、钼酸盐、铬酸盐

一、概 述

钨酸盐、钼酸盐和铬酸盐、钒酸盐分别是金属阳离子［WO_4］$^{2-}$、［MoO_4］$^{2-}$、［CrO_4］$^{2-}$结合而成的化合物。

目前已知的矿物约30种左右，矿物种类很少，地壳中分布不广。由于钨和铬是较为亲氧的过渡元素，主要形成氧化物（如黑钨矿）和含氧盐（如白钨矿）；钼较为亲硫，故钼酸盐仅见与钼硫化物矿床的氧化带，为辉钼矿的风化产物。

此类矿物的阳离子主要有Ca^{2+}、Pb^{2+}，次有Cu^{2+}、Zn^{2+}、Fe^{3+}、Al^{3+}、K^{+}等；阴离子除［WO_4］$^{2-}$、［MoO_4］$^{2-}$、［CrO_4］$^{2-}$外，个别矿物还有（HO）$^{-}$、F^{-}、［PO］$^{3-}$、［AsO］$^{3-}$、［SiO］$^{4-}$等。水分子偶有出现。

此类矿物中，基本结构单元［WO_4］$^{2-}$、［MoO_4］$^{2-}$为四方四面体，体积较小；［CrO_4］$^{2-}$为四面体，体积较大。故［WO_4］$^{2-}$和［MoO_4］$^{2-}$不与［CrO_4］$^{2-}$发生类质同象代换，也不能被［SO］$^{3-}$、［PO］$^{3-}$、［SiO］$^{4-}$等代换，而［CrO_4］$^{2-}$能被少量的［PO］$^{3-}$、［SiO］$^{4-}$等代换。由于钨和钼的离子半径几乎相等，因此［WO_4］$^{2-}$、［MoO_4］$^{2-}$间可完全类质同象置换。

此类矿物的络阴离子与较大阳离子Ca^{2+}、Pb^{2+}等结合时形成无水化合物，如白钨矿、钼铅矿、铬铅矿；与较小阳离子Cu^{2+}、Zn^{2+}、Fe^{3+}、Al^{3+}等结合时形成含附加阴离子或水分子的化合物及复盐，如铜钨华Cu_3［WO_4］$_2$（OH）$_2$，铁钼华Fe_2［MoO_4］$_3$·$8H_2O$。

此类矿物多呈双锥状、板状或柱状。呈离子晶格特性，白色或浅彩色；硬度小于4.5，含水者降到1，含铅者相对密度大，部分铬酸盐相对密度小。

较常见矿物为白钨矿、钼铅矿、铬铅矿。

二、主要矿物分述

白钨矿（Scheelite）

Ca［WO_4］

化学组成： CaO含量为19.4%，WO_3含量为80.6%。W与Mo可以完全类质同象置换，部分Ca可被Cu^{2+}和TR^{3+}代替。

晶体结构： 四方晶系；岛状结构。空间群C_{4h}^6–$I4_1/a$，a_0=0.525nm，c_0=1.140nm；Z=4。

形　　态： 晶体为近于八面体的四方双锥状（假八面体状）（彩图182），通常呈不规则粒状或致密块状集合体。

物理性质： 无色或白色，一般多呈灰色、浅黄、浅紫或浅褐色，有时带有绿色、桔黄色或红色 。透明到半透明 ，玻璃光泽到金刚光泽，断口呈油脂光泽。｛111｝解理中等，断口参差状。硬度4.5～5。相对密度大5.8～6.20。在紫外线照射下发浅蓝色荧光。

图18–17　白钨矿

成因产状： 白钨矿主要产于花岗岩与石灰岩接触带的矽卡岩中，主要产出于接触交代矿床中，与石榴子石，符山石，透辉石等矿物伴生，或产于高温热液中与黑钨矿等伴生。

鉴定特征： 白色、油脂光泽、相对密度大、紫外光照射发天蓝色荧光，致密块状者与石英相似，其鉴别特征详见表18–5。

主要用途： 重要的钨矿石矿物。

表18–5　致密块状或浸染状白钨矿与石英的鉴别

	白钨矿	石英
硬度	中等（4.5～5，<小刀）	大（7，>小刀）
比重	大（6.1）	中等（2.65）
解理	｛101｝中等	无
断口	参差状	贝壳状
发光性	紫外光下淡蓝色荧光	无
浇水法	水浇湿后，吸收水份，颜色由白→暗灰	很少吸收水，颜色不变。
试W反应	以H_3PO_4加热溶解矿粉，即呈蓝色（加水后色不褪）	无反应

钼铅矿（Wulfenite）

Pb［MoO_4］

化学组成：PbO含量为60.79%，MoO_3含量为39.21%。

晶体结构：四方晶系；岛状白钨矿型结构。空间群C_{4h}^{6}–$I4_1/a$，a_0=0.542nm，c_0=1.210nm；Z=4。

图18–18 钼铅矿

形　　态：晶体一般呈板状、薄板状，少数锥状、柱状。集合体粒状、板状（彩图183）。

物理性质：颜色多样，黄色、蜡黄色、稻草黄色、橘黄色至橘红色，金刚光泽，断口油脂光泽。透明至半透明。解理｛111｝完全，｛011｝｛001｝中等，｛013｝不完全。硬度2.5～3，相对密度6.5～7。

成因产状：多见于铅锌矿矿床氧化带中，常交代白铅矿等，与其他铅矿物共生。

鉴定特征：板状或锥状、各种黄色、金刚光泽、相对密度大、共生矿物。

主要用途：铅和钼的找矿标志，大量出现时可成为铅钼矿石，是国外收藏家中流行的一种收藏品。

铬铅矿（Beresovite）

Pb［CrO_4］

化学组成：PbO含量为69.06%，Cr_2O_3含量为30.94%。S可以少量置换Cr。

晶体结构：单斜晶系；岛状结构。空间群P_{21}/n，a_0=0.711nm，b_0=0.741nm c_0=0.681 nm；β=102° 33′，Z=4。

图18–19 铬铅矿

形　　态：晶体呈细长柱状或假菱面体。集合体为晶簇状、块状（彩图184）。

物理性质：通常呈鲜艳的桔红色，有时呈橘黄色、红色或者黄色。橘黄色条痕，半透明，金刚光泽至玻璃光泽 。硬度2.5～3 ，相对密度6.0 ，｛110｝中等解理 。易在火焰中熔化。溶于热盐酸并放出氯气。

成因产状：产于超基性岩附近的含铅矿床氧化带。

鉴定特征：晶形、颜色、光泽、产状、与热盐酸的反应。

主要用途：铬铅矿常见发育完整的长柱状、橘红色、金刚光泽或玻璃光泽的晶体，是一种很漂亮的矿物。铬可以用来镀在金属表面用以防锈。因为它具有鲜红的颜色，铬铅矿还可以被当作颜料。现在一般用人造铬铅矿作颜料油漆。

第六节* 硝酸盐矿物类

一、概　述

硝酸盐是金属阳离子与［NO_3］$^-$结合而成的化合物。因其在水中极易溶解而不能保存，自然界此类矿物仅发现10种左右，分布也很局限。

硝酸盐类矿物的阳离子主要有Na^+、Mg^{2+}、Ca^{2+}、Ba^{2+}，次有Cu^{2+}、［HN_4］$^-$；阴离子除［NO_3］$^-$外还有（OH）$^-$、［SO］$^{3-}$、［PO］$^{3-}$等。水分子偶有出现。

此类矿物中，基本结构单元［NO_3］$^-$为平面三角形，内部为共价键，外部为离子键。按络阴离子的分布，均为岛状结构。

硝酸盐矿物呈离子晶格特性，多无色或呈白色，含铜者为绿色；硬度1.5～3；相对密度1.5～3.5；易溶于水，溶解度大。

此类矿物多见于干旱的沙漠地带，由微生物分解含氮有机质形成的硝酸根与土壤中碱质化合而成。也见于火山喷气。

二、矿物分述

钠硝石（Soda-niter）

Na［NO_3］

化学组成：N_2O含量为36.5%，N_2O_5含量为63.5%。常含NaCl，Na_2［SO_4］和Ca［IO_3］$_2$等混入物。

晶体结构：三方晶系；岛状方解石型。空间群D_{3d}^6–R3c，a_0=0.507nm，c_0=1.681nm；Z=6。

形　　态：晶体呈菱面体（彩图185），与方解石相似。集合体常呈粒状、块状、皮壳状、盐华状等。在空气中变成白色粉末状。

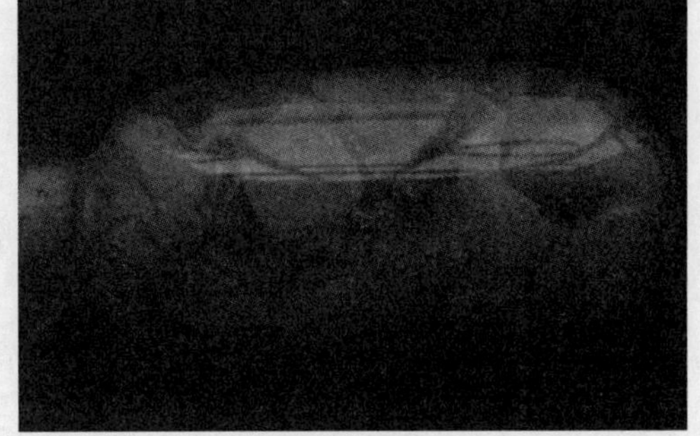

图18-20　钠硝石

物理性质：白色、无色，因含杂质而染成淡灰、淡黄，淡褐或红褐色。白色条痕。玻璃光泽。透明。解理｛$10\bar{1}1$｝完全。性脆。贝壳状断口。硬度1.5～2。相对密度2.24～2.29。具涩味凉感。具强潮解性，极易溶于水。据晶形、解理、低硬度、强潮解性。用吹管烧之易熔，火焰呈浓黄色特征鉴定之。

成因产状：炎热干旱沙漠中腐烂有机质受硝化细菌分解成硝酸根并与钠化合而成，

与石膏、芒硝、石盐等共生。产量最大为智利，故名智利硝石。

鉴定特征：晶形、解理、低硬度、涩味、强潮解性。

主要用途：用于制造氮肥、硝酸、炸药和其它氮素化合物；还可用作冶炼镍的强氧化剂，玻璃生产中白色坯料的澄清剂，生产珐琅的釉药，人造珍珠的粘合剂等。

思考题

1. 从孔雀石和蓝铜矿的晶体化学式，分析二者的形成条件，说明在什么条件下它们可以相互转换？

2. 白钨矿与石英、重晶石、白云石如何区别？

3. 如何区别磷灰石、绿柱石、天河石？

4. 为什么在地表很少见到硬石膏？

5. 某种矿物无色透明，硬度小于小刀，三组解理互相垂直。该矿物可能是什么？

6. 为什么硼酸盐矿物种类较多？

7. 鉴定碳酸盐矿物的简易方法是什么？

8. 菱镁矿与重晶石如何区别？

第十九章　卤化物大类

本章概要

1. 卤化物矿物的概念；主要的卤化物矿物类与矿物种。
2. 卤化物矿物的主要晶体化学、形态物性与成因产状特征。
3. 萤石与石盐的鉴定特征。

第一节　概　述

卤化物矿物是指金属阳离子和卤族阴离子（F^-、Cl^-、Br^-、I^-）化合而成的矿物。分布有限，矿物种类不多，已知的约120种。约占地壳总重量的0.5%。以氯化物和氟化物最为重要。

一、化学组成

卤化物矿物的阴离子主要为：F^-、Cl^-、Br^-、I^-，阳离子主要为惰性气体型离子中的轻金属（碱金属和碱土金属）离子Na^+、K^+、Ca^{2+}、Mg^{2+}、Al^{3+}；其次为Rb、Cs、Sr、Y、TR、Mn、Ni、Hg等离子；铜型离子Ag^+、Cu^{2+}、Pb^{2+}、Hg^{2+}等极少见，仅在特殊地质条件下形成。某些矿物含附加阴离子$(OH)^-$及H_2O分子。

二、晶体化学特点

卤族元素与轻金属元素的电负性相差很大，彼此间以离子键结合，形成典型的离子晶格。铜型离子的卤化物表现出共价键性。

结构型：同其他大类一样，卤化物的矿物根据其结构内部强键的分布特征也可划分出岛状、链状、层状、架状和配位型等不同结构类型。但自然界常见的少数几种卤化物都属于配位型结构。氯化钠型和萤石型最具代表性的典型配位结构。许多碱金属（Cs除外）的AX型卤化物都具有氯化钠型结构，而较大半径二价阳离子的AX_2型卤化物则具有萤石型结构。

化学键：惰性气体型离子的卤化物一般具离子键，铜型离子的卤化物一般具共价键。卤化物的键强与阴、阳离子半径有关。

对称程度：简单的AX型和AX_2型卤化物对称程度高，为等轴晶系，成分较复杂的卤化物对称程度较低，为单斜晶系或斜方晶系。

三、形态及物理性质特征

由于本大类常见矿物多属氯化钠型或萤石型结构，对称程度高，故本类矿物也常见完好的三向等长型的单晶体。惰性气体型离子的卤化物矿物，一般为无色、浅色，玻璃光泽，透明。硬度不大，解理发育，性脆。比重小，导电性差。折射率低。大多易溶于水。铜型离子的卤化物矿物常呈浅色，金刚光泽，透明度较低。比重较大，导电性增强，可具延展性。折射率增高。

氟化物性质较稳定；熔点和沸点高；硬度较高；溶解度低；大多不溶于水。Cl^-、Br^-、I^- 的化合物熔点和沸点低；硬度较小；易溶于水。

四、成因产状

1. 氟化物主要为热液成因。

2. 氯化物及Br^-、I^-的化合物主要形成于外生沉积作用中。

3. K^+、Na^+等的化合物主要在干旱的内陆盆地、泻湖海湾环境，易形成大量的沉积和富集。

五、分　类

根据卤化物中的阴离子的性质可将大类又分两类：

1. 氟化物类

萤石族：萤石；冰晶石族：冰晶石。

2. 氯化物、溴化物、碘化物类

石盐族：石盐NaCl、钾盐 KCl；光卤石族；角银石族。

各类中按晶体结构可进一步划分为岛状、链状、层状、架状和配位型等亚类。自然界常见的卤化物均为配位型。

第二节　矿物分述

一、氟化物矿物类

萤石　（Fluorite）

CaF_2

化学组成：Ca含量为51.33%，F含量为48.7%。Ca可以被Ce、Y、Th、U、Sr等类质同象置换，F可被Cl所置换。

晶体结构：等轴晶系；萤石型结构；空间群O^5_h－Fm3m；a_o=0.5463nm；Z=4。

矿物形态：晶体常呈立方体（参见彩图186）、八面体（参见彩图187）、菱形十二面体及聚形，也可呈条带状致密块状集合体。常依｛111｝成穿插双晶（参见彩图188）。

物理性质：常见颜色：绿、蓝、棕、黄、粉、紫、无色等，绿色或紫色为多。玻璃光泽。八面体｛111｝完全解理。硬度４。相对密度3.18（含Y和 Ce者增大）。熔点1270～1350℃。具荧光性，萤石在紫外线或阴极射线照射下常发出蓝绿色荧光，它的名字也就是根据这个特点而来。某些变种具磷光。

（a）　　（b）　　（c）

图19–1　萤　石

（a）立方体形态的萤石；（b）八面体形态的萤石；（c）萤石的穿插双晶

成因产状：萤石主要产于热液矿脉中。无色透明的萤石晶体产于花岗伟晶岩或萤石脉的晶洞中。萤石是一种多成因的矿物。

（1）内生作用中主要是由热液作用形成，与中低温的金属硫化物和碳酸盐共生。热液的萤石矿床有两类：一是见于石灰岩中的萤石脉，共生矿物主要是方解石，石英很少。有时与重晶石、铅锌硫化物伴生。另一种是见于流纹岩、花岗岩、片岩中产出的萤石脉，共生矿物中方解石很少，主要是石英。

（2）沉积型，在沉积岩中成层状与石膏、硬石膏、方解石和白云石共生，或作为胶结物以及砂岩中的碎屑矿物产出。

鉴定特征：晶形、｛111｝完全解理、硬度4、荧光性。

主要用途：透明无色的萤石可以用来制作特殊的光学透镜。萤石还有很多用途，如作为炼钢、铝生产用的熔剂，用来制造乳白玻璃、搪瓷制品、高辛烷值燃油生产中的催化剂等等。在人造萤石技术尚未成熟前，是制造镜头所用光学玻璃的材料之一。发磷光的萤石可加工成“夜明珠”。

二、氯化物、溴化物、碘化物类

石盐（Halite）

NaCl

化学组成：Na含量为39.4%，Cl含量为60.6%。常含卤水及各种机械混入物。

晶体结构：等轴晶系；NaCl型结构；空间群O^5_h－Fm3m；a_o=0.5639nm；Z=4。

形　　态：单晶体呈立方体（彩图189），在立方体晶面上常有阶梯状凹陷，集合体常呈粒状或致密块状或疏松盐华状。

图19-2 石 盐

物理性质：纯净的石盐无色透明或白色，含杂质时则可染成灰、黄、红、黑等色。新鲜面呈玻璃光泽，潮解后表面呈油脂光泽。具完全的立方体解理。硬度2.5，相对密度2.1～2.2。易溶于水，味咸。

成因产状：石盐是典型的化学沉积成因的矿物。在干热气候条件下常沉积于各个地质年代的盐湖和海滨浅水湖中，与钾盐、石膏等共生，广泛分布于世界各地。

鉴定特征：｛100｝解理、低硬度、易溶于水、味咸（钾盐味苦）。

主要用途：食料和食物防腐剂；化工、纺织工业填料及提炼钠的原料；制作充钠蒸汽灯泡；带蓝色的石盐可作为寻找钾盐的标志。

思考题

1. 从萤石、石盐的成分和结构，分析两者的共同特点和不同点，并说明原因。例如二者均为透明玻璃光泽、性脆与晶格类型有什么关系？萤石硬度较大，溶解度较小，与阴阳离子的电价半径有何联系？二者的晶形和解理有何异同？

2. 归纳卤化物矿物晶体化学、物理性质、成因产状随卤素元素的变化规律。卤化物与杂盐类矿物有何异同？与哪些矿物类似？如何区别？

第二十章* 有机矿物和准矿物大类

本章概要

1. 有机矿物和有机准矿物的概念及分布特点。
2. 有机矿物和有机准矿物的基本形成条件。
3. 有机矿物及有机准矿物的分类、常见的主要种类及特征。

第一节 有机矿物和准矿物概述

有机固体是自然界广泛存在的一类物质，其形成变化与地球生物的发展和消亡过程密切相关，是地球表层系统物质演化的一个重要环节，其开发利用对人类生产生活有着深刻的影响，是地球生物学和生命矿物学研究的主要对象，是矿物学学科体系中不可缺少的内容。

由于国内外矿物学教科书中很少涉及有机矿物和有机准矿物，故能收集的资料很少，因此本书也只能对有机矿物和有机准矿物作一个简单介绍。

有机矿物和有机准矿物是外生作用和埋藏变质作用过程中形成的天然有机晶质和非晶态固体。已知的有机矿物和有机准矿物约有40种，主要分布在地球的浅表部分。

按化学组成和结构特征，可将本大类分为有机酸盐矿物类（如草酸钙石、蜜蜡石）、碳氢化合物类（如西烃石、磷石蜡）、氧化的碳氢化合物类（烟晶石、酞酰亚胺石等）和有机准矿物类（琥珀、沥青、煤等）。

第二节 有机酸盐类矿物

有机酸盐类矿物是由天然有机酸与无机阳离子（包括NH_4）结合而成的盐类。主要有草酸盐、醋酸盐、柠檬酸盐、氰酸盐等。其中草酸盐约有13种，醋酸盐、柠檬酸盐、氰酸盐各有2种。

蜜蜡石（Mellite）

$Al_2[C_6(COO)_6]\cdot 16H_2O$

化学组成：$Al_2[C_6(COO)_6]\cdot 16H_2O$

晶体结构：四方晶系；空间群I41/acd；a_0=2.200nm，c_0=2.33nm。

图20-1 蜜蜡石

形　　态：晶体常呈四方双锥状，集合体呈致密块状、结核状或被膜状（彩图190）。

物理性质：蜜黄、淡红、淡褐色；白色条痕，不完全解理，贝壳状断口，硬度2~2.5，密度1.64g/cm^3~1.65g/cm^3。紫外光照射发蓝色荧光。不溶于酒精，可溶于硝酸。

成因产状：由植物分解而成。常产于泥炭和褐煤的裂隙中。

鉴定特征：蜜黄色、紫外光下发蓝光，热电性，灼烧不形成火焰。

主要用途：色泽美丽者可作为装饰品。

第三节　有机准矿物

琥珀Amber

$C_{10}H_{16}O$

化学组成：C含量为78.96%，H含量为10.51%，O含量为10.52%。是一种局部氧化的非晶态碳氢化合物。其化学组成不十分稳定，通常由琥珀松脂酸的龙脑醚、游离琥珀松脂酸和非晶质琥珀等构成。

晶体结构：属非晶质体。

形　　态：琥珀的形状多呈饼状、肾状、瘤状、拉长的水滴状和其他不规则形状。颗粒表面光滑（彩图191）。

图20-2 琥　珀

物理性质：颜色多呈黄色、橙黄色、棕色、褐黄色或暗红色，浅绿色和黄色、淡紫色的品种极为罕见。树脂或油脂光泽，透明至微透明。硬度2~2.5，相对密度1.05~1.09。性脆，无解理，具贝壳状断口。琥珀为有机物，加热到150℃即软化，250~300℃熔融，散发出芳香的松香气味。琥珀溶于酒精。常含有昆虫、种子和其他包裹体。

成因产状：系古代松柏科植物的树脂的石化产物。常包含有生活在当时森林中的蚊、蝇等昆虫遗体。多产于古近纪（6500万年）以来的河、湖和陆缘沉积物中，常与煤层相伴而生。我国抚顺煤田富含琥珀。

鉴定特征：形状、相对密度及硬度低。天然琥珀质地很轻，在饱和盐水中浮起，燃烧或用力磨擦会散发出松香味。

主要用途：可制作名贵装饰品和音簧管，接嘴；提取琥珀酸$C_2H_4(COOH)_2$制作香料；燃烧后的灰烬是黑色假漆的最佳原料；在医疗上常用做镇静剂。

思考题

1. 何谓有机矿物？有机矿物有哪几类？有机矿物的成分特点如何？
2. 何谓有机准矿物？有机准矿物都有哪些？
3. 有机矿物和有机准矿物的形成条件如何？